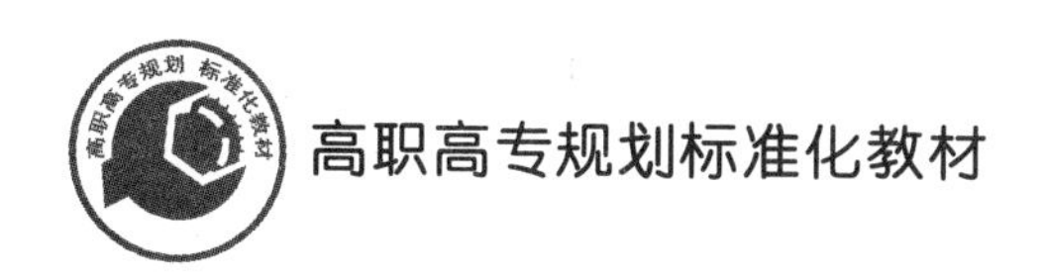

高职高专规划标准化教材

互换性与测量技术

（第2版）

主　编　张信群
副主编　邵东波　何红华　廖玉松

北京航空航天大学出版社

内容简介

本书以"必需、够用"为原则，系统地介绍了互换性和测量技术的相关知识。共分 11 章，主要内容包括：光滑圆柱的公差与配合、测量技术基础、形状和位置公差及测量、表面粗糙度及测量、光滑极限量规、滚动轴承的公差与配合、圆锥的公差及测量、普通螺纹的公差配合及测量、键和花键的公差配合及测量、圆柱齿轮传动的公差及测量、尺寸链。

本书可作为高职高专及成人院校的机械类、近机械类专业的教材，也可作为自学参考书或技能培训教材。

图书在版编目(CIP)数据

互换性与测量技术/张信群主编. -- 2 版. -- 北京：北京航空航天大学出版社，2010.5

ISBN 978-7-5124-0085-6

Ⅰ.①互… Ⅱ.①张… Ⅲ. ①零部件—互换性—高等学校—教材②零部件—测量—技术—高等学校—教材 Ⅳ. ①TG801

中国版本图书馆 CIP 数据核字(2010)第 079423 号

互换性与测量技术(第 2 版)

主　编　张信群

副主编　邵东波　何红华　廖玉松

责任编辑：王　实　胡　敏

*

北京航空航天大学出版社出版发行

北京市海淀区学院路 37 号(邮编 100191)　http:www.buaapress.com.cn

发行部电话：(010)82317024　传真：(010)82328026

读者信箱：bhpress@263.net　　邮购电话：(010)82316936

涿州市新华印刷有限公司印装　各地书店经销

*

开本：787×1 092　1/16　印张：13.25　字数：339 千字

2010 年 5 月第 2 版　2012 年 1 月第 2 次印刷　印数：4 001～7 000 册

ISBN 978-7-5124-0085-6　　定价：24.00 元

第2版前言

“互换性和技术测量”是高职高专机械类及近机械类各专业的重要的专业基础课，是联系机械设计和机械制造工艺的纽带。它主要包含了几何量公差和误差检测两方面的内容，是机械工程技术人员应必备的基本知识和技能。

本书第1版自2006年出版以来，受到了全国多所职业院校师生的欢迎和支持。经过四年的教学实践，在充分吸取了许多一线教师和热心读者的宝贵意见和建议的基础上，对原教材进行了修订，并制作了电子教案。

本次修订对原教材进行了一次全面的审视、斟酌，对有关的文字和插图作了必要的修改，并且按照最新国家标准，更新了部分章节的技术参数图表。修订后的教材仍然保持了原教材的特色。

全书由张信群教授进行修订，并且制作了全书的电子教案。

由于编者水平有限，书中不当之处，敬请使用本书的师生和读者批评指正。

作　者

2010年3月

前　言

“互换性和技术测量”是高职高专机械类及近机械类各专业的重要的专业基础课，是联系机械设计和机械制造工艺的纽带。它主要包含了几何量公差和误差检测两方面的内容，是机械工程技术人员必备的基本知识和技能。

作者在总结了几年来多所院校的教学改革实践经验的基础上，结合高职高专的教学特点编写了此书。全书共分11章，主要内容包括：光滑圆柱的公差与配合、测量技术基础、形状和位置公差及测量、表面粗糙度及测量、光滑极限量规、滚动轴承的公差与配合、圆锥的公差及测量、普通螺纹的公差配合及测量、键和花键的公差配合及测量、圆柱齿轮传动的公差及测量和尺寸链。

本书主要有以下特点：

1. 所叙述的基本概念、术语及列出的技术参数图表，均采用最新国家标准。

2. 克服了一些同类教材侧重介绍几何量误差和公差，而忽略检测方法的缺陷，将几何量公差和误差检测紧密结合起来，增加了技术测量方面内容的介绍。

3. 在章节的编排上，既考虑到内容的系统性，又兼顾教学的便利。对于内容的选取，在保持本学科知识体系完整性的基础上，尽量降低难度，注重实用性，符合高职高专“必需、够用”的教学要求。

4. 文字精练，语言通俗，插图清晰，所选图例力求结合生产实际。

本书由滁州职业技术学院张信群副教授主编。其中，绪论、第2,3,7章由张信群编写；第1,5,11章由威海职业学院邵东波编写；第8章由河北工业职业技术学院何红华编写；第4,6,9章由滁州职业技术学院廖玉松编写；第10章由六安职业技术学院项辉编写。全书由张信群统稿。

本书可作为高职高专及成人院校的机械类、近机械类专业的教材，也可作为自学参考书或技能培训教材。

由于编者水平有限，对于书中存在的缺点和错误，敬请专家和广大读者批评指正。

作　者

2006年6月

目　录

绪　论

0.1　互换性概述

1. 互换性的概念

互换性是现代化生产的基本技术经济原则，在机械和仪器制造业中得到广泛应用。例如，在工厂的装配车间，装配工人任意从一批相同规格的零件中取出一个装到机器上，装配后机器就能正常使用；在日常生活中，如灯泡、自行车和手表等坏了，买一个相同规格的零件，装上后就能正常使用。这都是因为零件具有互换性。所谓互换性是指在同一规格的一批零件或部件中，不需任何挑选或附加修配，任取其一，就能装到机器上，达到规定的功能要求，这样的零件或部件就具有互换性。

2. 互换性的种类

(1) 广义互换性和狭义互换性

广义互换性是指机器的零、部件在各种性能方面都具有互换性，如零件的几何参数、机械性能及物理化学性能等。狭义互换性是指机器的零、部件只在几何参数方面具有互换性，几何参数包括尺寸、形状、位置和表面粗糙度等。本课程只讨论几何参数的互换性。

(2) 完全互换性和不完全互换性

完全互换性是指机器的零、部件在装配或更换前，不作任何选择；装配或更换时，不作调整或修配；装配或更换后，能满足预定使用要求。这种互换性就称为完全互换性，也称为绝对互换性。

完全互换性一般用于大批量生产的标准零、部件，如普通螺纹连接件、滚动轴承等。这种生产方式效率高，有利于各生产单位和部门之间的协作。

不完全互换性是指机器的零、部件在装配或更换前，允许有附加的选择；装配或更换时，允许有附加的调整，但不允许修配；装配或更换后，能满足预定使用要求。这种互换性就称为不完全互换性，也称为有限互换性。

不完全互换性多用于小批量生产和装配精度要求较高的场合。此时，如果采用完全互换，则会使零件制造精度要求提高，给加工带来困难。采用不完全互换就可以降低零件的制造精度使之便于加工；而在加工完成后，通过测量将零件按实际尺寸的大小分成若干组，两组相同组号的零件相装配，从而既可以保证装配精度，又能降低加工难度。这种方法称为分组装配法。

3. 互换性的作用

互换性的作用主要体现在以下三个方面：

① 在设计方面,能最大限度地采用标准件、通用件,大幅度地简化绘图和计算等工作,缩短设计周期,有利于产品更新换代和CAD技术的应用。

② 在制造方面,互换性有利于组织专业化生产,有利于实现加工过程和装配过程的机械化和自动化,有利于使用专用设备和CAM技术。

③ 在使用和维修方面,可以及时更换那些已经磨损或损坏的零、部件,减少其维修时间和费用;对于某些易损件可以提供备用件,以提高机器的使用价值。

4. 公差的概念

在加工零件的过程中,由于各种因素的影响,零件的几何参数不可能做得完全准确,总是有或大或小的误差。但是从零件的使用功能来看,要求零件的几何参数完全准确也是没有必要的,只要将零件的几何参数限制在某一规定的范围内变动,就能保证零件的使用功能;同时,这样的零件也就具有了互换性。零件几何参数的允许变动范围称为公差。

为了使零、部件具有互换性,首先必须对几何要素提出公差要求,只有在公差要求范围内的合格零、部件才具有互换性。为了实现互换性生产,还必须对各种各样的公差要求制定统一的规范,使设计人员和加工人员遵循共同的技术依据,因此制定了公差标准。公差标准是对零件的公差和配合所制定的技术标准。

5. 标准和标准化的概念

现代制造业生产的特点是规模大,分工细,协作单位多,互换性要求高。为了适应生产中各部门的协调和各生产环节的衔接,必须通过一种方法,使分散的各生产部门和各生产环节形成一个有机的整体,以实现互换性生产。实行标准化是互换性生产的基础。

标准是指对重复性事物和概念所做的统一规定。标准化是指为了在一定的范围内获得最佳秩序,对实际或潜在的问题制定共同的和重复使用的规则的活动,它包含了标准制定、标准贯彻和标准修订的全部过程。

标准按性质可以分为技术标准、生产组织标准和经济管理标准三大类。技术标准是指为产品和工程的技术质量、规格及其检验方法等方面所作的技术规定,是从事生产、建设工作的一种共同技术依据。

标准可以按不同级别颁布。我国的技术标准分为国家标准、行业标准、地方标准和企业标准。此外,从世界范围来看,还有国际标准和区域性标准。

0.2 优先数和优先数系

任何一种机械产品都有自己的一系列参数。这些参数不仅与其自身的性能有关,而且还与相关的其他产品有关。例如在箱体上设计螺孔,当螺孔的螺纹尺寸确定时,与之相配合的螺钉尺寸、加工螺孔的丝锥尺寸、检验螺孔的塞规尺寸,甚至攻螺纹前的钻孔尺寸和钻头尺寸,也随之确定。可见,产品的各种技术参数不能随意确定,否则会使产品、刀具、量具和夹具的规格品种繁多,从而造成标准化的实施、生产管理、设备维修以及各部门之间的协作等多方面困难。

为了使产品的参数选择能遵守一定的规律,人们在生产实践中总结出了一种科学的统一数值标准——优先数和优先数系。优先数和优先数系是一种量纲为一的分级数值,是十进制

几何级数，适合于各种量值的分级，优先数系中的每一个数都是优先数。

国家标准 GB/T 321—2005《优先数和优先数系》规定了公比分别为$\sqrt[5]{10}$，$\sqrt[10]{10}$，$\sqrt[20]{10}$，$\sqrt[40]{10}$和$\sqrt[80]{10}$的五个等比数列，它们分别用 R5，R10，R20，R40 和 R80 表示。其中，前四个系列为基本系列，R80 系列为补充系列。当参数要求分级很细或基本系列不能满足需要时，采用补充系列。各系列的公比为

R5 系列： $q_5 = \sqrt[5]{10} \approx 1.60$

R10 系列： $q_{10} = \sqrt[10]{10} \approx 1.25$

R20 系列： $q_{20} = \sqrt[20]{10} \approx 1.12$

R40 系列： $q_{40} = \sqrt[40]{10} \approx 1.06$

R80 系列： $q_{80} = \sqrt[80]{10} \approx 1.03$

按照公比计算得到的优先数的理论值，除了 10 的整数幂外，都是无理数，在工程技术上不能直接应用，实际应用的数都是结果圆整后的近似值。优先数系的基本系列如表 0-1 所列。

表 0-1 优先数系的基本系列（摘自 GB/T 321—2005）

基本系列（常用值）				计算值
R5	R10	R20	R40	
1.00	1.00	1.00	1.00	1.0000
			1.06	1.0593
		1.12	1.12	1.1220
			1.18	1.1885
	1.25	1.25	1.25	1.2589
			1.32	1.3335
		1.40	1.40	1.4125
			1.50	1.4962
1.60	1.60	1.60	1.60	1.5849
			1.70	1.6788
		1.80	1.80	1.7783
			1.90	1.8836
	2.00	2.00	2.00	1.9953
			2.12	2.1135
		2.24	2.24	2.2387
			2.36	2.3714
2.50	2.50	2.50	2.50	2.5119
			2.65	2.6607
		2.80	2.80	2.8184
			3.00	2.9854
	3.15	3.15	3.15	3.1623

续表 0-1

基本系列(常用值)				计算值
R5	R10	R20	R40	
			3.35	3.3497
		3.55	3.55	3.5481
			3.75	3.7581
4.00	4.00	4.00	4.00	3.9811
			4.25	4.2170
		4.50	4.50	4.4668
			4.75	4.7315
	5.00	5.00	5.00	5.0119
			5.30	5.3088
		5.60	5.60	5.6234
			6.00	5.9566
6.30	6.30	6.30	6.30	6.3096
			6.70	6.6834
		7.10	7.10	7.0795
			7.50	7.4980
	8.00	8.00	8.00	7.9433
			8.50	8.4410
		9.00	9.00	8.9125
			9.50	9.4405
10.00	10.00	10.00	10.00	10.00

表 0-1 中只给出了 1～10 区间的优先数,对于大于 10 和小于 1 的优先数,均可用 10 的整数幂(10,100,1000,…或 0.1,0.01,0.001,…)乘以表 0-1 中的优先数求得。

为了满足生产的需要,有时需要采用派生系列。派生系列用 Rr/p 表示,r 代表 5,10,20,40,80。例如,在 R10/3 系列中,r 为 10,p 为 3,表示从 R10 系列中的某一项开始,每 3 项取一数值,如从 1.25 开始,就可以得到 1.25,2.5,5,10,…数系。

0.3　本课程的任务

互换性与测量技术课程是培养机械类、机电类各专业技术人才的一门重要的技术基础课,是从基础课程过渡到专业课程的桥梁,是联系设计课程和工艺课程的纽带。学习本课程可以使学生熟悉机器零件的几何精度的设计,合理确定几何量公差,以满足零件的适用要求。

在学习本课程之前,学生应具有一定的理论知识和生产知识,能够读懂图样并懂得图样的标注,理解机械加工的一般知识,熟悉常用机构的原理。学生在学完本课程后应初步达到以下要求:

① 掌握标准化和互换性的基本概念。

② 掌握本课程中相关的国家标准的基本内容和主要规定,并会查阅相关表格。

③ 具有初步选用公差和配合，并对常见的公差要求能正确标注和解释的能力。

④ 熟悉各种典型几何参数的测量方法，能够正确使用常用的计量器具。

⑤ 会设计光滑极限量规。

总之，本课程的任务是使学生获得机械工艺技术人员所必须具备的几何参数公差和测量方面的基本知识和技能。而后续课程的学习和学生毕业后的实践，将会使学生对本课程进一步加深理解和掌握。

思考题与习题

1. 什么是互换性？它在机械制造中有何重要意义？并举例说明。

2. 完全互换性和不完全互换性有什么区别？各用于何种场合？

3. 互换性有什么作用？

4. 为什么要规定公差？

5. 什么是标准和标准化？

6. 下面两列数据属于何种系列？公比是多少？

(1) 某机床主轴转速为 50,63,80,100,125,…，单位为 r/min。

(2) 表面粗糙度 R_a 的基本系列为 0.012,0.025,0.050,0.100,0.200,…，单位为 μm。

7. 本课程的主要任务是什么？

第1章 光滑圆柱体的公差与配合

光滑圆柱体内、外表面的结合是在机械制造中应用最广泛的一种结合形式。圆柱公差与配合是机械工程方面重要的基础标准,不仅用于圆柱体内、外表面的结合,也用于其他结合中由单一尺寸确定的部分,例如键与键槽的结合。

“公差”主要反映机器零件的使用要求与制造要求间的矛盾,而“配合”则反映组成机器的零件之间的关系。公差与配合的标准化有利于机器的设计、制造、使用和维修。

随着科学技术的进步,为了满足国际技术交流和贸易的需要,我国已逐步与国际标准(ISO)接轨,目前已初步建立了与国际标准相适应的基础公差体系,可以基本满足经济发展和对外交流的需要。

本章主要介绍GB/T《极限与配合》国家标准以及检验的国家标准的基本概念、主要内容及应用。

1.1 公差与配合的基本术语及其定义

1. 有关孔和轴的术语和定义

在尺寸公差与配合中,通常所讲的孔与轴都具有广义性。

(1) 孔

孔通常指圆柱形内表面,也包括非圆柱形内表面(由二平行面或切面形成的包容面)。

(2) 基准孔

在基孔制配合中选作基准的孔称为基准孔。

(3) 轴

轴通常指圆柱形外表面,也包括非圆柱形外表面(由二平行面或切面形成的被包容面)。

(4) 基准轴

在基轴制配合中选作基准的轴称为基准轴。

在公差与配合中,孔和轴的关系表现为包容与被包容的关系,即孔为包容面,轴为被包容面。在加工过程中,随着余量的切除,孔的尺寸由小变大,轴的尺寸由大变小。

如图1-1所示,由尺寸D_1,D_2,D_3,D_4和D_5等所确定的内表面都视为孔,由尺寸d_1,d_2,d_3和d_4等所确定的外表面都视为轴。

2. 有关尺寸的术语和定义

尺寸是指用特定单位表示长度值的数字。国家标准规定在技术图样上所标注的长度尺寸均以mm为单位。

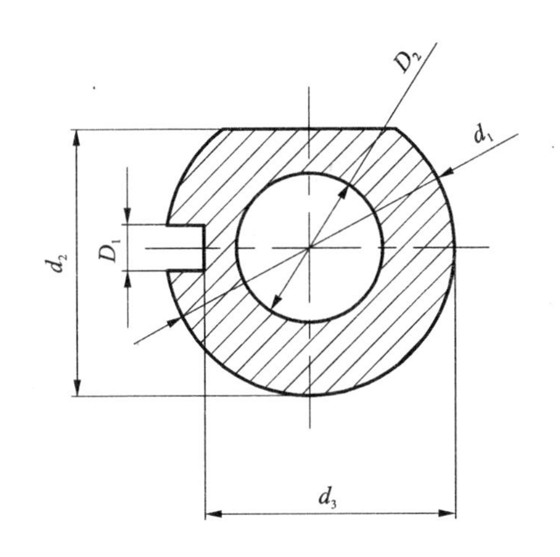

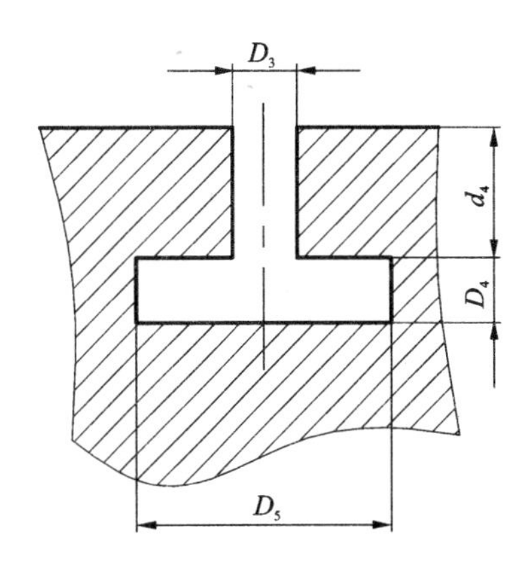

图 1-1 孔和轴

(1) 基本尺寸

设计给定的尺寸称为基本尺寸。孔和轴的基本尺寸分别用 D 和 d 表示。基本尺寸是根据使用要求,通过计算和结构方面的考虑,或根据试验和经验而确定的。基本尺寸一般应按标准尺寸选取。

(2) 实际尺寸

通过测量而获得的尺寸称为实际尺寸。实际尺寸是用一定的测量器具和方法,在一定的环境下获得的数值,孔和轴的实际尺寸分别用 D_a 和 d_a 表示。由于存在测量误差,所以不同的人、不同的测量器具和测量方法测得的尺寸值也可能不同。

(3) 极限尺寸

允许尺寸变化的两个界限值称为极限尺寸。孔或轴允许的最大尺寸为最大极限尺寸(D_{max},d_{max}),孔或轴允许的最小尺寸为最小极限尺寸(D_{min},d_{min})。

极限尺寸是用来限制加工零件的尺寸变动范围。零件实际尺寸在两个极限尺寸之间则为合格。

3. 有关公差和偏差的术语和定义

(1) 偏　差

某一尺寸(实际尺寸、极限尺寸等)减其基本尺寸所得的代数差称为偏差。偏差可分为实际偏差和极限偏差。由于实际尺寸和极限尺寸可能大于、等于或小于基本尺寸,所以偏差值可能为正、负或零,在书写偏差值时必须带有正负号。

(2) 极限偏差

极限尺寸减其基本尺寸所得的代数差称为极限偏差。极限偏差分为上偏差和下偏差。

最大极限尺寸减其基本尺寸所得的代数差称为上偏差,最小极限尺寸减其基本尺寸所得的代数差称为下偏差。孔的上、下偏差代号用大写字母 ES 和 EI 表示,轴的上、下偏差代号用小写字母 es 和 ei 表示,如图 1-2 所示。

孔的上、下偏差：　　$ES = D_{max} - D, EI = D_{min} - D$

轴的上、下偏差：　　$es = d_{max} - d, ei = d_{min} - d$

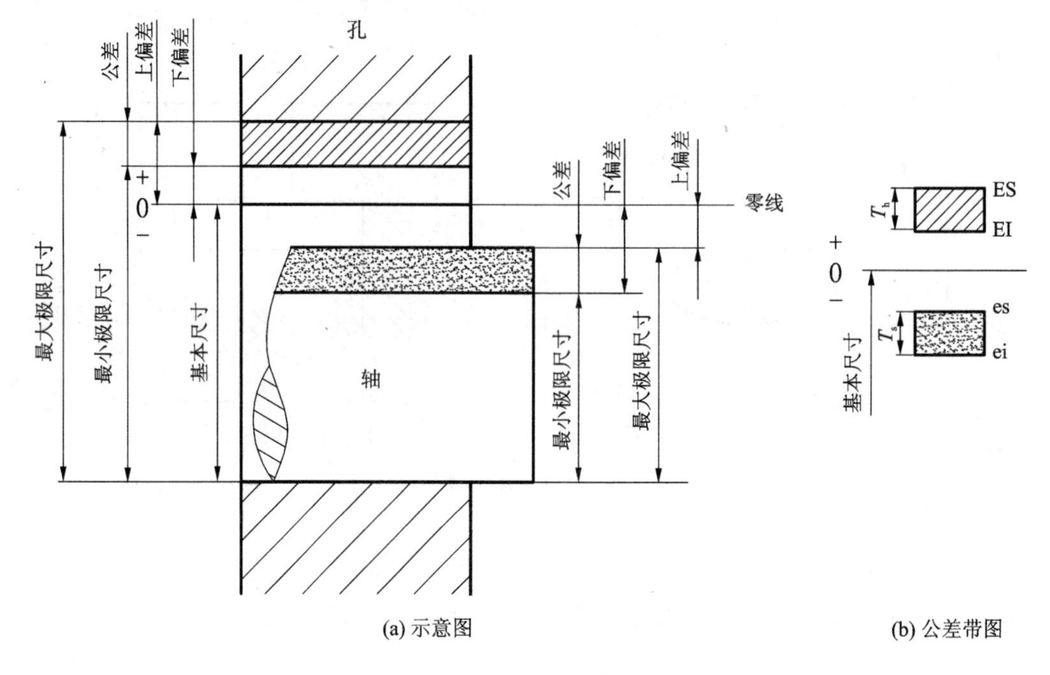

(a) 示意图　　(b) 公差带图

图 1－2　尺寸、偏差与公差

(3) 实际偏差

实际尺寸减其基本尺寸所得的代数差称为实际偏差。孔、轴的实际偏差分别用 E_a 和 e_a 表示。

孔的实际偏差：　　$E_a = D_a - D$

轴的实际偏差：　　$e_a = d_a - d$

实际偏差应位于极限偏差范围之内，极限偏差用于控制实际偏差。

(4) 尺寸公差

允许尺寸的变动量称为尺寸公差，简称公差。孔和轴的公差分别用 T_h 和 T_s 表示。尺寸公差等于最大极限尺寸减最小极限尺寸之差，或上偏差减下偏差之差。尺寸公差是一个没有符号的绝对值，如图 1－2 所示。

孔的公差：　　$T_h = D_{max} - D_{min} = ES - EI$　　(1－1)

轴的公差：　　$T_s = d_{max} - d_{min} = es - ei$　　(1－2)

必须注意，公差与极限偏差是两种不同的概念。偏差是从零线起开始计算的，是指相对于基本尺寸的偏离量，从数值上看，偏差可分为正值、负值或零；而公差是允许尺寸的变动量，代表加工精度的要求，由于加工误差不可避免，故公差值不能为零。极限偏差用于限制实际偏差，代表公差带的位置，影响配合的松紧程度；而公差用于限制尺寸误差，代表公差带的大小，影响配合精度。

总之，公差与极限偏差既有区别，又有联系。公差表示对一批工件尺寸允许的变化范围，是工件尺寸精度指标；极限偏差表示工件尺寸允许变动的极限值，是判断工件尺寸是否合格的依据。

(5) 公差带

表示零件的尺寸相对其基本尺寸所允许变动的范围，称为公差带。用图所表示的公差带，

称为公差带图，如图 1－3 所示。通常，孔的公差带用斜线表示，轴的公差带用网点表示。

在公差带图中，代表基本尺寸的一条直线，称为零线。零线以上的偏差为正偏差，零线以下的偏差为负偏差，如图 1－2 和图 1－3 所示。公差带图中的基本尺寸的单位为 mm，偏差和公差的单位通常为 μm。

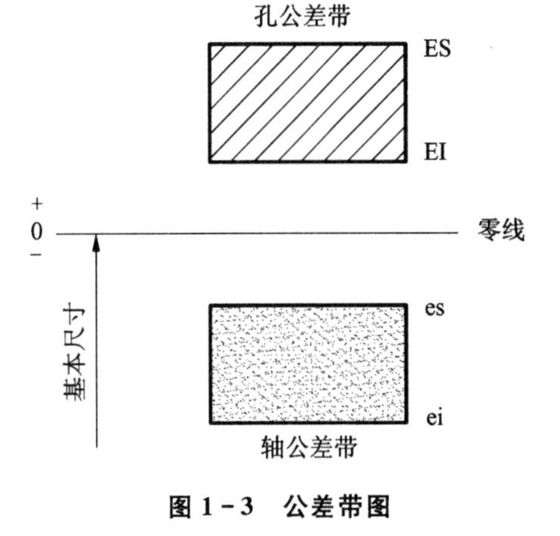

图 1－3　公差带图

公差带包括公差带大小和公差带位置两个要素。公差带的大小由公差值确定，位置取决于某一个极限偏差值。大小相同而位置不同的公差带，它们对工件的精度要求相同，而对尺寸大小的要求不同。因此，必须既给定公差数值以确定公差带大小，又要给定一个极限偏差以确定公差带位置，才能完整地描述公差带，表达对工件尺寸的设计要求。

(6) 标准公差

在极限与配合的相关国家标准中所规定的任一公差，即数值大小已经标准化的公差值，称为标准公差。

(7) 基本偏差

确定公差带相对零线位置的那个极限偏差称为基本偏差。它可以是上偏差或下偏差，一般为靠近零线的那个偏差。

例 1－1　已知一对基本尺寸为 50 mm 的孔与轴，孔的最大极限尺寸 $D_{max}=50.03$ mm，最小极限尺寸 $D_{min}=50$ mm，轴的最大极限尺寸 $d_{max}=49.99$ mm，最小极限尺寸 $d_{min}=49.971$ mm，求孔与轴的极限偏差及公差，并画出公差带图。

解　孔的极限偏差：

$$ES = D_{max} - D = 50.03\text{mm} - 50\text{ mm} = +0.030\text{ mm} = +30\ \mu\text{m}$$

$$EI = D_{min} - D = 50\text{ mm} - 50\text{ mm} = 0$$

轴的极限偏差：

$$es = d_{max} - d = 49.99\text{ mm} - 50\text{ mm} = -0.010\text{ mm} = -10\ \mu\text{m}$$

$$ei = d_{min} - d = 49.971\text{ mm} - 50\text{ mm} = -0.029\text{ mm} = -29\ \mu\text{m}$$

孔的公差：

$$T_h = D_{max} - D_{min} = 50.03\text{ mm} - 50\text{ mm} = 0.030\text{ mm} = 30\ \mu\text{m}$$

轴的公差：

$$T_s = d_{max} - d_{min} = 49.99\text{ mm} - 49.971\text{ mm} = 0.019\text{ mm} = 19\ \mu\text{m}$$

画出的公差带图如图 1－4 所示。

4. 有关配合的术语和定义

(1) 间　隙

孔的尺寸减去与其相配合的轴的尺寸所得之差为正时称为间隙，用符号 X 表示。

(2) 过　盈

孔的尺寸减去与其相配合的轴的尺寸所得之差为负时称为过盈，用符号 Y 表示。

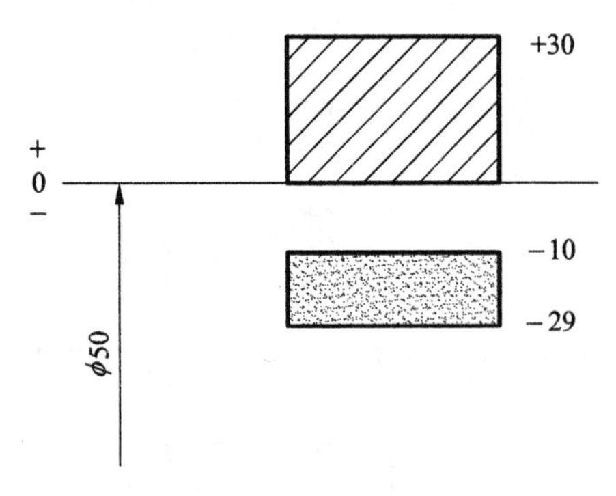

图 1-4 例题 1-1 公差带图

(3) 配 合

基本尺寸相同的、相互结合的孔与轴公差带之间的关系称为配合。

根据孔与轴公差带之间的关系,配合可分为间隙配合、过渡配合和过盈配合三类。

1) 间隙配合

具有间隙(包括最小间隙等于零)的配合称为间隙配合。此时,孔的公差带在轴的公差带之上,如图 1-5 所示。

① 最大间隙(X_{max}):孔的最大极限尺寸减去轴的最小极限尺寸所得的代数差。表达式为

$$X_{max} = D_{max} - d_{min} = ES - ei \qquad (1-3)$$

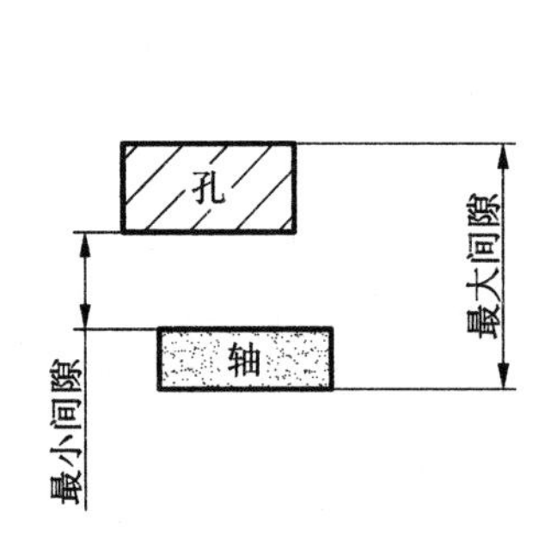

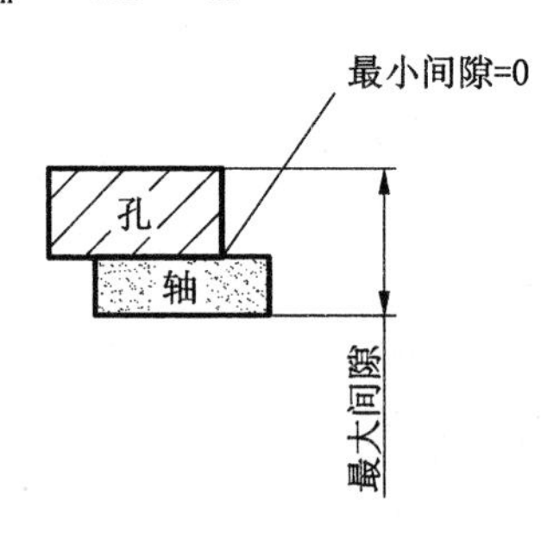

图 1-5 间隙配合公差带图

② 最小间隙(X_{min}):孔的最小极限尺寸减去轴的最大极限尺寸所得的代数差。表达式为

$$X_{min} = D_{min} - d_{max} = EI - es \qquad (1-4)$$

③ 平均间隙(X_{m}) 最大间隙与最小间隙的算术平均值。表达式为

$$X_{m} = (X_{max} + X_{min})/2 \qquad (1-5)$$

2) 过盈配合

具有过盈(包括最小过盈等于零)的配合称为过盈配合。此时,孔的公差带在轴的公差带之下,如图 1-6 所示。

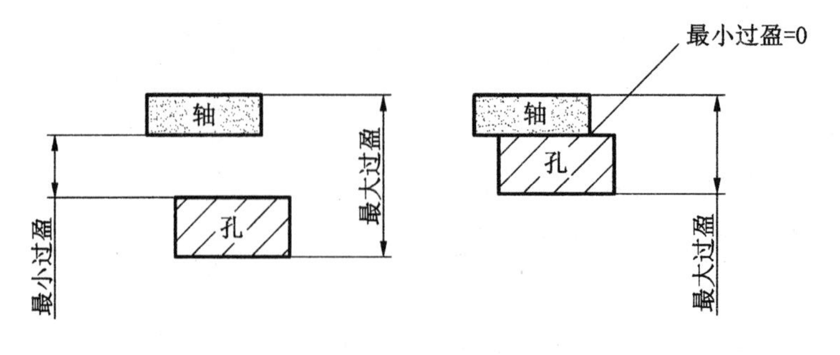

图 1-6 过盈配合公差带图

① 最大过盈(Y_{max}):孔的最小极限尺寸减去轴的最大极限尺寸所得的代数差。表达式为

$$Y_{max} = D_{min} - d_{max} = EI - es \qquad (1-6)$$

② 最小过盈(Y_{min})：孔的最大极限尺寸减去轴的最小极限尺寸所得的代数差。表达式为

$$Y_{min} = D_{max} - d_{min} = ES - ei \tag{1-7}$$

③ 平均过盈(Y_m)：最大过盈与最小过盈的算术平均值。表达式为

$$Y_m = (Y_{max} + Y_{min})/2 \tag{1-8}$$

3) 过渡配合

可能具有间隙或过盈的配合称为过渡配合。孔的公差带和轴的公差带相互交叠，可能具有间隙或过盈，但间隙或过盈都不大，如图 1-7 所示。

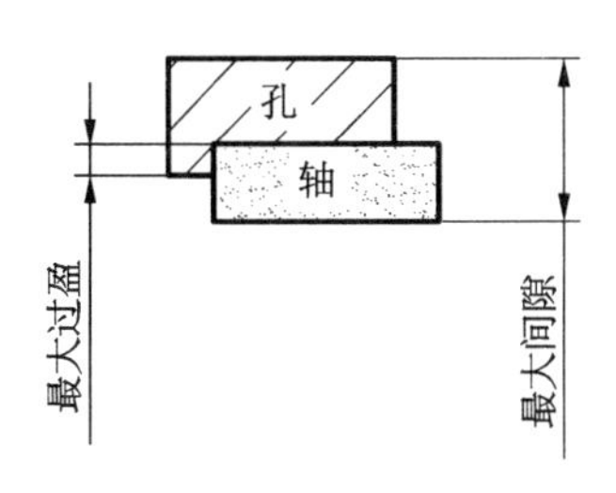

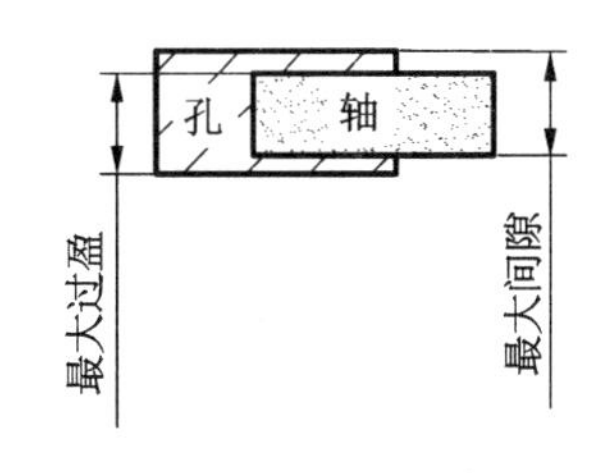

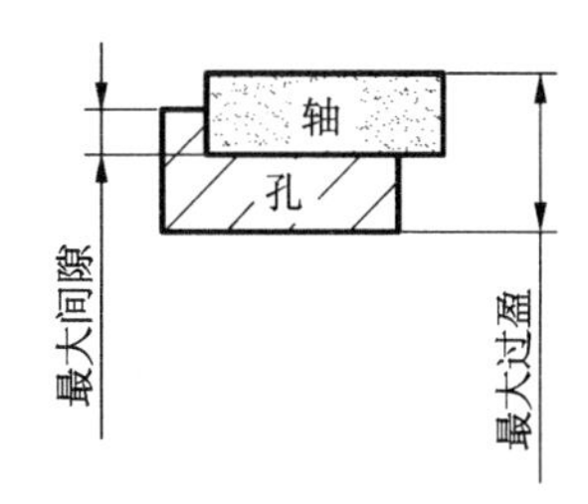

图 1-7　过渡配合公差带图

过渡配合的性质用最大间隙 X_{max}、最大过盈 Y_{max} 和平均间隙(X_m)或平均过盈(Y_m)表示。表达式为

$$X_m(\text{或 } Y_m) = (X_{max} + Y_{max})/2 \tag{1-9}$$

按式(1-9)计算，若所得值为正时是平均间隙，表示偏松的过渡配合；若所得值为负时是平均过盈，表示偏紧的过渡配合。

(4) 配合公差

组成配合的孔、轴公差之和称为配合公差。它用 T_f 表示，是一个没有符号的绝对值。配合公差是允许间隙或过盈的变动量，表示配合松紧均匀程度要求。

对间隙配合，配合公差等于最大间隙与最小间隙之差的绝对值。对过盈配合，配合公差等于最大过盈与最小过盈之差的绝对值。对过渡配合，配合公差等于最大间隙与最大过盈之差的绝对值。表达式分别为

间隙配合：$$T_f = |X_{max} - X_{min}| = T_h + T_s \tag{1-10}$$

过盈配合：$$T_f = |Y_{max} - Y_{min}| = T_h + T_s \tag{1-11}$$

过渡配合：$$T_f = |X_{max} - Y_{max}| = T_h + T_s \tag{1-12}$$

例 1-2　计算 $\phi25_{0}^{+0.033}$ 孔与 $\phi25_{-0.033}^{-0.020}$ 轴配合的极限间隙、平均间隙及配合公差，并画出公差带图。

解

极限间隙　$X_{max} = ES - ei = (+0.033)\ \text{mm} - (-0.033)\ \text{mm} = +0.066\ \text{mm}$

$X_{min} = EI - es = 0\ \text{mm} - (-0.020)\ \text{mm} = +0.020\ \text{mm}$

平均间隙　$X_m = (X_{max} + X_{min})\ /\ 2 = (+0.066 + 0.020)\ /\ 2\ \text{mm} = +0.043\ \text{mm}$

配合公差　$T_f = |X_{max} - X_{min}| = |(+0.066) - (+0.020)|\ \text{mm} = 0.046\ \text{mm}$

画出的公差带图如图 1-8 所示。

例 1-3　计算 $\phi30_{0}^{+0.021}$ 的孔与 $\phi30_{+0.002}^{+0.015}$ 的轴配合的最大间隙、最大过盈、平均间隙或平

均过盈、配合公差，并画出公差带图。

解

最大间隙　$X_{max}=ES-ei=(+0.021)\ mm-(+0.002)\ mm=+0.019\ mm$

最大过盈　$Y_{max}=EI-es=0\ mm-(+0.015)\ mm=-0.015\ mm$

平均间隙　$X_m=(X_{max}+Y_{max})/2=(+0.019-0.015)/2\ mm=+0.002\ mm$

配合公差　$T_f=|X_{max}-Y_{max}|=|(+0.019)-(-0.015)|\ mm=0.034\ mm$

画出的公差带图如图1－9所示。

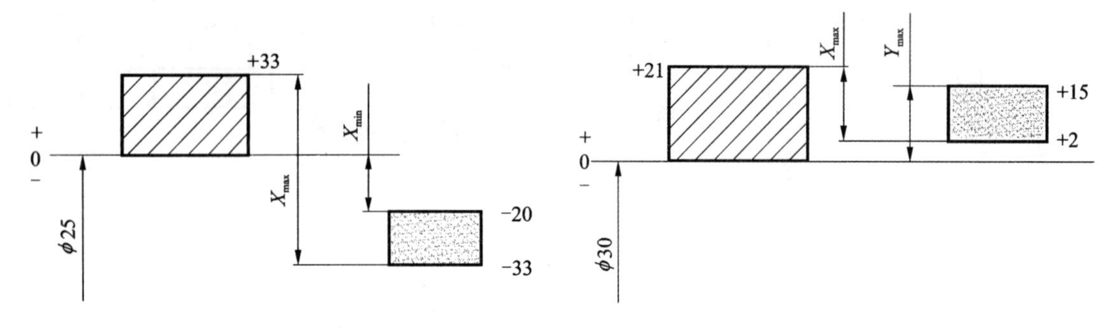

图1－8　例题1－2公差带图　　　图1－9　例题1－3公差带图

例1－4　某配合的基本尺寸为$\phi70$ mm，孔的公差$T_h=30\ \mu m$，轴的下偏差$ei=+11\ \mu m$，孔与轴的配合公差$T_f=49\ \mu m$，最大间隙$X_{max}=+19\ \mu m$，试画出孔和轴的公差带图，并说明配合类别。

解　由公式$T_f=T_h+T_s$得

$$T_s=T_f-T_h=49\ \mu m-30\ \mu m=19\ \mu m$$

由公式$T_s=es-ei$得到轴的上偏差

$$es=ei+T_s=+11\ \mu m+19\ \mu m=+30\ \mu m$$

即轴的尺寸为$\phi70^{+0.030}_{+0.011}$ mm。

由公式$X_{max}=ES-ei$得到孔的上偏差

$$ES=X_{max}+ei=19\ \mu m+(+11)\ \mu m=+30\ \mu m$$

由公式$T_h=ES-EI$得到孔的下偏差

$$EI=ES-T_h=+30\ \mu m-30\ \mu m=0$$

即孔的尺寸为$\phi70^{+0.030}_{0}$ mm。

孔与轴的公差带图如图1－10所示。该配合是过渡配合。

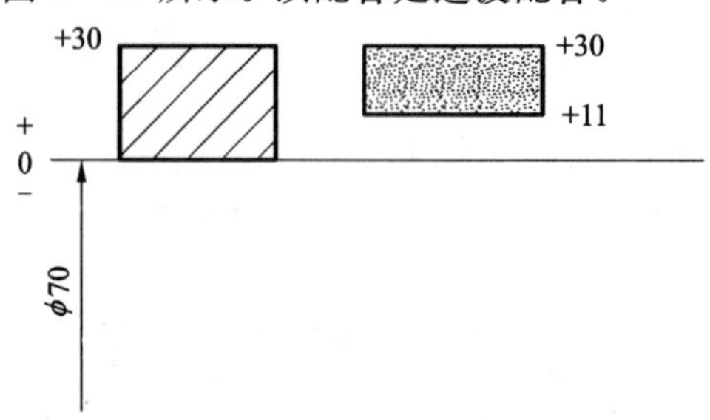

图1－10　例题1－4公差带图

1.2　公差与配合的国家标准

合格的孔、轴组成的配合一定符合使用要求，具有互换性；而两个不合格的孔和轴组成的配合也有可能符合使用要求，但不具有互换性，如图 1-11 所示。

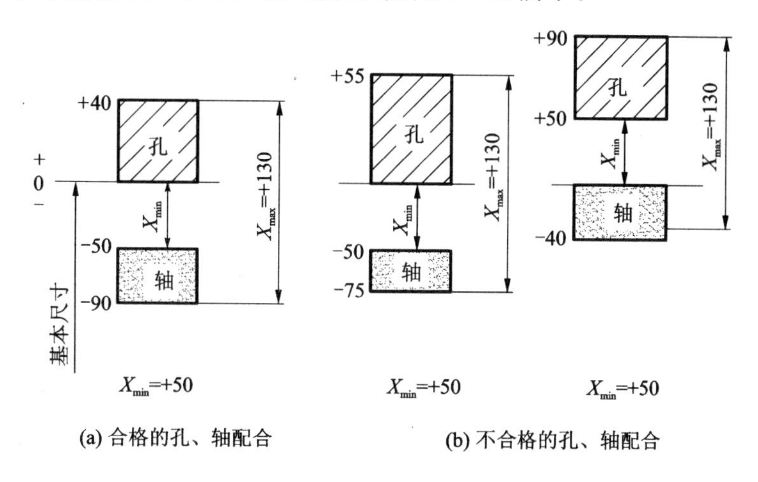

图 1-11　满足同一使用要求的三个配合

如果没有对满足同一使用要求的孔、轴尺寸公差带的大小和位置作出统一规定，将会给生产过程带来混乱，也不便于产品的使用和维修。所以应对孔、轴尺寸公差带的大小和位置进行标准化。为此，国家标准规定了标准公差系列和基本偏差系列。

《极限与配合》国家标准是由 GB/T 1800.1—1997，GB/T 1800.3—1998，GB/T 1800.4—1999，GB/T 1801—1999 等 12 部分标准组成。这 12 部分标准包括基准选择、配合与计算、测量与检验、应用等，是按标准公差系列（公差带大小）和基本偏差系列（公差带位置）分别标准化的原则制定的。它适用于圆柱和非圆柱形光滑工件的尺寸、公差、尺寸的检验以及由它们组成的配合。

1. 标准公差系列

标准公差用来确定公差带大小，由“标准公差等级”和“基本尺寸”决定。

(1) 标准公差等级

标准公差用符号 IT 和公差等级数字表示，如 IT8。当其与代表基本偏差的字母一起组成公差带时，省略 IT 字母，如 H8。

标准公差等级分 IT01，IT0，IT1，IT2，…，IT18 共 20 级。从 IT01 至 IT18 等级精度，依次降低，而相应的标准公差数值依次增大。

同一公差等级，虽然公差值随着基本尺寸的不同而变化，但它们具有相同的精度等级。同一公差等级、同一尺寸分段内各基本尺寸的标准公差数值是相同的。

国家标准规定和划分公差等级的目的是为了简化和统一对公差的要求，使规定的等级既能满足不同的使用要求，又能大致代表各种加工方法的精度，从而既有利于设计，又有利于制造。

(2) 标准公差值的计算

当基本尺寸 $D \leqslant 500$ mm 时，对于公差等级 IT5～IT18，标准公差值的计算公式可以归纳为

$$IT = a \times i \tag{1-13}$$

式中：IT——标准公差；

a——公差等级系数；

i——标准公差因子，μm，表达式为

$$i = 0.45\sqrt[3]{D} + 0.001D \tag{1-14}$$

式中：D——孔或轴的基本尺寸，mm。

公差等级系数 a 可以评定零件精度，即公差等级的大小。对同一公差等级，a 值为一定值。这样，可对不同基本尺寸的零件合理地规定不同的公差。为了使公差值标准化，a 值选取优先数列 R5 系列，即 $q=\sqrt[5]{10}\approx1.6$，如从 IT6 至 IT18，每隔 5 项增大 10 倍。

对于基本尺寸 $D \leqslant 500$ mm 的 IT01，IT0，IT1 三个高等级，其公式计算用线性关系式，而 IT2～IT4 的公差值大致在 IT1～IT5 的公差值之间，按几何级数分布。

基本尺寸 $D \leqslant 500$ mm 标准公差的计算式如表 1-1 所列。

表 1-1　尺寸 $D \leqslant 500$ mm 的标准公差计算式(GB/T 1800.3—1998)

公差等级	IT01			IT0			IT1		IT2		IT3		IT4	
公差值	$0.3+0.008D$			$0.5+0.012D$			$0.8+0.020D$		$IT1\left(\frac{IT5}{IT1}\right)^{\frac{1}{4}}$		$IT1\left(\frac{IT5}{IT1}\right)^{\frac{1}{2}}$		$IT1\left(\frac{IT5}{IT1}\right)^{\frac{3}{4}}$	
公差等级	IT5	IT6	IT7	IT8	IT9	IT10	IT11	IT12	IT13	IT14	IT15	IT16	IT17	IT18
公差值	$7i$	$10i$	$16i$	$25i$	$40i$	$64i$	$100i$	$160i$	$250i$	$400i$	$640i$	$1000i$	$1600i$	$2500i$

在基本尺寸和公差等级已定的情况下，按照国家标准规定的标准公差计算式可以计算出相应的标准公差值，如表 1-2 所列。

表 1-2　标准公差数值表(GB/T 1800.3—1998)

基本尺寸 mm		公差等级																		
		IT01	IT0	IT1	IT2	IT3	IT4	IT5	IT6	IT7	IT8	IT9	IT10	IT11	IT12	IT13	IT14	IT15	IT16	IT17	IT18
大于	至	μm													mm						
—	3	0.3	0.5	0.8	1.2	2	3	4	6	10	14	25	40	60	0.1	0.14	0.25	0.4	0.6	1	1.4
3	6	0.4	0.6	1	1.5	2.5	4	5	8	12	18	30	48	75	0.12	0.18	0.30	0.48	0.75	1.2	1.8
6	10	0.4	0.6	1	1.5	2.5	4	6	9	15	22	36	58	90	0.15	0.22	0.36	0.58	0.9	1.5	2.2
10	18	0.5	0.8	1.2	2	3	5	8	11	18	27	43	70	110	0.18	0.27	0.43	0.7	1.1	1.8	2.7
18	30	0.6	1	1.5	2.5	4	6	9	13	21	33	52	84	130	0.21	0.33	0.52	0.84	1.3	2.1	3.3
30	50	0.6	1	1.5	2.5	4	7	11	16	25	39	62	100	160	0.25	0.39	0.62	1	1.6	2.5	3.9
50	80	0.8	1.2	2	3	5	8	13	19	30	46	74	120	190	0.3	0.46	0.74	1.2	1.9	3	4.6
80	120	1	1.5	2.5	4	6	10	15	22	35	54	87	140	220	0.35	0.54	0.87	1.4	2.2	3.5	5.4
120	180	1.2	2	3.5	5	8	12	18	25	40	63	100	160	250	0.4	0.63	1	1.6	2.5	4	6.3

续表 1-2

基本尺寸 mm		公差等级																			
		IT01	IT0	IT1	IT2	IT3	IT4	IT5	IT6	IT7	IT8	IT9	IT10	IT11	IT12	IT13	IT14	IT15	IT16	IT17	IT18
大于	至	μm													mm						
180	250	2	3	4.5	7	10	14	20	29	46	72	115	185	290	0.46	0.72	1.15	1.85	2.9	4.6	7.2
250	315	2.5	4	6	8	12	16	23	32	52	81	130	210	320	0.52	0.81	1.3	2.1	3.2	5.2	8.1
315	400	3	5	7	9	13	18	25	36	57	89	140	230	360	0.57	0.89	1.4	2.3	3.6	5.7	8.9
400	500	4	6	8	10	15	20	27	40	63	97	155	250	400	0.63	0.97	1.55	2.5	4	6.3	9.7

注：基本尺寸小于 1 mm 时，无 IT14 至 IT18。

从表 1-2 中可看出：标准公差值与基本尺寸和公差等级有关，公差等级相同时，基本尺寸越大，公差值也越大。

(3) 基本尺寸分段

根据标准公差的计算公式，不同的基本尺寸就有相应的公差值，这会使编制的公差表格非常庞大。为了简化公差表格，国家标准对基本尺寸进行了分段。对同一尺寸段内的所有基本尺寸都规定同样的标准公差因子。在同一尺寸段内，基本尺寸 D 均按每一尺寸分段首尾两尺寸 D_1 和 D_2 的几何平均值代入，即 $D=\sqrt{D_1D_2}$。这样就使同一公差等级、同一尺寸分段内各基本尺寸的标准公差值是相同的。

例 1-5　计算基本尺寸分段 D 为大于 30 mm 至 50 mm，IT7 的标准公差值。

解　因

$$D=\sqrt{D_1D_2}=\sqrt{30\times 50}=38.73\ \text{mm}$$

$$i=0.45\sqrt[3]{D}+0.001D=1.56\ \mu\text{m}$$

查表 1-1 得

$$\text{IT7}=16i=16\times 1.56=25\ \mu\text{m}$$

计算结果同查表 1-2 标准公差值相同。

在实际应用中，标准公差数值可直接查表 1-2，而不必另行计算。

2. 基本偏差系列

基本偏差是用以确定公差带相对零线位置的那个极限偏差。当公差带在零线以上时，基本偏差是下偏差；公差带在零线以下时，基本偏差为上偏差，如图 1-12 所示。

设置基本偏差是为了将公差带相对于零线的位置标准化，以满足各个不同配合性质的需要。

(1) 基本偏差的代号

GB/T 1800.2—1998 对孔和轴分别规定了 28 种基本偏差，其代号用拉丁字母表示，大写表示孔，小写表示轴。28 种基本偏差代号，由 26 个拉丁字母中去掉 5 个容易与其他含义混淆的字母 I，L，O，Q，W(i，l，o，q，w)，再加上 7 个双写字母 CD(cd)，EF(ef)，FG(fg)，JS(js)，ZA(za)，ZB(zb)，ZC(zc)组成。这 28 种基本偏差代号反映 28 种公差带的位置，构成了基本偏差系列，如图 1-13 所示。

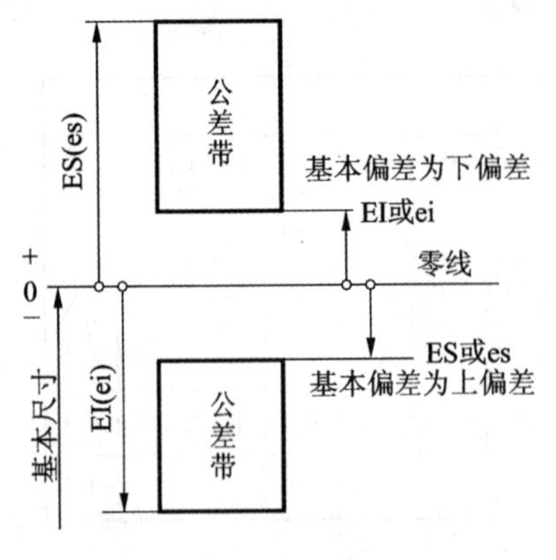

图 1-12 基本偏差示意图

基本偏差系列图中，基本偏差是“开口”公差带，这是因为基本偏差只能确定公差带的位置，而不能表示公差带的大小，另一端的界线将由公差带的标准公差等级来决定。因此，任何一个公差带都用基本偏差代号和公差等级数字表示，如：孔公差带代号为 H7，轴公差带代号为 h6。

(2) 基本偏差系列的特点

基本偏差系列有以下特点：

① 基本偏差中 H 的基本偏差为下偏差且等于零，h 的基本偏差为上偏差且等于零。H 代表基准孔，h 代表基准轴。

② 孔的基本偏差从 A 到 H 为下偏差 EI，从 J 到 ZC 为上偏差 ES。轴的基本偏差从 a 到 h 为上偏差 es，从 j 到 zc 为下偏差 ei。

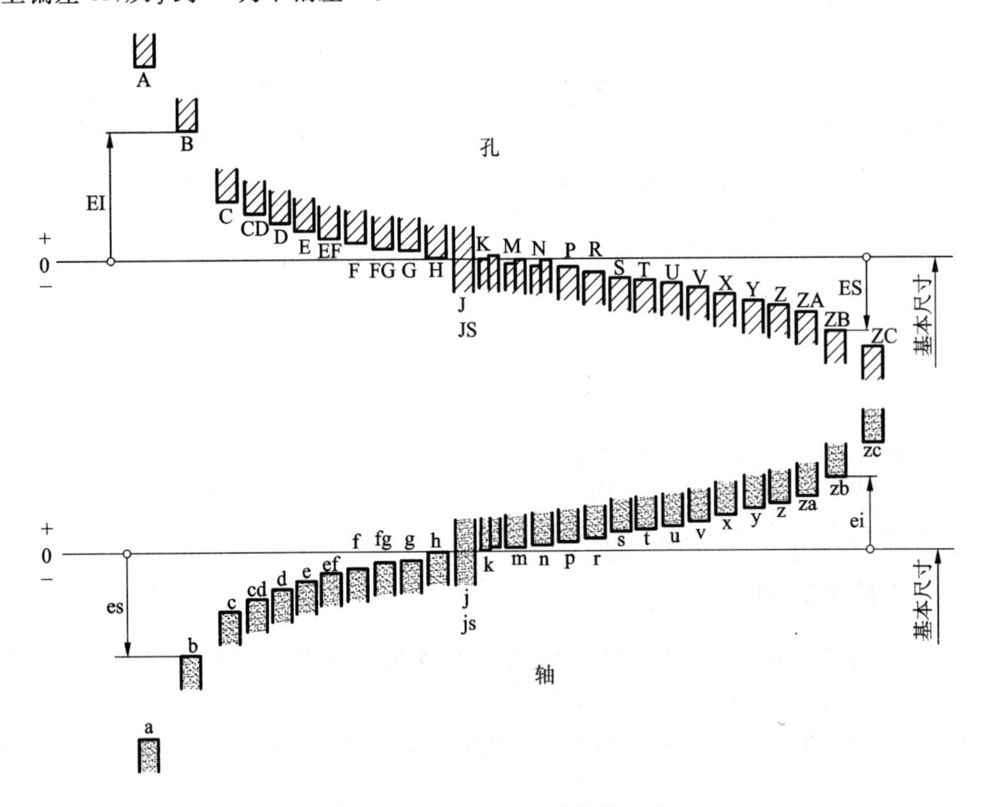

图 1-13 孔和轴的基本偏差系列

③ JS 和 js 形成的公差带在各个公差等级中，完全对称于零线，故上偏差+IT/2 或下偏差−IT/2 均可作为基本偏差。

④ J 和 j 的公差带与 JS 和 js 的公差带很相近，但其公差带不以零线对称，一般在基本偏差系列图中，将 J 和 j 分别与 JS 和 js 的基本偏差代号放在同一位置。

(3) 轴和孔的基本偏差的确定

轴的基本偏差数值是以基孔制配合为基础，根据各种配合性质经过理论计算、实验和统计

分析得到的，如表 1－3 所列。

基本偏差 a 至 h 的轴与基准孔（H）组成间隙配合。其中：a，b，c 用于大间隙配合；d，e，f 主要用于旋转运动；g 主要用于滑动和半液体摩擦，或用于定位配合；cd，ef，fg 适用于尺寸较小的旋转运动件，如钟表行业；h 与 H 形成最小间隙等于零的一种间隙配合，常用于定位配合。基本偏差 j 至 n 主要用于过渡配合，以保证配合时有较好的对中及定心，装拆也不困难。其中，j 只用于 IT5 至 IT8，主要用于与轴承相配合的孔和轴，其数据纯属经验数据。基本偏差 p 至 zc 与 H 相配合形成过盈配合。

当轴的基本偏差确定后，轴的另一个极限偏差可根据下列公式计算：

$$T_s = es - ei$$

例 1－6　根据标准公差数据表（表 1－2）和轴的基本偏差数值表（表 1－3），确定 ϕ50n7 的极限偏差。

解　从表 1－3 查得轴的基本偏差 n 的下偏差为 ei＝＋17 μm，从表 1－2 查得轴的标准公差 IT7＝25 μm。

轴的另一个极限偏差的上偏差为

$$es = ei + T_s = ei + IT7 = (+17+25)\ \mu m = +42\ \mu m$$

孔的基本偏差是由轴的基本偏差换算得到，见表 1－4。当孔的基本偏差确定后，孔的另一个极限偏差可根据下列公式计算：

$$T_h = ES - EI$$

3. 基准制

为了以尽可能少的标准公差带形成多种配合，国家标准规定了两种基准制：基孔制和基轴制。

(1) 基孔制

基本偏差为一定的孔的公差带，与不同基本偏差的轴的公差带形成各种配合的一种制度称为基孔制。如图 1－14(a)所示，在基孔制配合中，孔为基准孔，其基本偏差用 H 表示。

(2) 基轴制

基本偏差为一定的轴的公差带，与不同基本偏差的孔的公差带形成各种配合的一种制度称为基轴制。如图 1－14(b)所示，在基轴制配合中，轴为基准轴，其基本偏差用 h 表示。

例 1－7　试用查表法确定 ϕ30H7/p6 和 ϕ30P7/h6 孔和轴的基本偏差，计算孔、轴的极限偏差及两种配合的最大过盈 Y_{max} 和最小过盈 Y_{min}，并画出公差带图。

解　相配合的孔和轴的基本尺寸为 30 mm。

1) 孔和轴的标准公差

查表 1－2 得：IT7＝21 μm，IT6＝13 μm。

2) 孔和轴的基本偏差

孔：查表 1－4 得，H 的基本偏差 EI＝0 μm，P 的基本偏差

$$ES = -22\ \mu m + \Delta = (-22+8)\ \mu m = -14\ \mu m$$

轴：查表 1－3 得，h 的基本偏差 es＝0 μm，p 的基本偏差 ei＝＋22 μm。

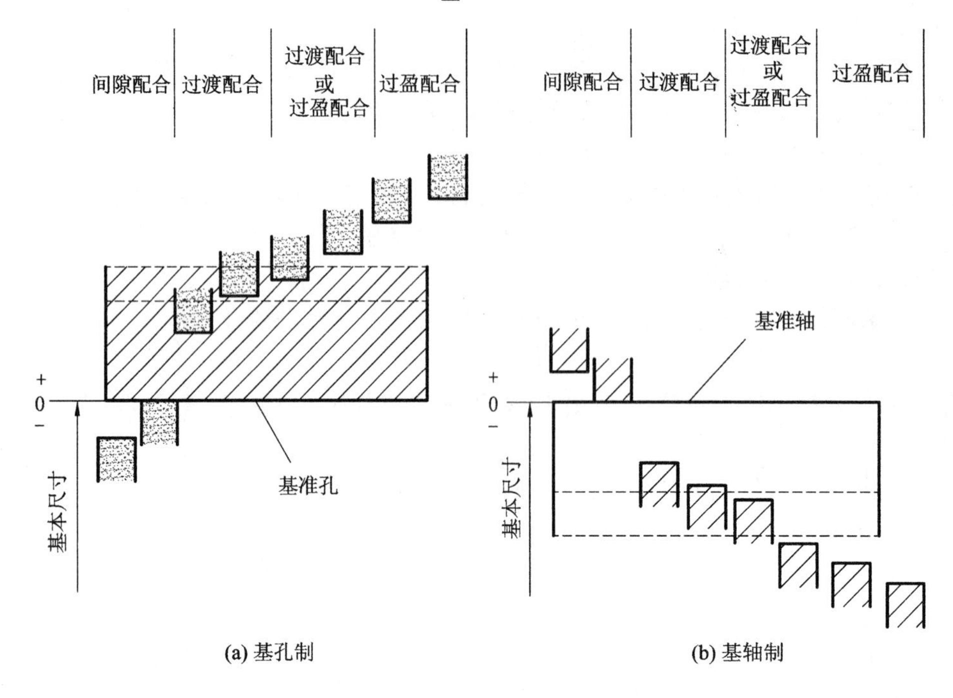

图 1-14　基孔制配合和基轴制配合公差带

3）计算孔和轴的另一个极限偏差

孔：H7 的另一个极限偏差

$$ES = EI + IT7 = (0 + 21)\mu m = +21\ \mu m$$

P7 的另一个极限偏差

$$EI = ES - IT7 = (-14 - 21)\mu m = -35\ \mu m$$

轴：h6 的另一个极限偏差

$$ei = es - IT6 = (0 - 13)\mu m = -13\ \mu m$$

p6 的另一个极限偏差

$$es = ei + IT6 = (+22 + 13)\mu m = +35\ \mu m$$

4）求最大过盈 Y_{max} 和最小过盈 Y_{min}

ϕ30H7/p6：

$$Y_{max} = EI - es = (0 - 35)\mu m = -35\ \mu m$$

$$Y_{min} = ES - ei = (+21 - 22)\mu m = -1\ \mu m$$

ϕ30P7/h6：

$$Y_{max} = EI - es = (-35 - 0)\mu m = -35\ \mu m$$

$$Y_{min} = ES - ei = [-14 - (-13)]\mu m = -1\ \mu m$$

通过计算可知，两种配合采用的基准制不同，但配合所形成的极限过盈相同，所以其配合性质相同。

5）画出公差带图

根据上述查表计算得到的公差带图如图 1-15 所示。

表 1-3　轴的基本偏差数值(摘自 GB/T 1800.3—1998)　　μm

基本尺寸 mm		基本偏差数值																														
		上偏差 es												下偏差 ei																		
大于	至	所有标准公差等级												IT5和IT6	IT7	IT8	IT4至IT7	≤IT3 >IT7	所有标准公差等级													
		a	b	c	cd	d	e	ef	f	fg	g	h	js	j			k		m	n	p	r	s	t	u	v	x	y	z	za	zb	zc
—	3	-270	-140	-60	-34	-20	-14	-10	-6	-4	-2	0	偏差=±$\frac{IT_n}{2}$，式中IT_n是IT值数	-2	-4	-6	0	0	+2	+4	+6	+10	+14		+18		+20		+26	+32	+40	+60
3	6	-270	-140	-70	-46	-30	-20	-14	-10	-6	-4	0		-2	-4		+1	0	+4	+8	+12	+15	+19		+23		+28		+35	+42	+50	+80
6	10	-280	-150	-80	-56	-40	-25	-18	-13	-8	-5	0		-2	-5		+1	0	+6	+10	+15	+19	+23		+28		+34		+42	+52	+67	+97
10	14	-290	-150	-95		-50	-32		-16		-6	0		-3	-6		+1	0	+7	+12	+18	+23	+28		+33		+40		+50	+64	+90	+130
14	18																									+39	+45		+60	+77	+108	+150
18	24	-300	-160	-110		-65	-40		-20		-7	0		-4	-8		+2	0	+8	+15	+22	+28	+35		+41	+47	+54	+63	+73	+98	+136	+188
24	30																							+41	+48	+55	+64	+75	+88	+118	+160	+218
30	40	-310	-170	-120		-80	-50		-25		-9	0		-5	-10		+2	0	+9	+17	+26	+34	+43	+48	+60	+68	+80	+94	+112	+148	+200	+274
40	50	-320	-180	-130																				+54	+70	+81	+97	+114	+136	+180	+242	+325
50	65	-340	-190	-140		-100	-60		-30		-10	0		-7	-12		+2	0	+11	+20	+32	+41	+53	+66	+87	+102	+122	+144	+172	+226	+300	+405
65	80	-360	-200	-150																		+43	+59	+75	+102	+120	+146	+174	+210	+274	+360	+480
80	100	-380	-220	-170		-120	-72		-36		-12	0		-9	-15		+3	0	+13	+23	+37	+51	+71	+91	+124	+146	+178	+214	+258	+335	+445	+585
100	120	-410	-240	-180																		+54	+79	+104	+144	+172	+210	+254	+310	+400	+525	+690
120	140	-460	-260	-200		-145	-85		-43		-14	0		-11	-18		+3	0	+15	+27	+43	+63	+92	+122	+170	+202	+248	+300	+365	+470	+620	+800
140	160	-520	-280	-210																		+65	+100	+134	+190	+228	+280	+340	+415	+535	+700	+900
160	180	-580	-310	-230																		+68	+108	+146	+210	+252	+310	+380	+465	+600	+780	+1000
180	200	-660	-340	-240		-170	-100		-50		-15	0		-13	-21		+4	0	+17	+31	+50	+77	+122	+166	+236	+284	+350	+425	+520	+670	+880	+1150
200	225	-740	-380	-260																		+80	+130	+180	+258	+310	+385	+470	+575	+740	+960	+1250
225	250	-820	-420	-280																		+84	+140	+196	+284	+340	+425	+520	+640	+820	+1050	+1350
250	280	-920	-480	-300		-190	-110		-56		-17	0		-16	-26		+4	0	+20	+34	+56	+94	+158	+218	+315	+385	+475	+580	+710	+920	+1200	+1550
280	315	-1050	-540	-330																		+98	+170	+240	+350	+425	+525	+650	+790	+1000	+1300	+1700
315	355	-1200	-600	-360		-210	-125		-62		-18	0		-18	-28		+4	0	+21	+37	+62	+108	+190	+268	+390	+475	+590	+730	+900	+1150	+1500	+1900
355	400	-1350	-680	-400																		+114	+208	+294	+435	+530	+660	+820	+1000	+1300	+1650	+2100
400	450	-1500	-760	-440		-230	-135		-68		-20	0		-20	-32		+5	0	+23	+40	+68	+126	+232	+330	+490	+595	+740	+920	+1100	+1450	+1850	+2400
450	500	-1650	-840	-480																		+132	+252	+360	+540	+660	+820	+1000	+1250	+1600	+2100	+2600
500	560					-260	-145		-76		-22	0					0	0	+26	+44	+78	+150	+280	+400	+600							
560	630																					+155	+310	+450	+660							
630	710					-290	-160		-80		-24	0					0	0	+30	+50	+88	+175	+340	+500	+740							
710	800																					+185	+380	+560	+840							
800	900					-320	-170		-86		-26	0					0	0	+34	+56	+100	+210	+430	+620	+940							
900	1000																					+220	+470	+680	+1050							
1000	1120					-350	-195		-98		-28	0					0	0	+40	+66	+120	+250	+520	+780	+1150							
1120	1250																					+260	+580	+840	+1300							
1250	1400					-390	-220		-110		-30	0					0	0	+48	+78	+140	+300	+640	+960	+1450							
1400	1600																					+330	+720	+1050	+1600							
1600	1800					-430	-240		-120		-32	0					0	0	+58	+92	+170	+370	+820	+1200	+1850							
1800	2000																					+400	+920	+1350	+2000							
2000	2240					-480	-260		-130		-34	0					0	0	+68	+110	+195	+440	+1000	+1500	+2300							
2240	2500																					+460	+1100	+1650	+2500							
2500	2800					-520	-290		-145		-38	0					0	0	+76	+135	+240	+550	+1250	+1900	+2900							
2800	3150																					+580	+1400	+2100	+3200							

注：1. 基本尺寸小于或等于 1 mm 时，基本偏差 a 和 b 均不采用。

2. 公差带 js7 至 js11，若 IT_n 值数是奇数，则取偏差=$\pm\frac{IT_n-1}{2}$。

表 1-4 孔的基本偏差数值(摘自 GB/T 1800.3—1998)

μm

基本尺寸 mm		基本偏差数值											
		下偏差 EI											
		所有标准公差等级											
大于	至	A	B	C	CD	D	E	EF	F	FG	G	H	JS
—	3	+270	+140	+60	+34	+20	+14	+10	+6	+4	+2	0	偏差=±$\frac{IT_n}{2}$，式中IT_n是IT值数
3	6	+270	+140	+70	+46	+30	+20	+14	+10	+6	+4	0	
6	10	+280	+150	+80	+56	+40	+25	+18	+13	+8	+5	0	
10	14	+290	+150	+95		+50	+32		+16		+6	0	
14	18												
18	24	+300	+160	+110		+65	+40		+20		+7	0	
24	30												
30	40	+310	+170	+120		+80	+50		+25		+9	0	
40	50	+320	+180	+130									
50	65	+340	+190	+140		+100	+60		+30		+10	0	
65	80	+360	+200	+150									
80	100	+380	+220	+170		+120	+72		+36		+12	0	
100	120	+410	+240	+180									
120	140	+460	+260	+200		+145	+85		+43		+14	0	
140	160	+520	+280	+210									
160	180	+580	+310	+230									
180	200	+660	+340	+240		+170	+100		+50		+15	0	
200	225	+740	+380	+260									
225	250	+820	+420	+280									
250	280	+920	+480	+300		+190	+110		+56		+17	0	
280	315	+1050	+540	+330									
315	355	+1200	+600	+360		+210	+125		+62		+18	0	
355	400	+1350	+680	+400									
400	450	+1500	+760	+440		+230	+135		+68		+20	0	
450	500	+1650	+840	+480									
500	560					+260	+145		+76		+22	0	
560	630												
630	710					+290	+160		+80		+24	0	
710	800												
800	900					+320	+170		+86		+26	0	
900	1000												
1000	1120					+350	+195		+98		+28	0	
1120	1250												
1250	1400					+390	+220		+110		+30	0	
1400	1600												
1600	1800					+430	+240		+120		+32	0	
1800	2000												
2000	2240					+480	+260		+130		+34	0	
2240	2500												
2500	2800					+520	+290		+145		+38	0	
2800	3150												

基本尺寸 mm		上偏差 ES									
		IT6	IT7	IT8	≤IT8	>IT8	≤IT8	>IT8	≤IT8	>IT8	≤IT7
大于	至	J			K		M		N		P 至 ZC
—	3	+2	+4	+6	0	0	-2	-2	-4	-4	在大于IT7的相应数值上增加一个Δ值
3	6	+5	+6	+10	-1+Δ		-4+Δ	-4	-8+Δ	0	
6	10	+5	+8	+12	-1+Δ		-6+Δ	-6	-10+Δ	0	
10	14	+6	+10	+15	-1+Δ		-7+Δ	-7	-12+Δ	0	
14	18										
18	24	+8	+12	+20	-2+Δ		-8+Δ	-8	-15+Δ	0	
24	30										
30	40	+10	+14	+24	-2+Δ		-9+Δ	-9	-17+Δ	0	
40	50										
50	65	+13	+18	+28	-2+Δ		-11+Δ	-11	-20+Δ	0	
65	80										
80	100	+16	+22	+34	-3+Δ		-13+Δ	-13	-23+Δ	0	
100	120										
120	140	+18	+26	+41	-3+Δ		-15+Δ	-15	-27+Δ	0	
140	160										
160	180										
180	200	+22	+30	+47	-4+Δ		-17+Δ	-17	-31+Δ	0	
200	225										
225	250										
250	280	+25	+36	+55	-4+Δ		-20+Δ	-20	-34+Δ	0	
280	315										
315	355	+29	+39	+60	-4+Δ		-21+Δ	-21	-37+Δ	0	
355	400										
400	450	+33	+43	+66	-5+Δ		-23+Δ	-23	-40+Δ	0	
450	500										
500	560				0		-26		-44		
560	630										
630	710				0		-30		-50		
710	800										
800	900				0		-34		-56		
900	1000										
1000	1120				0		-40		-66		
1120	1250										
1250	1400				0		-48		-78		
1400	1600										
1600	1800				0		-58		-92		
1800	2000										
2000	2240				0		-68		-110		
2240	2500										
2500	2800				0		-76		-135		
2800	3150										

基本尺寸 mm		上偏差 ES												Δ值					
		标准公差等级大于 IT7												标准公差等级					
大于	至	P	R	S	T	U	V	X	Y	Z	ZA	ZB	ZC	IT3	IT4	IT5	IT6	IT7	IT8
—	3	-6	-10	-14		-18		-20		-26	-32	-40	-60	0	0	0	0	0	0
3	6	-12	-15	-19		-23		-28		-35	-42	-50	-80	1	1.5	1	3	4	6
6	10	-15	-19	-23		-28		-34		-42	-52	-67	-97	1	1.5	2	3	6	7
10	14	-18	-23	-28		-33		-40		-50	-64	-90	-130	1	2	3	3	7	9
14	18						-39	-45		-60	-77	-108	-150						
18	24	-22	-28	-35		-41	-47	-54	-63	-73	-98	-136	-188	1.5	2	3	4	8	12
24	30				-41	-48	-55	-64	-75	-88	-118	-160	-218						
30	40	-26	-34	-43	-48	-60	-68	-80	-94	-112	-148	-200	-274	1.5	3	4	5	9	14
40	50				-54	-70	-81	-97	-114	-136	-180	-242	-325						
50	65	-32	-41	-53	-66	-87	-102	-122	-144	-172	-226	-300	-405	2	3	5	6	11	16
65	80		-43	-59	-75	-102	-120	-146	-174	-210	-274	-360	-480						
80	100	-37	-51	-71	-91	-124	-146	-178	-214	-258	-335	-445	-585	2	4	5	7	13	19
100	120		-54	-79	-104	-144	-172	-210	-254	-310	-400	-525	-690						
120	140	-43	-63	-92	-122	-170	-202	-248	-300	-365	-470	-620	-800	3	4	6	7	15	23
140	160		-65	-100	-134	-190	-228	-280	-340	-415	-535	-700	-900						
160	180		-68	-108	-146	-210	-252	-310	-380	-465	-600	-780	-1000						
180	200	-50	-77	-122	-166	-236	-284	-350	-425	-520	-670	-800	-1150	3	4	6	9	17	26
200	225		-80	-130	-180	-258	-310	-385	-470	-575	-740	-960	-1250						
225	250		-84	-140	-196	-284	-340	-425	-520	-640	-820	-1050	-1350						
250	280	-56	-94	-158	-218	-315	-385	-475	-580	-710	-920	-1200	-1550	4	4	7	9	20	29
280	315		-98	-170	-240	-350	-425	-525	-650	-790	-1000	-1300	-1700						
315	355	-62	-108	-190	-268	-390	-475	-590	-730	-900	-1150	-1500	-1900	4	5	7	11	21	32
355	400		-114	-208	-294	-435	-530	-660	-820	-1000	-1300	-1650	-2100						
400	450	-68	-126	-232	-330	-490	-595	-740	-920	-1100	-1450	-1850	-2400	5	5	7	13	23	34
450	500		-132	-252	-360	-540	-660	-820	-1000	-1250	-1600	-2100	-2600						
500	560	-78	-150	-280	-400	-600													
560	630		-155	-310	-450	-660													
630	710	-88	-175	-340	-500	-740													
710	800		-185	-380	-560	-840													
800	900	-100	-210	-430	-620	-940													
900	1000		-220	-470	-680	-1050													
1000	1120	-120	-250	-520	-780	-1150													
1120	1250		-260	-580	-840	-1300													
1250	1400	-140	-300	-640	-960	-1450													
1400	1600		-330	-720	-1050	-1600													
1600	1800	-170	-370	-820	-1200	-1850													
1800	2000		-400	-920	-1350	-2000													
2000	2240	-195	-440	-1000	-1500	-2300													
2240	2500		-460	-1100	-1650	-2500													
2500	2800	-240	-550	-1250	-1900	-2900													
2800	3150		-580	-1400	-2100	-3200													

注：1. 基本尺寸小于或等于 1 mm 时，基本偏差 A 和 B 及大于 IT8 的 N 均不采用。

2. 公差带 JS7 至 JS11，若 IT_n 值数是奇数，则取偏差 $=\pm\frac{IT_n-1}{2}$。

3. 对小于或等于 IT8 的 K、M、N 和小于或等于 IT7 的 P 至 ZC，所需 Δ 值从表内右侧选取。

例如：18～30 mm 段的 K7：Δ=8 μm，所以 ES=-2+8=+6 μm

18～30 mm 段的 S6：Δ=4 μm，所以 ES=-35+4=-31 μm

4. 特殊情况：250～315 mm 段的 M6，ES=-9 μm(代替-11 μm)。

4. 公差与配合在图样上的标注方法

(1) 在零件图上的标注方法

尺寸公差带在零件图上有以下三种标注方法。

方法一：在基本尺寸后标注所要求的公差带代号，如图 1-16(a)所示。这种标注方法适用于大批量生产的产品零件。

方法二：在基本尺寸后标注所要求的公差带对应的偏差值，如图 1-16(b)所示。这种标注方法一般在单件或小批量生产的产品零件图样上采用，应用较广泛。

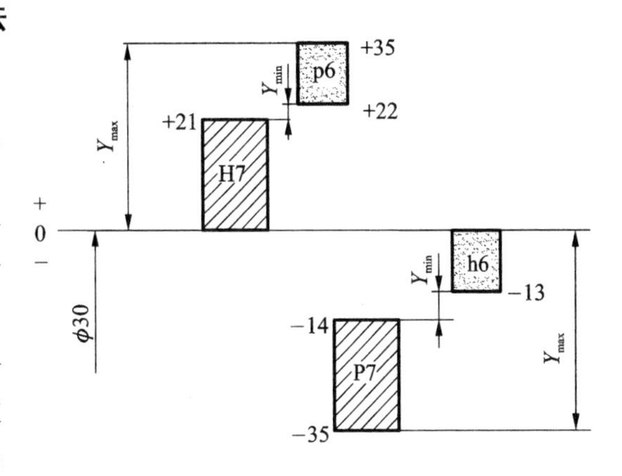

图 1-15　例题 1-7 公差带图

方法三：在基本尺寸后标注所要求的公差带代号和对应的偏差值，如图 1-16(c)所示。这种标注方法适用于中、小批量生产的产品零件。

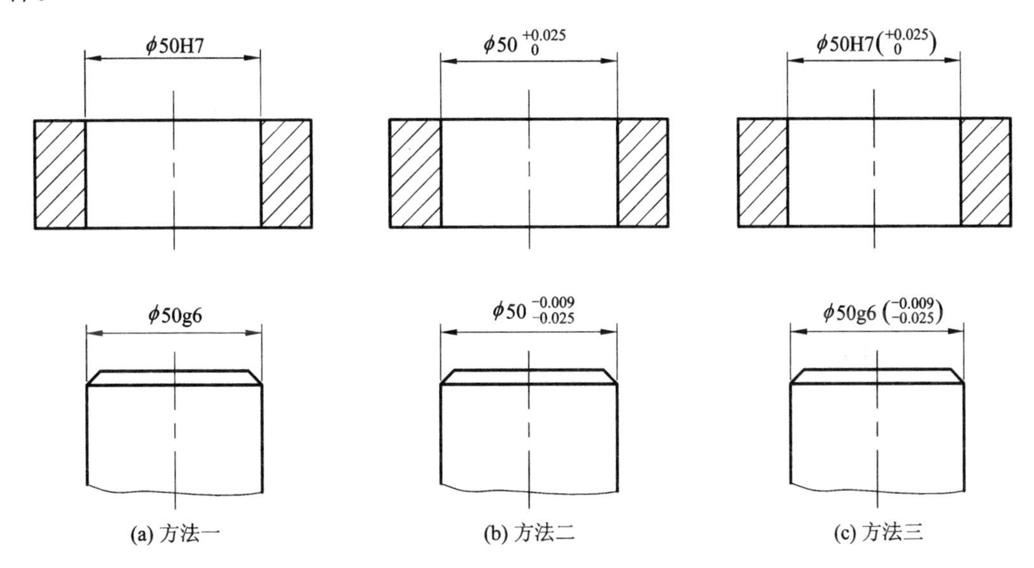

图 1-16　孔、轴公差带在零件图上的标注方法

(2) 在装配图上的标注方法

尺寸公差带在装配图上的标注方法是，在基本尺寸后标注孔、轴公差带代号，如图 1-17 所示。国家标准规定孔、轴公差带写成分数形式，分子为孔公差带，分母为轴公差带。如：ϕ50H8/g7 或 $\phi50\ \dfrac{H8}{g7}$；10H7/n6 或 $10\ \dfrac{H7}{n6}$。

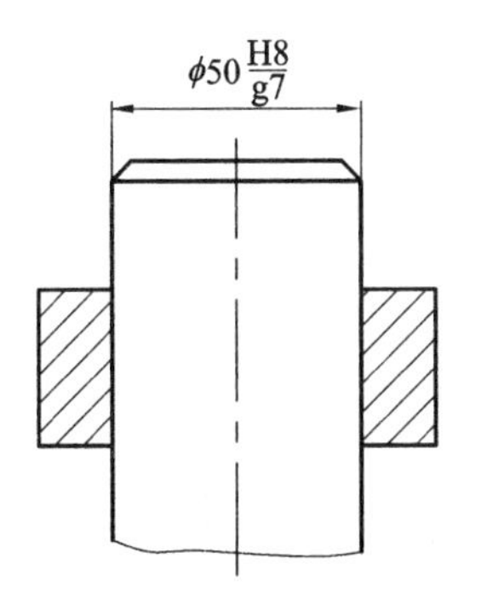

图 1-17　孔、轴公差带在装配图上的标注方法

1.3 国家标准规定的公差带与配合

1. 优先、常用和一般用途的公差带与配合

国家标准规定的 20 个公差等级的标准公差和 28 个基本偏差原则上可组合成 500 多个轴和孔的公差带。这么多公差带如果都应用，显然是不经济的。为了简化标准和使用方便，以利于互换，并尽可能减少定值刀具、量具的品种和规格，GB/T 1801—1999 对尺寸至 500 mm 的孔和轴规定了优先、常用和一般用途的公差带。

图 1-18 中，列出了 105 种孔的一般公差带，方框内为 44 种常用公差带，圆圈内为 13 种优先公差带。

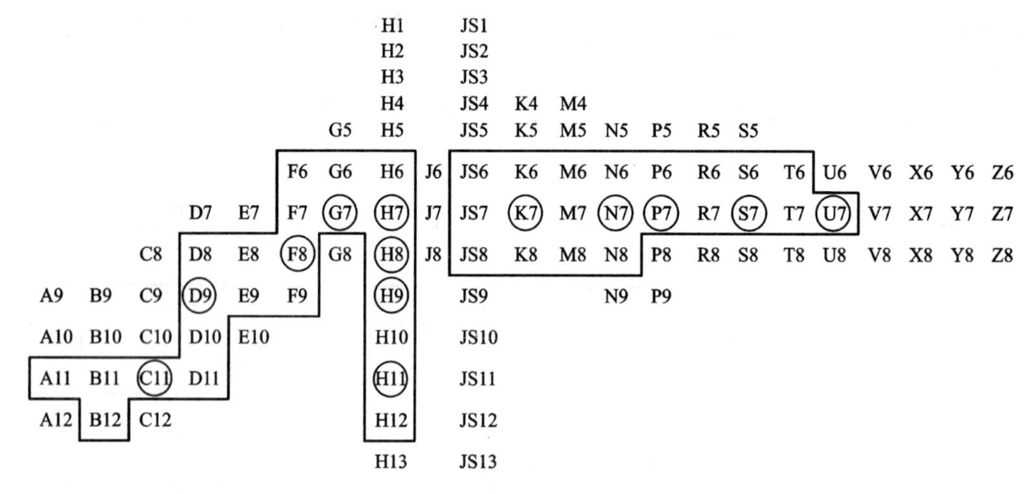

图 1-18　一般、常用和优先孔公差带

图 1-19 中，列出了 116 种轴的一般公差带，方框内为 59 种常用公差带，圆圈内为 13 种优先公差带。

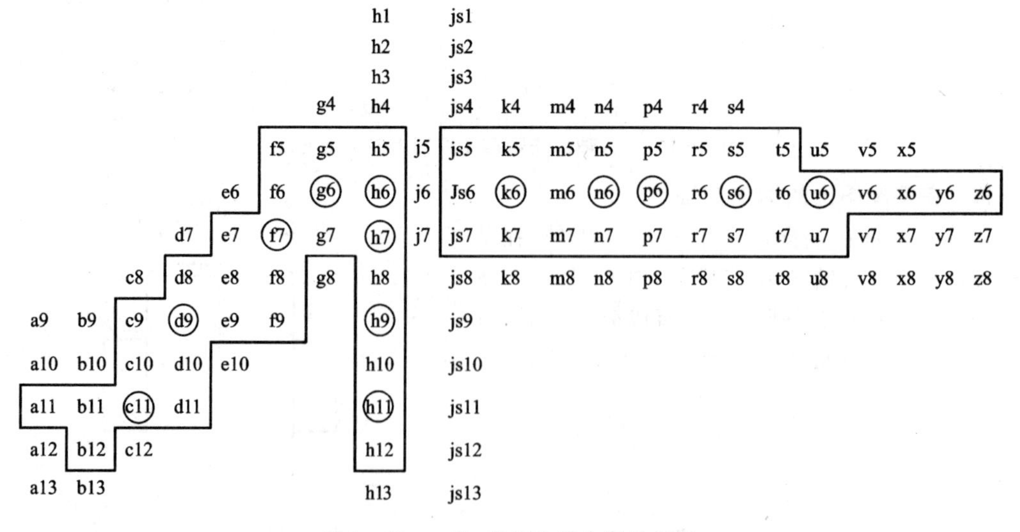

图 1-19　一般、常用和优先轴公差带

在此基础上，标准又规定了基孔制59种常用配合，13种优先配合，如表1-5所列；基轴制常用配合47种，优先配合13种，如表1-6所列。

表1-5　基孔制优先、常用配合(摘自GB/T 1801—1999)

基准孔	轴																				
	a	b	c	d	e	f	g	h	js	k	m	n	p	r	s	t	u	v	x	y	z
	间隙配合								过渡配合			过盈配合									
H5						$\frac{H6}{f5}$	$\frac{H6}{g5}$	$\frac{H6}{h5}$	$\frac{H6}{js5}$	$\frac{H6}{k5}$	$\frac{H6}{m5}$	$\frac{H6}{n5}$	$\frac{H6}{p5}$	$\frac{H6}{r5}$	$\frac{H6}{s5}$	$\frac{H6}{t5}$					
H6						$\frac{H7}{f6}$	◤$\frac{H7}{g6}$	◤$\frac{H7}{h6}$	$\frac{H7}{js6}$	◤$\frac{H7}{k6}$	$\frac{H7}{m6}$	◤$\frac{H7}{n6}$	◤$\frac{H7}{p6}$	$\frac{H7}{r6}$	◤$\frac{H7}{s6}$	$\frac{H7}{t6}$	◤$\frac{H7}{u6}$	$\frac{H7}{v6}$	$\frac{H7}{x6}$	$\frac{H7}{y6}$	$\frac{H7}{z6}$
H8					$\frac{H8}{e7}$	◤$\frac{H8}{f7}$	$\frac{H8}{g7}$	◤$\frac{H8}{h7}$	$\frac{H8}{js7}$	$\frac{H8}{k7}$	$\frac{H8}{m7}$	$\frac{H8}{n7}$	$\frac{H8}{p7}$	$\frac{H8}{r7}$	$\frac{H8}{s7}$	$\frac{H8}{t7}$	$\frac{H8}{u7}$				
				$\frac{H8}{d8}$	$\frac{H8}{e8}$	$\frac{H8}{f8}$		$\frac{H8}{h8}$													
H9			$\frac{H9}{c9}$	◤$\frac{H9}{d9}$	$\frac{H9}{e9}$	$\frac{H9}{f9}$		◤$\frac{H9}{h9}$													
H10			$\frac{H10}{c10}$	$\frac{H10}{d10}$				$\frac{H10}{h10}$													
H11	$\frac{H11}{a11}$	$\frac{H11}{b11}$	◤$\frac{H11}{c11}$	$\frac{H11}{d11}$				◤$\frac{H11}{h11}$													
H12		$\frac{H12}{b12}$						$\frac{H12}{h12}$													

注：1. $\frac{H6}{n5}$、$\frac{H7}{p6}$在基本尺寸小于或等于3 mm和$\frac{H8}{r7}$在小于或等于100 mm时，为过渡配合。

2. 标注◤的配合为优先配合。

表1-6　基轴制优先、常用配合(摘自GB/T 1801—1999)

基准轴	孔																				
	A	B	C	D	E	F	G	H	JS	K	M	N	P	R	S	T	U	V	X	Y	Z
	间隙配合								过渡配合			过盈配合									
h5						$\frac{F6}{h5}$	$\frac{G6}{h5}$	$\frac{H6}{h5}$	$\frac{JS6}{h5}$	$\frac{K6}{h5}$	$\frac{M6}{h5}$	$\frac{N6}{h5}$	$\frac{P6}{h5}$	$\frac{R6}{h5}$	$\frac{S6}{h5}$	$\frac{T6}{h5}$					
h6						$\frac{F7}{h6}$	◤$\frac{G7}{h6}$	◤$\frac{H7}{h6}$	$\frac{JS7}{h6}$	◤$\frac{K7}{h6}$	$\frac{M7}{h6}$	◤$\frac{N7}{h6}$	◤$\frac{P7}{h6}$	$\frac{R7}{h6}$	◤$\frac{S7}{h6}$	$\frac{T7}{h6}$	◤$\frac{U7}{h6}$				
h7					$\frac{E8}{h7}$	◤$\frac{F8}{h7}$		◤$\frac{H8}{h7}$	$\frac{JS8}{h7}$	$\frac{K8}{h7}$	$\frac{M8}{h7}$	$\frac{N8}{h7}$									
h8				$\frac{D8}{h8}$	$\frac{E8}{h8}$	$\frac{F8}{h8}$		$\frac{H8}{h8}$													
h9				◤$\frac{D9}{h9}$	$\frac{E9}{h9}$	$\frac{F9}{h9}$		◤$\frac{H9}{h9}$													
h10				$\frac{D10}{h10}$				$\frac{H10}{h10}$													
h11	$\frac{A11}{h11}$	$\frac{B11}{h11}$	◤$\frac{C11}{h11}$	$\frac{D11}{h11}$				◤$\frac{H11}{h11}$													
h12		$\frac{B12}{h12}$						$\frac{H12}{h12}$													

注：标注◤的配合为优先配合。

在选用公差带和配合时，应按优先、常用、一般公差带的顺序选取。对于某些特殊需要，若一般公差带中没有满足要求的公差带，则标准允许采用两种基准制以外的非基准制配合，如M8/f7、G8/n7等。

2. 未注公差尺寸的极限偏差

(1) 未注公差概念及应用

未注公差也称为一般公差，即在尺寸后不标注极限偏差或公差带代号。它是在车间普通工艺条件下，机床设备一般加工能力可以保证的公差。

未注公差主要用于低精度的非配合尺寸。当使用性能上允许的公差等于或大于未注公差时，均应采用未注公差。采用未注公差的尺寸在车间正常生产能保证的条件下，一般可不检验，而主要由工艺装备和加工者自行控制。

(2) 未注公差尺寸的极限偏差及标注方法

在GB/T 1804—2000中，一般公差规定了4个公差等级，即精密f、中等m、粗糙c和最粗v。对未注公差的线性尺寸给出了各公差等级的极限偏差数值。线性尺寸的极限偏差值见表1-7；倒圆半径与倒角高度尺寸的极限偏差数值如表1-8所列。

采用一般公差的尺寸，在图样上只标注基本尺寸，不标注极限偏差，在图样上或技术文件中用国家标准代号和公差等级代号表示，两者之间用一短线隔开。例如，选用m(中等级)时，则表示为GB/T 1804—m，表明图样上凡未注公差的线性尺寸(包含倒圆半径与倒角高度)均按m(中等级)加工和检验。

表1-7　线性尺寸的极限偏差数值(摘自GB/T 1804—2000)　　mm

公差等级	基本尺寸分段							
	0.5～3	>3～6	>6～30	>30～120	>120～140	>400～1 000	>1 000～2 000	>2 000～4 000
精密f	±0.05	±0.05	±0.1	±0.15	±0.2	±0.3	±0.5	—
中等m	±0.1	±0.1	±0.2	±0.3	±0.5	±0.8	±1.2	±2
粗糙c	±0.2	±0.3	±0.5	±0.8	±1.2	±2	±3	±4
最粗v	—	±0.5	±1	±1.5	±2.5	±4	±6	±8

表1-8　倒圆半径和倒角高度尺寸的极限偏差数值(摘自GB/T 1804—2000)　　mm

公差等级	基本尺寸分段			
	0.5～3	>3～6	>6～30	>30
精密f 中等m	±0.2	±0.5	±1	±2
粗糙c 最粗v	±0.4	±1	±2	±4

1.4　公差与配合的选用

公差与配合的选用，就是如何根据使用要求合理地选择符合标准规定的孔、轴的公差带大小和位置。公差与配合的选择主要包括：基准制、公差等级和配合种类等三个方面的选择。

公差与配合的选择一般有以下三种方法。

① 类比法：通过对类似的机器和零部件进行调查研究，分析对比，吸取经验教训，结合各自的实际情况选取公差与配合。这种方法是应用最多、最主要的方法，要求设计人员必须有较丰富的实践经验积累。

② 计算法：通过理论计算确定极限间隙或过盈，然后确定孔和轴的公差带，由于影响因素较复杂，计算结果均是近似的，不符合实际，应进行修正，用这种方法比较麻烦。

③ 试验法：对机器的工作性能影响较大且很重要的配合，通过试验或统计分析来确定间隙或过盈。这种方法比较合理、可靠，但成本较高。

1. 基准制的选择

国家标准规定了两种基准制，即基孔制和基轴制。设计人员可以通过国家标准规定的基孔制或基轴制来实现各种配合。一般情况下，无论选用基孔制配合还是基轴制配合，均可满足同样的使用要求。所以基准制的选择主要是从生产、工艺的经济性和结构的合理性等方面综合考虑。

(1) 优先选择基孔制

因为从工艺上看，加工一般尺寸的孔通常要用价格较贵的定值刀具，每一把刀具只能加工某一尺寸的孔，而加工轴则用一把刀具如车刀就可加工不同的尺寸。因此采用基孔制可以减少定值刀具(钻头、铰刀及拉刀等)和量具(例如塞规)的规格和数量，从而获得显著的经济效益，也有利于刀具、量具的标准化和系列化。

(2) 基轴制的应用

基轴制有以下应用：

① 冷拉棒材不经切削加工而直接制造的零件。由于冷拉棒材表面有一定的精度，尺寸、形状相当准确，所以应选择基轴制，这样可减少冷拉棒材的尺寸规格。

② 与标准件配合的孔和轴，应按标准件来选择基准制。如滚动轴承的外圈与壳体孔的配合应选用基轴制配合，内圈与轴颈的配合应选用基孔制配合。

③ 同一基本尺寸的轴上与几个孔配合，且有不同配合性质，应采用基轴制配合。

例如，图 1-20(a)所示为发动机活塞销同时与连杆孔、活塞孔之间的配合。根据使用要求，活塞销与连杆衬套孔间应采用间隙配合(G6/h5)；活塞销两端与活塞孔间配合应紧些，应采用过渡配合(M6/h5)。同一基本尺寸的轴需在不同部位与三个孔形成不同松紧的配合，如采用基轴制配合，活塞销可制成一根光轴，便于生产和装配，如图 1-20(b)所示。如采用基孔制配合，三个孔的公差带一样，活塞销要做成两头粗(m5)、中间细(g5)的阶梯轴，如图 1-20(c)所示。这样既不便于加工，又不便于装配。另外，活塞销两端直径大于活塞孔径，装配时会刮伤装配表面，影响装配质量。从强度方面考虑，受力最大的截面，轴径反而细，也不符合设计要求。所以，这种情况下采用基轴制较为有利。

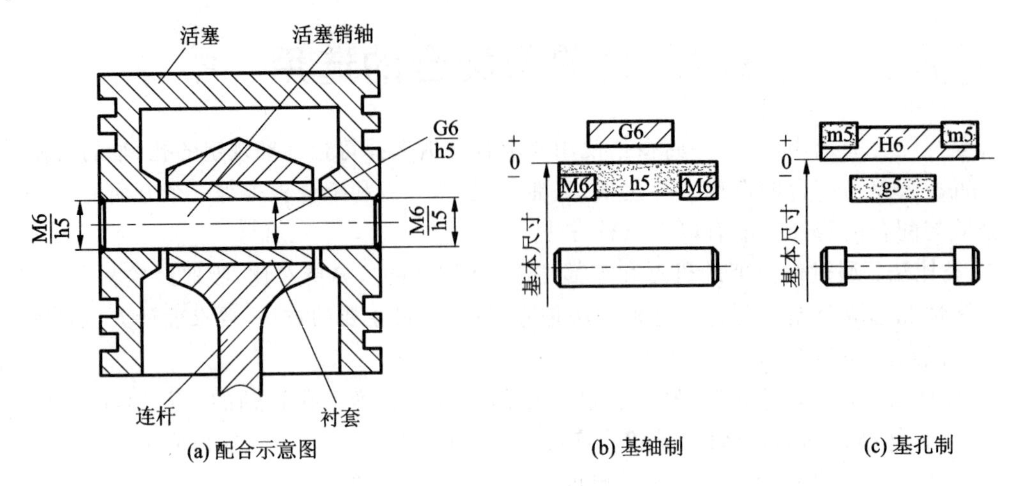

(a) 配合示意图　　(b) 基轴制　　(c) 基孔制

图 1-20　发动机活塞连杆间的配合

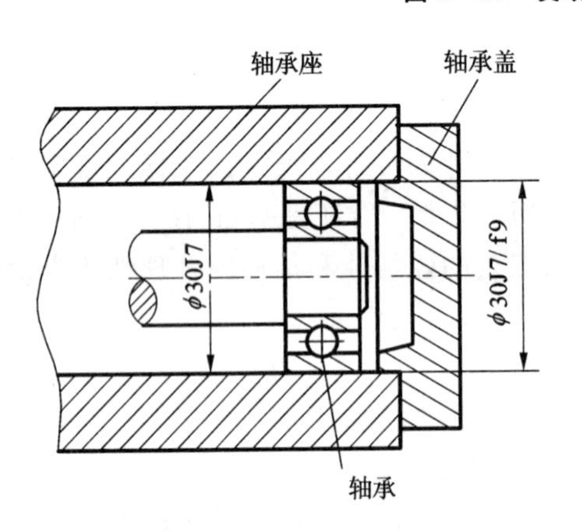

图 1-21　任意配合的公差带

此外，为了满足配合的特殊需要，允许采用任一孔、轴公差带组成的非基准制配合。如图 1-21 所示，轴承外圈与轴承座孔之间的配合为基轴制，孔公差带为 J7，轴承盖与轴承座内孔之间的配合，为拆卸方便，采用间隙配合，因此选用的配合为 φ30J7/f9，属于任意孔、轴公差带组成的配合。

2. 公差等级的选择

为了保证配合精度，对配合尺寸选取适当的公差等级是极为重要的。公差等级的高低直接影响产品使用性能和加工成本。若公差等级过低，将不能满足使用性能和保证产品质量；若公差等级过高，将会增加生产成本和降低生产效率。所以，选择公差等级的原则是：在满足使用要求的前提下，尽可能选择较低的公差等级。

公差等级的选择一般采用类比法。用类比法选择公差等级时应考虑以下几个方面问题。

① 工艺等价性：即孔和轴的加工难易程度应基本相当。对小于或等于 500 mm 的基本尺寸，当公差等级小于 IT8 时，因为孔比轴难加工，为了保证工艺等价性，推荐轴比孔的公差等级高一级，如 H8/f7，H7/s6 等；当公差等级为 IT8 时，也可采用同级孔、轴配合，如 H8/f8；当公差等级大于 IT9 时，一般采用同级孔、轴配合，如 H9/c9。对大于 500 mm 的基本尺寸，一般采用同级孔、轴配合。

② 加工零件的经济性：如轴承盖和轴承座内孔的配合，则允许选用较大的间隙和较低的公差等级，可以比轴承座内孔的公差等级低 2～3 级。

③ 相配合零、部件的精度要匹配：如齿轮孔与轴的配合，它们的公差等级取决于齿轮的精度等级，与滚动轴承配合的外壳孔和轴的公差等级取决于滚动轴承的公差等级。

④ 各种加工方法可达到的公差等级如表 1-9 所列，公差等级的应用范围如表 1-10 所列。

⑤ 常用配合尺寸公差等级的应用如表 1-11 所列。

表1-9　各种加工方法可达到的公差等级

加工方法＼公差等级	01	0	1	2	3	4	5	6	7	8	9	10	11	12	13	14	15	16	17	18
研　磨	—	—	—	—	—	—	—													
珩　磨						—	—	—	—											
圆　磨							—	—	—	—										
平　磨							—	—	—	—										
金刚石车							—	—	—											
金刚石镗							—	—	—											
拉　削							—	—	—	—										
铰　孔								—	—	—	—	—								
精车精镗									—	—	—									
粗　车												—	—	—						
粗　镗												—	—	—						
铣										—	—	—	—							
刨、插												—	—							
钻　削												—	—	—	—					
冲　压												—	—	—	—	—				
滚压、挤压												—	—							
锻　造																	—	—		
砂型铸造																—	—			
金属型铸造																—	—			
气　割																	—	—	—	—

表1-10　公差等级的应用

应　用＼公差等级	01	0	1	2	3	4	5	6	7	8	9	10	11	12	13	14	15	16	17	18
量　块	—	—	—																	
量　规			—	—	—	—	—	—	—											
配合尺寸							—	—	—	—	—	—	—	—						
特别精密零件				—	—	—	—													
非配合尺寸														—	—	—	—	—	—	—
原材料										—	—	—	—	—	—	—				

表 1－11　常用配合尺寸 5～12 级的应用

公差等级	应　用
5 级	主要用在配合公差、形状公差要求很小的地方，它的配合性质稳定，一般在机床、发动机和仪表等重要部位应用。如：与 5 级滚动轴承配合的箱体孔；与 6 级滚动轴承配合的机床主轴、机床尾座与套筒、精密机械及高速机械中的轴径和精密丝杠的轴径等。
6 级	配合性质能达到较高的均匀性。如：与 6 级滚动轴承相配合的孔、轴径；与齿轮、蜗轮、联轴器、带轮和凸轮等连接的轴径和机床丝杠轴径；摇臂钻床立柱；机床夹具中导向件外径尺寸；6 级精度齿轮的基准孔径；7、8 级精度齿轮的基准轴径
7 级	7 级精度比 6 级稍低，应用条件与 6 级基本相似，在一般机械制造中应用较为普遍。如：联轴器、带轮、凸轮等孔径；机床夹盘座孔；夹具中的固定钻套、可换钻套；7、8 级齿轮基准孔，9、10 级齿轮基准轴
8 级	在机器制造中属于中等精度。如：轴承座衬套沿宽度方向尺寸，9～12 级齿轮基准孔；11、12 级齿轮基准轴
9、10 级	主要用于机械制造中轴套外径与孔，操纵件与轴，空轴带轮与轴，单键与花键
11、12 级	配合精度很低，装配后可能产生很大间隙，适用于基本上没有什么配合要求的场合。如：机床上法兰盘与止口，滑块与滑移齿轮，加工中工序间尺寸，冲压加工的配合件，机床制造中的扳手孔与扳手座的连接

3. 配合的选择

配合的选择包括：配合类别的选择和非基准件基本偏差代号的选择。

(1) 配合类别的选择

配合可分为间隙配合、过渡配合和过盈配合。

① 间隙配合：当孔轴有相对运动要求时，一般应选用间隙配合。要求精确定位又便于拆卸的静联接，结合件间只有缓慢移动或转动的动联接可选用间隙小的间隙配合。如果对配合精度要求不高，只为了装配方便，可选用间隙大的间隙配合。

② 过渡配合：要求精确定位、结合件间无相对运动、可拆卸的静联接，可选用过渡配合。

③ 过盈配合：装配后需要靠过盈传递载荷的，又不需要拆卸的静联接，可选用过盈配合。

具体选择配合类别可参考表 1－12。

表 1－12　配合类别选择表

<table>
<tr><td rowspan="4">无相对运动</td><td rowspan="3">需传递力矩</td><td rowspan="2">精确定心</td><td>不可拆卸</td><td>过盈配合</td></tr>
<tr><td>可拆卸</td><td>过渡配合或基本偏差为 H(h)的间隙配合加键、销紧固件</td></tr>
<tr><td colspan="2">不需精确定心</td><td>间隙配合加键、销紧固件</td></tr>
<tr><td colspan="3">不需传递力矩</td><td>过渡配合或过盈量较小的过盈配合</td></tr>
<tr><td rowspan="2">有相对运动</td><td colspan="3">缓慢转动或移动</td><td>基本偏差为 H(h)、G(g)等间隙配合</td></tr>
<tr><td colspan="3">转动、移动或复合运动</td><td>基本偏差为 D～F(d～f) 等间隙配合</td></tr>
</table>

(2) 非基准件基本偏差代号的选择

确定配合类别后，应按优先、常用、一般的顺序选择配合。如仍不能满足要求，可以按孔、轴公差带组成相应的配合。

表1-13为基孔制轴的基本偏差选用情况。表1-14为尺寸至500 mm基孔制常用和优先配合的特征及应用。表1-15为工作情况对间隙或过盈的影响。

表1-13　基孔制轴的基本偏差选用

配　合	基本公差	特性及应用说明
间隙配合	a，b	配合间隙很大，应用较少
	c，d	用于工作条件较差，受力变形，或为了便于装配；可以得到很大的配合间隙，一般用于松的动配合；也适用于大直径滑动轴承配合及其他重型机械中的一些滑动支承配合；也用于热动间隙配合
	e	用于要求有明显间隙，易于转动的支承配合，如大跨距、多点支承、重载等的配合；多用于IT7～IT9
	f	适用于一般转动配合，广泛应用于普通润滑油（或润滑脂）润滑的支承，如齿轮箱、小电动机和泵等的转轴与支承的配合；多用于IT6～IT8
	g	适用于不回转的精密滑动轴承、定位销等定位配合，配合间隙小，制造成本较高；除很轻负荷的精密装置外，一般不推荐用于转动配合；多用于IT5～IT7
	h	广泛用于无相对转动的零件，作为一般的定位配合；若没有温度、变形等的影响，也用于精密滑动配合，如车床尾座套筒与尾座体间的配合；多用于IT4～IT11
过渡配合	js	偏差对称分布，平均间隙小，多用于要求间隙较小并允许略有过盈的精密零件的定位配合，一般可用手或木锤装配；多用于IT4～IT7
	k	平均间隙接近于零，推荐用于稍有过盈的定位配合，一般可用木锤装配；多用于IT4～IT7
	m	平均过盈较小，适用于不允许游动的精密定位配合，组成的配合定位好，例如不允许窜动的轴承内、外圈的配合，一般可用木锤装配；多用于IT4～IT7
	n	平均过盈比m稍大，很少得到间隙，用于定位要求较高且不常拆卸的配合，一般可用锤或压力机装配；多用于IT4～IT7
过盈配合	p	用于小过盈配合；与H6或H7组成过盈配合，而与H8组成过渡配合；对非铁类零件，为较轻的压入配合，对钢、铁或铜、钢组件类装配是标准压入配合；多用于IT5～IT7
	r	用于传递大扭矩或受冲击载荷需要加键联接的配合；对铁类零件为中等打入配合，对非铁类零件为轻打入配合，如蜗轮与轴的配合；多用于IT5～IT7
	s	用于钢铁类零件的永久性或半永久性装配，可产生大的结合力，用压力机或热涨法装配，如曲柄销与曲拐轴的配合；多用于IT5～IT7
	t～z	过盈量依次增大，除u外，一般不推荐采用

表 1-14　基本尺寸至 500 mm 基孔制常用和优先配合的特征及应用

配合类别	配合特征	配合代号	应　用
间隙配合	特大间隙	$\frac{H11}{a11}$ $\frac{H11}{b11}$ $\frac{H12}{b12}$	用于高温或工作时要求大间隙的配合
	很大间隙	$\left(\frac{H11}{c11}\right)$ $\frac{H12}{d12}$	用于工作条件较差、受力变形或为了便于装配而需要大间隙的配合和高温工作的配合
	较大间隙	$\frac{H9}{c9}$ $\frac{H10}{c10}$ $\frac{H8}{d8}$ $\left(\frac{H9}{d9}\right)$ $\frac{H10}{d10}$ $\frac{H8}{e7}$ $\frac{H8}{e8}$ $\frac{H9}{e9}$	用于高速重载的滑动轴承或大直径的滑动轴承，也可用于大跨距或多支点支承的配合
	一般间隙	$\frac{H6}{f5}$ $\frac{H7}{f6}$ $\left(\frac{H8}{f7}\right)$ $\frac{H8}{f8}$ $\frac{H9}{f9}$	用于一般转速的动配合；当温度影响不大时，广泛应用于普通润滑油润滑的支承处
	较小间隙	$\left(\frac{H7}{g6}\right)$ $\frac{H8}{g7}$	用于精密滑动零件或缓慢间歇回转的零件的配合部位
	很小间隙和零间隙	$\frac{H6}{g5}$ $\frac{H6}{h5}$ $\left(\frac{H7}{h6}\right)$ $\left(\frac{H8}{h7}\right)$ $\frac{H8}{h8}$ $\left(\frac{H9}{h9}\right)$ $\frac{H10}{h10}$ $\left(\frac{H11}{c11}\right)$ $\frac{H12}{h12}$	用于不同精度要求的一般定位件的配合和缓慢移动和摆动零件的配合
过渡配合	绝大部分有微小间隙	$\frac{H6}{js5}$ $\frac{H7}{js6}$ $\frac{H8}{js7}$	用于易于装拆的定位配合或加紧固件后可传递一定静载荷的配合
	大部分有微小间隙	$\frac{H6}{k5}$ $\left(\frac{H7}{k6}\right)$ $\frac{H8}{k7}$	用于稍有振动的定位配合；加紧固件可传递一定载荷，装拆方便可用木锤敲入
	大部分有微小过盈	$\frac{H6}{m5}$ $\frac{H7}{m6}$ $\frac{H8}{m7}$	用于定位精度较高且能抗振的定位配合；加键可传递较大载荷；可用铜锤敲入或小压力压入
	绝大部分有微小过盈	$\left(\frac{H7}{n6}\right)$ $\frac{H8}{n7}$	用于精确定位或紧密组合件的配合；加键可传递大力矩或冲击性载荷；只在大修时拆卸
	绝大部分有较小过盈	$\frac{H8}{p7}$	加键后能传递很大力矩，且承受振动和冲击的配合、装配后不再拆卸
过盈配合	轻　型	$\frac{H6}{n5}$ $\frac{H6}{p5}$ $\left(\frac{H7}{p6}\right)$ $\frac{H6}{r5}$ $\frac{H7}{r6}$ $\frac{H8}{r7}$	用于精确的定位配合；一般不能靠过盈传递力矩；要传递力矩尚需加紧固件
	中　型	$\frac{H6}{s5}$ $\left(\frac{H7}{s6}\right)$ $\frac{H8}{s7}$ $\frac{H6}{t5}$ $\frac{H7}{t6}$ $\frac{H8}{t7}$	不需加紧固件就可传递较小力矩和轴向力；加紧固件后可承受较大载荷或动载荷的配合
	重　型	$\left(\frac{H7}{u6}\right)$ $\frac{H8}{u7}$ $\frac{H7}{v6}$	不需加紧固件就可传递和承受大的力矩和动载荷的配合；要求零件材料有高强度
	特重型	$\frac{H7}{x6}$ $\frac{H7}{y6}$ $\frac{H7}{z6}$	能传递和承受很大力矩和动载荷的配合，需经试验后方可应用

注：1. 括号内的配合为优先配合。

2. 国家标准规定的 47 种基轴制配合的应用与本表中的同名配合相同。

表 1-15　工作情况对间隙或过盈的影响

工作状况	间隙应增或减	过盈应增或减
材料许用应力小	—	减
经常拆卸	—	减
有冲击负荷	减	增
工作时孔的温度高于轴的温度(零件材料相同)	减	增
工作时轴的温度高于孔的温度(零件材料相同)	增	减
组合长度较大	增	减
配合表面形位误差大	增	减
零件装配时可能偏斜	增	减
旋转速度较高	增	增
有轴向运动	增	—
润滑油的黏度较大	增	—
表面粗糙	减	增
装配精度较高	减	减
装配精度较低	增	增

例 1-8　某孔与轴配合的基本尺寸为 $\phi 55$ mm，要求间隙在 0.03～0.08 mm 之间，试确定孔和轴的公差等级和配合种类。

解

1）选择基准制

因为没有特殊要求，所以选用基孔制配合，基孔制配合 EI＝0。

2）选择孔、轴公差等级

因为 $T_f = T_h + T_s = |X_{max} - X_{min}|$，根据使用要求，配合公差为

$$T'_f = |X'_{max} - X'_{min}| = |0.08 - 0.03|\ \text{mm} = 0.05\ \text{mm} = 50\ \mu\text{m}$$

所选孔、轴公差之和 $T_h + T_s$ 应最接近 T'_f 而不大于 T'_f。

查标准公差数值表 1-2 得：孔和轴的公差等级介于 IT6 和 IT7 之间，因为 IT6 和 IT7 属于高的公差等级。所以一般取孔比轴大一级，故选为 IT7，IT7＝30 μm；轴为 IT6，IT6＝19 μm，则配合公差为

$$T_f = T_h + T_s = 30\ \mu\text{m} + 19\ \mu\text{m} = 49\ \mu\text{m} < 50\ \mu\text{m}$$

因此满足使用要求。

3）确定孔、轴公差带代号

因为是基孔制配合，且孔的标准公差为 IT7，所以孔的公差带为 $\phi 55$H7。题目给出的最小间隙 $X_{min} = +0.030$ mm，因为

$$X_{min} = \text{EI} - \text{es} = 0 - \text{es} = +30\ \mu\text{m}$$

即 es＝－30 μm。

查表 1－3 得到基本偏差 f 的上偏差 es＝－30 μm,故取轴的基本偏差为 f,则

$$ei = es - IT6 = (-30-19)\mu m = -49\ \mu m$$

所以轴的公差带为 ϕ55f6。

4）检查设计结果

$$X_{max} = ES - ei = +30\ \mu m - (-49\ \mu m) = +79\ \mu m$$

$$X_{min} = EI - es = 0 - (-30) = +30\ \mu m$$

符合设计要求。公差带图如图 1－22 所示。

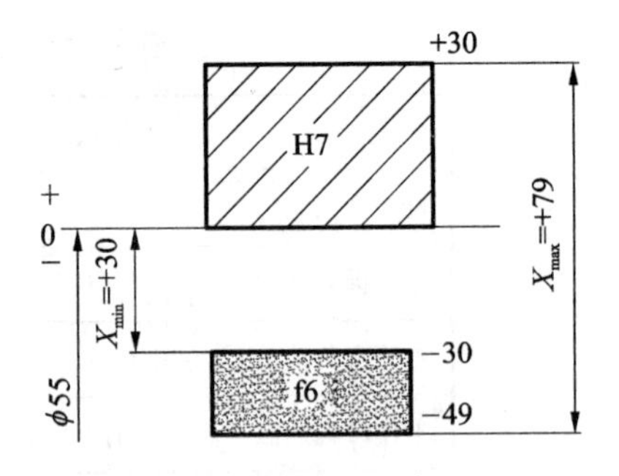

图 1－22　例 1－8 的公差带图

思考题与习题

1. 尺寸偏差与尺寸公差有何区别？零件的尺寸偏差越大是否精度越低？举例说明。

2. 基本尺寸、极限尺寸和实际尺寸有什么区别和联系？

3. 标准公差、基本偏差、公差带有什么区别和联系？

4. 什么是配合？当基本尺寸相同时,如何判断孔、轴配合性质的异同？

5. 什么是基孔制、基轴制配合？在何种情况下选用基孔制、基轴制配合？

6. 国家标准对孔、轴各规定了多少种基本偏差？孔和轴的基本偏差是如何确定的？

7. 利用标准公差表和基本偏差表,查出公差带的上、下偏差。

(1) ϕ30K7；　(2) ϕ40M8；　(3) ϕ20z6；　(4) ϕ60js6。

8. 判断下列说法是否正确：

(1) 公差是零件尺寸允许的最大偏差。

(2) 公差通常为正值,但也可能为负值。

(3) 公差通常为正,在个别情况下也可以为负或零。

(4) 孔和轴的加工精度越高,则其配合精度也越高。

(5) 配合公差总是大于孔或轴的尺寸公差。

(6) 优先选择基孔制的原因是因为孔比轴难加工。

9. 根据下列配合,求孔与轴的公差带代号、极限偏差、基本偏差、极限尺寸、公差、极限间隙或极限过盈、平均间隙或过盈、配合公差和配合类别,并画出公差带图。

(1) ϕ30H9/f8；　(2) ϕ20P8/h7。

10. 查表确定下列各尺寸的公差带代号。

(1) $\phi110_{0}^{+0.054}$(孔)；　(2) $\phi40_{-0.075}^{-0.050}$(轴)。

11. 孔与轴的基本尺寸为 ϕ20,已知孔的公差带为 H7,要求孔与轴配合过盈为－0.07～－0.031 mm,试确定轴的公差等级及公差带代号。

12. 在某配合中,已知孔的尺寸标注为 $\phi20_{0}^{+0.013}$ mm,X_{max}＝＋0.011 mm,T_f＝0.022 mm,求出轴的上下偏差及其公差带代号。

13. 已知基本尺寸为 ϕ32 mm 的某孔与轴配合,允许其间隙和过盈的数值在 ＋0.023～－0.018 mm 范围内变动,试按基孔制配合确定适当的孔与轴公差带,并画出公差带图。

第2章　测量技术基础

在机械制造中，为了保证机械零件的互换性，除了应对其几何参数（尺寸、形位误差及表面粗糙度等）规定合理的公差外，还须要在加工过程中进行测量和检验，才能判断它们是否符合设计要求。

2.1　概　述

1. 测量与检验的概念

测量是指为了确定被测几何量的量值而进行的实验过程。其实质是将被测几何量 L 与作为计量单位的标准量 E 进行比较，从而获得两者之比 q 的过程，$q=L/E$，即

$$L = E/q \tag{2-1}$$

由式（2-1）可知，任何一个测量过程都必须有明确的被测对象和确定的计量单位，此外还要有二者是如何比较和比较结果的精确度如何的问题，即测量方法和测量精度的问题。所以，一个完整的测量过程应包括测量对象、计量单位、测量方法和测量精度等四个要素。

（1）测量对象

本课程研究的测量对象是几何量，即长度、角度、形状、相对位置、表面粗糙度以及螺纹、齿轮等零件的几何参数等。

（2）计量单位

测量中采用我国法定计量单位。长度的计量单位为 m（米），角度单位为 rad（弧度）和 °（度）、′（分）、″（秒）。

在机械制造的一般测量中，常用的长度计量单位是 mm（毫米），在精密测量中，常用的长度单位是 μm（微米），在超精密测量中，常用的长度单位是 nm（纳米）。$1\ \text{mm}=10^{-3}\ \text{m}$，$1\ \mu\text{m}=10^{-3}\ \text{mm}$，$1\ \text{nm}=10^{-3}\ \mu\text{m}$。常用的角度计量单位是弧度、微弧度（μrad）和度、分、秒。$1\ \mu\text{rad}=10^{-6}\ \text{rad}$，$1°=60'$，$1'=60''$。

（3）测量方法

测量方法是指测量时所采用的测量原理、计量器具和测量条件的总和。在测量过程中，采用合适的测量方法，对测量结果有很大的影响。

（4）测量精度

测量精度是指测量结果与测量对象真实值的一致程度。

在测量过程中，还可以进一步将测量分为测量和检验。测量的特点是：测量结果为具体数值，可以从得数上判断出测量对象是否合格。检验的特点是：只能确定测量对象是否在规定的极限范围内，即是否合格，而不能得出测量对象的具体数值。

对测量技术的基本要求是：在测量过程中，应保证计量单位的统一和量值准确；应将测量误差控制在允许范围内，以保证测量结果的精度；应正确地、经济合理地选择计量器具和测量

方法,保证一定的测量条件。

2. 长度基准与尺寸传递

(1) 长度基准

为了保证长度测量的精度,首先需要确定一个国际统一的、标准的长度基准。在1983年第17届国际计量大会上通过了作为长度基准米的新定义:米是光在真空中(1/299 792 458)s时间间隔内所经路径的长度。由于激光稳频技术的发展,采用激光波长作为长度基准具有很好的稳定性和复现性。我国采用碘吸收稳定的0.633 μm氦氖激光辐射作为波长标准来复现“米”的定义。

(2) 尺寸传递

为了能把光波波长作为长度基准应用到实践中,必须建立长度量值传递系统。目前在实际应用中,主要使用两种实体基准:线纹尺和量块。先将光波波长准确地传递到基准线纹尺和1等量块,然后再由它们逐次传递到生产中所应用的各种计量器具和被测工件上去,长度量值传递系统如图2-1所示。

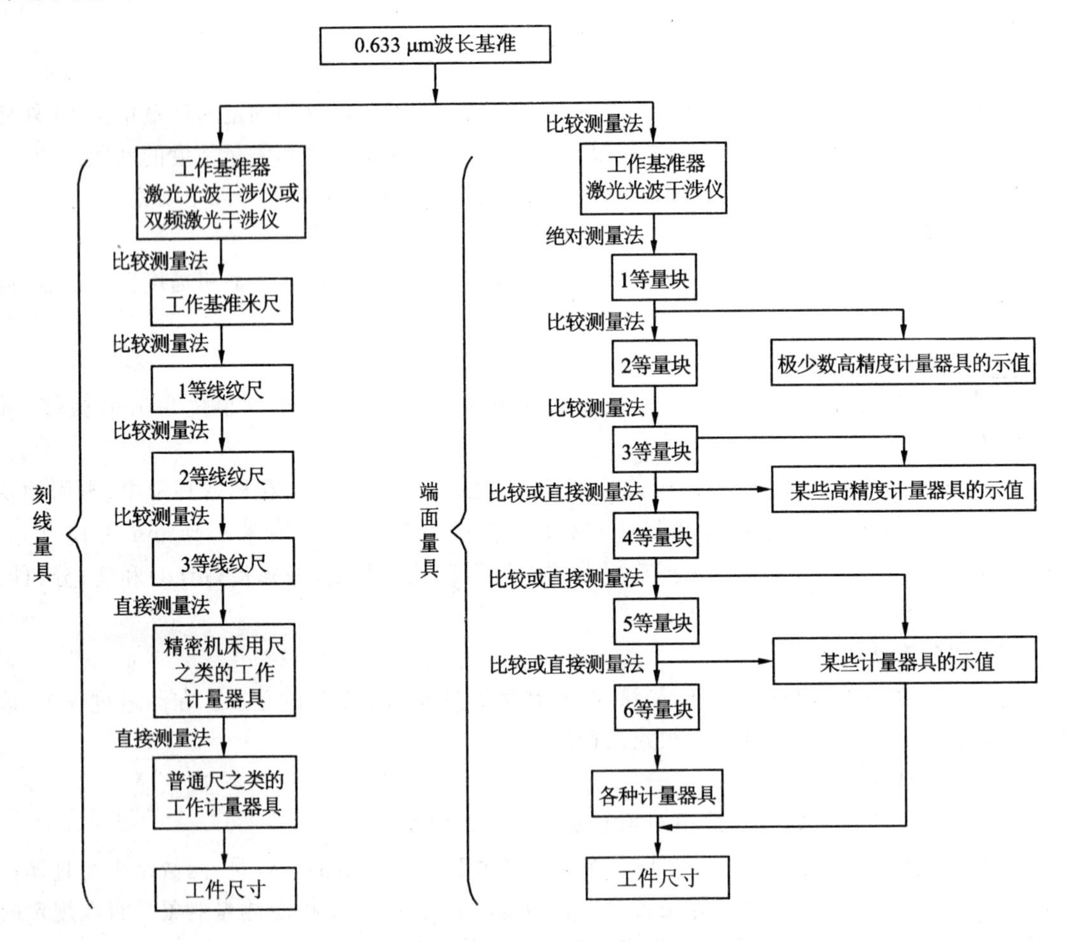

图2-1 长度量值传递系统

2.2 量 块

在机械制造和仪器制造中，量块是应用很广的量值传递媒介。量块是没有刻度的、截面为矩形的平行端面量具。作为长度尺寸传递的实物基准，量块广泛用于计量器具的校准和鉴定，以及精密设备的调整、精密画线和精密工件的测量等。

1. 量块的特点、形状和尺寸

量块也称为块规，是用特殊合金钢经过复杂的热处理工艺制成的。它具有线膨胀系数小，尺寸稳定，硬度高，耐磨性好，工作面粗糙度小以及研合性好等特点。

量块没有刻度，通常制成正六面体，它具有两个相互平行的测量面和四个非测量面，如图2-2所示。两个测量面之间具有精确的尺寸，从量块的一个测量面上任意一点(距边缘0.5 mm区域除外)到与此量块的另一个测量面相研合的面的垂直距离称为量块的任意点中心长度 L_i。量块上的一个测量面的中心点到与此量块的另一个测量面相研合的面的垂直距离称为量块的中心长度 L。量块上标出的尺寸称为量块的标称长度。标称长度小于6 mm的量块，可在上测量面上作长度标记；标称长度大于6 mm的量块，在非测量面上作长度标记；标称长度小于10 mm的量块，其截面尺寸为30 mm×9 mm；标称长度在10～1000 mm的量块，其截面尺寸为35 mm×9 mm。

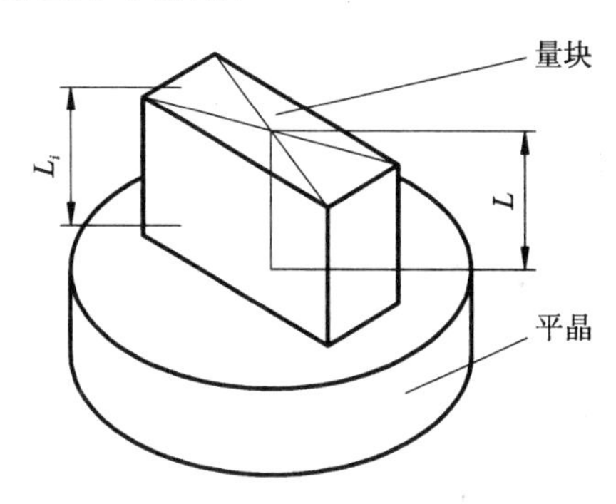

图2-2 量块及相研合的平晶

2. 量块的精度

为了满足不同的使用场合，量块可做成不同的精度等级，国家标准对量块的精度规定了若干级和若干等。

GB/T 6093—2001规定，量块的制造精度分为六级：00，0，1，2，3，K级。其中，00级最高，精度依次降低，3级最低；K级为校准级，主要用于校准0，1，2级量块。量块分“级”的主要依据是量块长度极限偏差和量块长度变动量的允许值。量块长度变动量是指量块测量面上最大和最小长度之差。量块长度极限偏差和量块长度变动量的允许值如表2-1所列。

表2-1 各级量块的精度指标(摘自GB/T 6093—2001)

μm

标称长度/mm	00级		0级		1级		2级		3级		校准级K级	
	A	B	A	B	A	B	A	B	A	B	A	B
～10	0.06	0.05	0.12	0.10	0.20	0.16	0.45	0.30	1.0	0.50	0.20	0.05
>10～25	0.07	0.05	0.14	0.10	0.30	0.16	0.60	0.30	1.2	0.50	0.30	0.05
>25～50	0.10	0.06	0.20	0.10	0.40	0.18	0.80	0.30	1.6	0.55	0.40	0.06
>50～75	0.12	0.06	0.25	0.12	0.50	0.18	1.00	0.35	2.0	0.55	0.50	0.06
>75～100	0.14	0.07	0.30	0.12	0.60	0.20	1.20	0.35	2.5	0.60	0.60	0.07
>100～150	0.20	0.08	0.40	0.14	0.80	0.20	1.60	0.40	3.0	0.65	0.80	0.08

国家计量局标准 JJG 2056—1990 按检定精度将量块分为六等:1,2,3,4,5,6 等。其中,1 等最高,精度依次降低,6 等最低。量块分"等"的主要依据是量块中心长度测量的极限偏差和平面平行性允许偏差。

量块按"级"使用时,是以量块的标称长度作为工作尺寸。该尺寸包含了量块的制造误差,并将被引入到测量结果中,但不需要经过检定修正,所以使用较方便。

量块按"等"使用时,是以量块经检定后所给出的实测中心长度作为工作尺寸的。该尺寸排除了量块的制造误差的影响,只包含检定时较小的测量误差。

因此在精密测量中,量块按"等"使用比按"级"使用的测量精度高。

3. 量块的应用

量块具有很好的黏合性。黏合性是指两量块的测量面互相接触,并在不大的压力下作一些切向相对滑动,就能够贴附在一起的性质。利用这一性质可以在一定范围内,将多个尺寸不同的量块组合使用。根据 GB/T 6093—2001 的规定,我国生产的成套量块共有 17 种套别,每套的块数为 91,83,46,38,12,10,8,6,5 等。表 2-2 列出了部分套别量块的标准尺寸。

表 2-2 成套量块的尺寸表(摘自 GB/T 6093—2001)

套别	总块数	级别	尺寸系列 /mm	间隔 /mm	块数
1	91	00,0,1	0.5		1
			1		1
			1.001,1.002,…,1.009	0.001	9
			1.01,1.02,…,1.49	0.01	49
			1.5,1.6,…,1.9	0.1	5
			2.0,2.5,…,9.5	0.5	16
			10,20,…,100	10	10
2	83	00,0,1,2,(3)	0.5		1
			1		1
			1.005		1
			1.01,1.02,…,1.49	0.01	49
			1.5,1.6,…,1.9	0.1	5
			2.0,2.5,…,9.5	0.5	16
			10,20,…,100	10	10
3	46	0,1,2	1		1
			1.001,1.002,…,1.009	0.001	9
			1.01,1.02,…,1.09	0.01	9
			1.1,1.2,…,1.9	0.1	9
			2,3,…,9	1	8
			10,20,…,100	10	10
4	38	0,1,2,(3)	1		1
			1.005		1
			1.01,1.02,…,1.09	0.01	9
			1.1,1.2,…,1.9	0.1	9
			2,3,…,9	1	8
			10,20,…,100	10	10

在组合使用量块测量工件时，为了减少误差，应尽量减少量块组的量块数目，一般不超过4块。组合时，根据所需要尺寸的最后一位数字选取第一块量块的尺寸的尾数，逐一选取，每选一块量块至少减去所需尺寸的一位尾数。

例如，从83块一套的量块组中选取几块量块组成尺寸38.985 mm。选取步骤如下：

	38.985	
−	1.005	第一块量块尺寸
	37.98	
−	1.48	第二块量块尺寸
	36.5	
−	6.5	第三块量块尺寸
	30	第四块量块尺寸

即 38.985＝1.005＋1.48＋6.5＋30。

2.3　计量器具和测量方法

1. 计量器具

计量器具是指能用以直接或间接测出被测对象量值的技术装置。根据计量器具本身的结构特点和用途，可分为：标准量具、极限量规、计量仪器和计量装置。

(1) 标准量具

标准量具是指以一个固定尺寸复现量值的计量器具。量具又可分为单值量具和多值量具。单值量具只能复现几何量的单个量值，如量块、直角尺等。多值量具能够复现几何量在一定范围内的一系列不同的量值，如线纹尺。标准量具一般没有放大装置。

(2) 极限量规

极限量规是指没有刻度的专用计量器具，用来检验工件实际尺寸和形位误差的综合结果。量规只能判断被测工件是否合格，而不能获得被测工件的具体尺寸数值，如光滑极限量规、螺纹量规等。

(3) 计量仪器

计量仪器是指能将被测量值转换成可直接观测的指示值或等效信息的计量器具。其特点是一般都有指示、放大系统。根据计量仪器的结构特点，可分为如下所述的几种。

① 游标式量仪：如游标卡尺、游标高度尺及游标量角器等。

② 微动螺旋副式量仪：如内径千分尺、外径千分尺及数显千分尺等。

③ 机械式量仪：如百分表、千分表、杠杆比较仪及扭簧比较仪等。

④ 光学式量仪：如光学计、光学比较仪、测长仪、投影仪、干涉仪及激光干涉仪等。

⑤ 气动式量仪：如水柱式气动量仪、浮标式气动量仪等。

⑥ 电动式量仪：如电感比较仪、电容比较仪及电动轮廓仪等。

⑦ 机电光综合类量仪：如三坐标测量仪、齿轮测量中心等。

(4) 计量装置

计量装置是指为确定被测几何量的量值所必需的测量器具和辅助设备的总体。它能够测量较多的几何参数和较复杂的工件,如连杆和滚动轴承等工件可用测量装置进行测量。

2. 计量器具的技术参数指标

计量器具的技术参数指标既反映了计量器具的功能,也是选择和使用计量器具的依据。计量器具的技术参数指标如下。

(1) 刻度间距

刻度间距是指计量器具的刻度尺或刻度盘上相邻两刻度线中心之间的距离。刻度间距太小会降低估读精度,太大会加大读数装置的轮廓尺寸,一般为 1～2.5 mm。

(2) 分度值

分度值是指计量器具的刻度尺或刻度盘上每一刻度间距所代表的量值。例如,千分尺的微分套筒上的分度值有 0.001 mm,0.002 mm,0.005 mm 等几种。对于一些数字显示式量仪,其分度值称为分辨率。一般来说,分度值越小,计量器具的精度就越高。

(3) 示值范围

示值范围是指计量器具所指示的最小值(起始值)到最大值(终止值)的范围。示值范围以标在刻度尺或刻度盘上的单位表示,与被测几何量的单位无关。

(4) 测量范围

测量范围是指计量器具在允许的误差极限内,所能测出的最小值到最大值的范围。某些计量器具的测量范围和示值范围是相同的,如游标卡尺和千分尺。

(5) 灵敏度

灵敏度是指计量器具对被测几何量微小变化的反应能力。如果被测几何量的激励变化为 ΔX,所引起的计量器具的响应变化为 ΔL,则灵敏度 S 为

$$S = \Delta L/\Delta X \tag{2-2}$$

当激励和响应为同一类量时,则灵敏度 S 也称为放大倍数。放大倍数 K 用下式表示:

$$K = c/i \tag{2-3}$$

式中:c——计量器具的刻度间距;

i——计量器具的分度值。

一般来说,分度值越小,灵敏度就越高。

(6) 示值误差

示值误差是指计量器具上的指示值与被测几何量真值之间的代数差。示值误差可从说明书或检定规程中查得,也可通过实验统计确定。一般来说,示值误差越小,计量器具的精度就越高。

(7) 修正值

修正值是指为消除系统误差,加到未修正的测量结果上的代数值。修正值与示值误差绝对值相等而符号相反。

(8) 测量重复性

测量重复性是指在测量条件不变的情况下,对同一被测几何量进行多次测量时(一般 5～10 次),各测量结果之间的一致性。

(9) 计量器具的不确定度

计量器具的不确定度是指由于测量误差的存在而对被测几何量的真值不能肯定的程度。它也反映了计量器具精度的高低。

3. 测量方法

测量方法是指获得测量值的方式。它可从不同角度进行分类。

(1) 按实测几何量与被测几何量的关系分类

此种分类分为直接测量和间接测量。

① 直接测量：指直接从计量器具获得被测几何量的量值的测量方法。如用游标卡尺直接测量圆柱体直径。

② 间接测量：指先测量出与被测几何量有已知函数关系的几何量，然后通过函数关系计算出被测几何量的测量方法。如图 2-3 所示，欲测量燕尾形导轨的交点尺寸 x，可先测出燕尾形导轨的夹角 α，再将两个半径等于 R 的圆柱放入槽内，然后用适当的测量器具测出尺寸 M，最后根据下列函数关系可计算出交点尺寸 x。

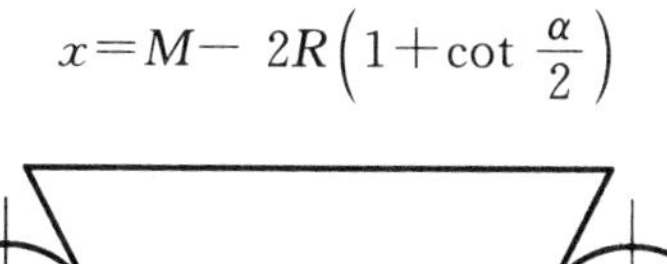

$$x=M-2R\left(1+\cot\frac{\alpha}{2}\right)$$

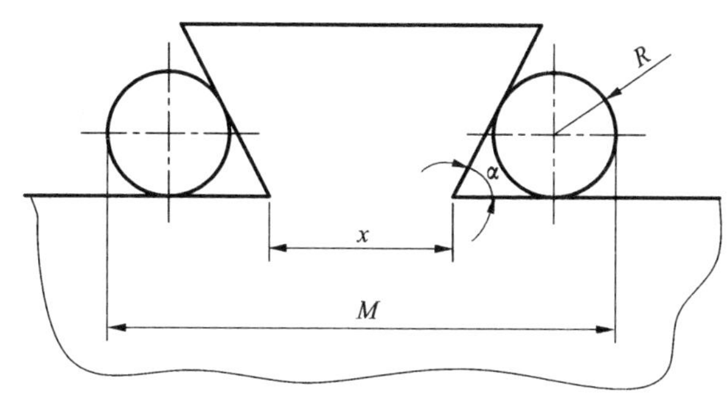

图 2-3　间接测量举例

(2) 按指示值是否是被测几何量的整个量值分类

此种分类分为绝对测量和相对测量。

① 绝对测量：指能够从计量器具上直接读出被测几何量的整个量值的测量方法。如用游标卡尺、千分尺测量轴径，轴径的大小可以直接读出。

② 相对测量：指计量器具的指示值仅表示被测几何量对已知标准量的偏差，而被测几何量的量值为计量器具的指示值与标准量的代数和的测量方法。如用机械比较仪测量轴径，测量时先用量块调整量仪的零位，然后对被测量进行测量。该比较仪指示出的示值为被测轴径相对于量块尺寸的偏差。

一般来说，相对测量的测量精度比绝对测量的测量精度高。

(3) 按测量时被测表面与计量器具的测头之间是否接触分类

此种分类分为接触测量和非接触测量。

① 接触测量：指计量器具在测量时测头与零件被测表面直接接触，即有测量力存在的测量方法。如用游标卡尺、千分尺、立式光学比较仪等测量轴径。

② 非接触测量：指测量时，计量器具的测头与零件被测表面不接触，即无测量力存在的测量方法。如用光切显微镜测量表面粗糙度，用气动量仪测量孔径。

接触测量由于有测量力的存在，会引起被测表面和计量器具有关部分产生弹性变形，从而产生测量误差；而非接触测量则无此影响。

(4) 按工件上同时测量的被测几何量的多少分类

此种分类分为单项测量和综合测量。

① 单项测量:指分别测量同一工件上的各单项几何量的测量方法。如分别测量螺纹的螺距、中径和牙型半角。

② 综合测量:指同时测量工件上几个相关几何量,以判断工件的综合结果是否合格的测量方法。例如用齿距仪测量齿轮的齿距累积误差,实际上反映的是齿轮的公法线长度变动和齿圈径向跳动两种误差的综合结果。

一般来说,单项测量结果便于工艺分析;综合测量适用于只要求判断合格与否,而不需要得到具体测量值的场合。此外,综合测量的效率比单项测量高。

(5) 按决定测量结果的全部因素或条件是否改变分类

此种分类分为等精度测量和不等精度测量。

① 等精度测量:指测量过程中,决定测量结果的全部因素或条件都不改变的测量方法。如由同一个人,在计量器具、测量环境和测量方法都相同的情况下,对同一个被测对象自行进行多次测量,可以认为每一个测量结果的可靠性和精确度都是相等的。为了简化对测量结果的处理,一般情况下大多采用等精度测量。

② 不等精度测量:指在测量过程中,决定测量结果的全部因素或条件完全改变或部分改变的测量方法。如用不同的测量方法,不同的计量器具,在不同的条件下,由不同人员对同一个被测对象进行不同次数的测量,显然,其测量结果的可靠性和精确度各不相等。由于不等精确测量的数据处理比较麻烦,因此只用于重要的高精度测量。

此外,按被测对象在测量过程中所处的状态,可分为动态测量和静态测量。动态测量是指测量时,被测表面与计量器具的测头之间处于相对运动状态。动态测量效率高,并能测出工件上的被测参数连续变化的规律,如用电动轮廓仪测量表面粗糙度。按是否在加工过程中测量被测对象,可分为在线测量和离线测量。在线测量是指在加工过程中对工件进行测量的测量方法。其测量结果直接用来控制工件的加工过程,能及时防止废品的产生,主要应用在自动化生产线上。

2.4 测量误差

1. 测量误差的概念

在测量过程中,由于计量器具本身的误差以及测量方法和测量条件的限制,都不可避免地存在误差,测量所得的实际值不可能是被测几何量的真值。这种实际测得值与被测几何量真值的差异称为测量误差。测量误差可以用绝对误差和相对误差表示。

① 绝对误差:指被测几何量的测得值(即仪表的指示值)与其真值之差,即

$$\delta = x - x_0 \qquad (2-4)$$

式中:δ——绝对误差;

x——被测几何量的测得值;

x_0——被测几何量的真值。

由于测得值 x 可能大于或小于真值 x_0，所以绝对误差 δ 可能是正值也可能是负值。因此，真值可用下式表示：

$$x_0 = x \pm |\delta| \tag{2-5}$$

按照式(2－5)，可用测得值 x 和测量误差 δ 来估算真值 x_0 所在的范围。测量误差的绝对值越小，说明测得值越接近真值，因此测量精度就高；反之，测量精度就低。但是，对于不同的被测几何量，绝对误差 δ 就不能说明它们测量精度的高低。例如，用某测量长度的量仪测量 50 mm 的长度，绝对误差为 0.005 mm。用另一台量仪测量 500 mm 的长度，绝对误差为 0.02 mm。这时，就不能用绝对误差的大小来判断测量精度的高低。因为后者的绝对误差虽然比前者大，但它相对于被测量的值却很小。为此，需要用相对误差来比较它们的测量精度。

② 相对误差：指被测几何量的绝对误差（一般取绝对值）与其真值之比，即

$$\varepsilon = \frac{x - x_0}{x_0} \times 100\% = \frac{\delta}{x_0} \times 100\% \tag{2-6}$$

式中：ε——相对误差。

相对误差是一个量纲为一的百分数。相对误差比绝对误差能更好地说明测量的精确程度。在上面的例子中，$\varepsilon_1 = \frac{0.005}{50} \times 100\% = 0.01\%$，$\varepsilon_2 = \frac{0.02}{500} \times 100\% = 0.004\%$。显然，后者的测量精度更高。

2. 测量误差的来源

在实际测量中，产生测量误差的因素很多，归纳起来主要有以下几个方面。

① 计量器具误差：指计量器具本身在设计、制造和使用过程中造成的各项误差。这些误差的综合反映可用计量器具的示值精度或不确定度来表示。

② 测量方法误差：指由于测量方法不完善所引起的误差，包括计算公式不精确，测量方法选择不当，测量过程中工件安装和定位不合理等。例如，在接触测量中，由于测量力引起计量器具和被测工件的变形而产生的测量误差。

③ 测量环境误差：指测量时的环境条件（包括温度、湿度、气压、振动、灰尘及电磁场等）不符合标准条件所引起的误差。测量的环境条件中温度对测量结果的影响最大。例如在测量长度尺寸时，标准的环境温度应为 20 ℃，但是在实际测量时，当计量器具和被测零件的实际温度偏离标准温度 20 ℃时，因温度变化就会产生测量误差，其大小为

$$\delta = x[\alpha_1(t_1 - 20\ ℃) - \alpha_2(t_2 - 20\ ℃)] \tag{2-7}$$

式中：δ——测量误差；

α_1，α_2——分别为计量器具和被测工件的线膨胀系数；

t_1，t_2——分别为测量时计量器具和被测工件的实际温度，℃。

④ 测量人员误差：指测量人员的主观因素所引起的误差。例如，测量人员技术不熟练、测量瞄准不准确、估读判断错误等引起的误差。

3. 测量误差的分类

按照测量误差的特点和性质，可以分为系统误差、随机误差和粗大误差三类。

(1) 系统误差

系统误差是指在相同的测量条件下，对同一几何量进行多次重复测量时，误差的大小和符

号均保持不变的测量误差，或者误差的大小和符号按一定规律变化的测量误差。例如，计量器具刻度盘分度不准确，就会造成读数偏大或偏小，从而产生定值系统误差；量仪的分度盘与指针回转轴偏心所产生的示值误差则会产生变值系统误差。

系统误差越小，则测量结果的正确度越高。根据系统误差的性质和变化规律，系统误差可以用计算或实验对比的方法确定，用修正值从测量结果中予以消除。但是在某些情况下，由于系统误差的变化规律比较复杂，不易确定，所以很难消除。

(2) 随机误差

随机误差是指在相同的测量条件下，对同一几何量进行多次重复测量时，误差的大小和符号以不可预见的方式变化的测量误差。随机误差是由测量过程中许多难以控制的偶然因素或不稳定因素引起的。如量仪传动机构的间隙、摩擦力的变化、测量力的不恒定和测量温度波动等引起的测量误差，都属于随机误差。

对于某一次具体测量，随机误差的大小和符号是无法预知的，既不能用实验方法消除，也不能修正。但是，对同一被测对象进行连续多次重复测量时，所得到的一系列测量值的随机误差的总体存在着一定的规律性。因此，可利用概率论和数理统计的方法对测量结果进行处理，从而掌握随机误差的分布特性。大量实验结果表明，随机误差通常服从正态分布规律。

1) 随机误差的分布规律及特性

例如：在同样的测量条件下，对某零件的同一部位重复测量 150 次，得到 150 个测量值。其中，最大值为 7.1415 mm，最小值为 7.1305 mm。按测量值大小分别归入 11 组，分组间隔为 0.001 mm，有关数据如表 2-3 所列。

表 2-3　测量数据统计表

组　号	尺寸分组区间/mm	区间中心值 x_i/mm	出现次数 n_i	频率 n_i/n
1	7.1305～7.1315	7.131	1	0.007
2	7.1315～7.1325	7.132	3	0.020
3	7.1325～7.1335	7.133	8	0.054
4	7.1335～7.1345	7.134	18	0.120
5	7.1345～7.1355	7.135	28	0.187
6	7.1355～7.1365	7.136	34	0.227
7	7.1365～7.1375	7.137	29	0.193
8	7.1375～7.1385	7.138	17	0.113
9	7.1385～7.1395	7.139	9	0.060
10	7.1395～7.1405	7.140	2	0.013
11	7.1405～7.1415	7.141	1	0.007

将表中的数据画成图形，横坐标表示测量值 x_i，纵坐标表示出现次数 n_i 与测量次数 n 的比值 n_i/n，并以每组的区间与相应的频率为边长画成长方形，便得频率直方图。连接各组中心值 x_i 的纵坐标值所得的折线，称为测量值的实际分布曲线，如图 2-4(a)所示。

如果上述实验的测量次数足够多且分组间隔足够小时，则实际分布曲线就会变成一条光滑的正态分布曲线，如图 2-4(b)所示。在正态分布曲线中，横坐标表示随机误差 δ，纵坐标表示概率密度 y。

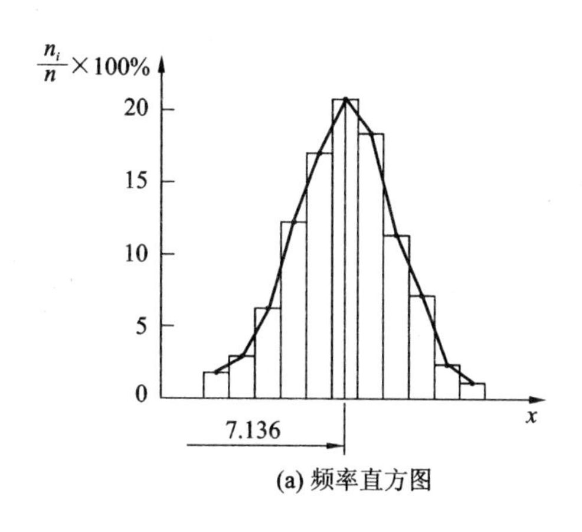

(a) 频率直方图

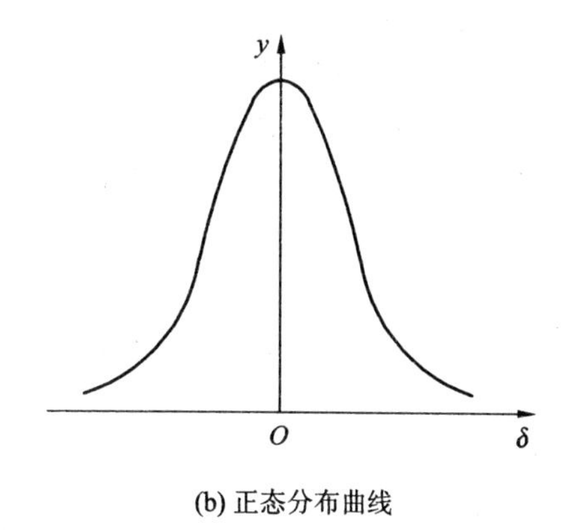

(b) 正态分布曲线

图 2-4 频率直方图和正态分布曲线

从正态分布曲线可以看出，随机误差具有以下四个特点。

① 单峰性：绝对值小的随机误差比绝对值大的随机误差出现的次数多。

② 对称性：绝对值相等的正误差与负误差出现的次数大致相等。

③ 有界性：在一定的测量条件下，随机误差的绝对值不会超出一定界限。

④ 抵偿性：随着测量次数的增加，随机误差的算术平均值趋于零。

2）随机误差的评定指标

根据概率论的原理，正态分布曲线的数学表达式为

$$y=\frac{1}{\sigma\sqrt{2\pi}}\mathrm{e}^{\left(-\frac{\delta^2}{2\sigma^2}\right)} \tag{2-8}$$

式中：y——随机误差的概率分布密度；

σ——标准偏差；

δ——随机误差。

随机误差 δ 是指在没有系统误差的条件下，测量值 x_i 与真值 x_0 之差。根据误差理论，随机误差的标准偏差 σ 的数学表达式为

$$\sigma=\sqrt{\frac{\delta_1^2+\delta_2^2+\cdots+\delta_n^2}{n}}=\sqrt{\frac{\sum_{i=1}^{n}\delta_i^2}{n}} \tag{2-9}$$

式中：n——测量次数。

由式(2-8)可知，当 $\delta=0$ 时，正态分布的概率密度 y 最大，$y_{\max}=\frac{1}{\sigma\sqrt{2\pi}}$。$y_{\max}$ 随标准偏差 σ 的大小而变。如果 $\sigma_1<\sigma_2<\sigma_3$，则 $y_{\max1}>y_{\max2}>y_{\max3}$，即 σ 越小，正态分布曲线越陡，说明随机误差的分布越集中，测量的精密度就越高；反之，σ 越大，说明随机误差的分布越分散，测量的精密度就越低。如图 2-5 所示为不同的标准偏差 σ 所对应的不同形状的正态分布曲线。

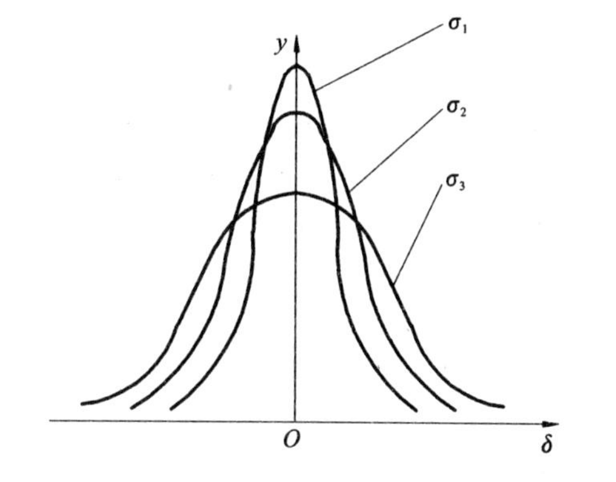

图 2-5 标准偏差对随机误差分布特性的影响

应该注意,标准偏差 σ 不是一个具体的偏差,σ 的大小只说明在一定的条件下,等精度测量列中随机误差出现的概率分布情况。

3) 随机误差的极限值

从随机误差的有界性可知,随机误差不会超过某一范围。随机误差的极限值是指测量极限误差,也就是测量误差的极限值。

由概率论可知,正态分布曲线和横坐标轴间所包含的面积等于所有随机误差出现的概率总和。如果随机误差落在整个分布范围(—∞～+∞)内,则其概率为

$$P=\int_{-\infty}^{+\infty} y\mathrm{d}\delta=\int_{-\infty}^{+\infty}\frac{1}{\sigma\sqrt{2\pi}}\mathrm{e}^{\left(-\frac{\delta^2}{2\sigma^2}\right)}\mathrm{d}\delta=1 \tag{2-10}$$

如果随机误差落在区间(—δ～+δ)内,则其概率为

$$P=\int_{-\delta}^{+\delta} y\mathrm{d}\delta=\int_{-\delta}^{+\delta}\frac{1}{\sigma\sqrt{2\pi}}\mathrm{e}^{\left(-\frac{\delta^2}{2\sigma^2}\right)}\mathrm{d}\delta<1 \tag{2-11}$$

为了求出 $P=\int_{-\delta}^{+\delta} y\mathrm{d}\delta$ 的积分值,对式(2-11)进行变量代换,设 $t=\frac{\delta}{\sigma}$,则 $\mathrm{d}t=\frac{\mathrm{d}\delta}{\sigma}$,所以

$$P=\int_{-\delta}^{+\delta} y\mathrm{d}\delta=\int_{-\sigma t}^{+\sigma t}\frac{1}{\sigma\sqrt{2\pi}}\mathrm{e}^{\left(-\frac{t^2}{2}\right)}\sigma\mathrm{d}t=\frac{1}{\sqrt{2\pi}}\int_{-t}^{+t}\mathrm{e}^{\left(-\frac{t^2}{2}\right)}\mathrm{d}t=\frac{2}{\sqrt{2\pi}}\int_{0}^{t}\mathrm{e}^{\left(-\frac{t^2}{2}\right)}\mathrm{d}t$$

再设 $P=2\varphi(t)$,则

$$\varphi(t)=\frac{1}{\sqrt{2\pi}}\int_{0}^{t}\mathrm{e}^{\left(-\frac{t^2}{2}\right)}\mathrm{d}t \tag{2-12}$$

式(2-12)中:函数 $\varphi(t)$称为拉普拉斯函数,也称概率积分;t 称为置信系数或置信因子。选择不同的 t 值,就可求出对应的概率 $\varphi(t)$的值。实际使用时,不必进行复杂计算,可直接查正态分布积分表。表 2-4 列出了几个常用的特殊 t 值所对应的概率。

表 2-4　四个特殊 t 值对应的概率

t	$\delta=\pm t\sigma$	不超出 $\lvert\delta\rvert$ 的概率 $P=2\varphi(t)$	超出 $\lvert\delta\rvert$ 的概率 $P'=1-2\varphi(t)$
1	1σ	0.6826	0.3174
2	2σ	0.9544	0.0456
3	3σ	0.9973	0.0027
4	4σ	0.99936	0.00064

从表 2-4 可以看出,随着 t 的增大,概率并没有明显的增大,却减小得很快。当 $t=3$ 时,随机误差超出±3σ 的概率仅为 0.27%,即在 370 次测量中随机误差可能超出±3σ 的只有一次。通常在测量中,测量次数很少超过几十次,因此可以认为绝对值大于 3σ 的随机误差几乎是不可能出现的。因此,将±3σ 作为单次测量的随机误差的极限值,即

$$\delta_{\lim}=\pm 3\sigma \tag{2-13}$$

选择不同的 t 值,就对应不同的概率,测量极限误差的可信程度也不一样。随机误差在±$t\sigma$的范围内出现的概率称为置信概率。但是,在确定 t 的取值时,世界各国的做法也不尽相同,在几何测量中,一般取 $t=2$ 或 $t=3$,即置信概率为 95.44%或 99.73%。例如,当取 $t=3$ 时,某次测量的测得值为 25.004 mm,若已知标准偏差 $\sigma=0.000\ 2$ mm,则置信概率为 99.73%,测量值应为 25.004±3×0.0002=(25.004±0.000 6) mm,即被测几何量的真值有

99.73%的可能性在25.0034～25.0046 mm之间。

(3) 粗大误差

粗大误差是指超出一定测量条件下预计的测量误差，即明显歪曲测量结果的误差。含有粗大误差的测得值较大。产生粗大误差既有主观原因，也有客观原因。主观原因，例如测量人员疏忽造成的读数误差；客观原因，例如外界突然震动引起的测量误差。在处理测量数据时，应该剔除粗大误差。

4. 测量精度

测量精度是指被测几何量的测量值与其真值的接近程度。测量精度和测量误差是从两个不同的角度说明同一个概念的术语。测量误差越小，则测量精度就越高；测量误差越大，则测量精度就越低。

根据在测量过程中系统误差和随机误差对测量结果的不同影响，测量精度一般分为以下三种。

(1) 正确度

正确度是指在规定的测量条件下，测量结果与真值的接近程度。它反映了测量结果中系统误差影响的程度。系统误差小，则正确度高。

(2) 精密度

精密度是指在规定的测量条件下连续多次测量时，所得到的各测量结果彼此之间符合的程度。它反映了测量结果中随机误差的大小。随机误差小，则精密度高。

(3) 精确度

精确度是指连续多次测量所得的测量值与真值的接近程度。它反映了测量结果中系统误差与随机误差综合影响的程度。系统误差和随机误差都小，则精确度高。

对于一次具体的测量，精密度高，正确度不一定高，反之亦然；但精确度高时，正确度和精密度必定都高。

以射击打靶为例，如图2－6所示，小圆圈表示靶心，黑点表示弹孔。图2－6(a)表示随机误差小而系统误差大，即打靶的精密度高正确度低；图2－6(b)表示系统误差小而随机误差大，即打靶的正确度高而精密度低；图2－6(c)表示系统误差和随机误差均小，即打靶的精确度高。

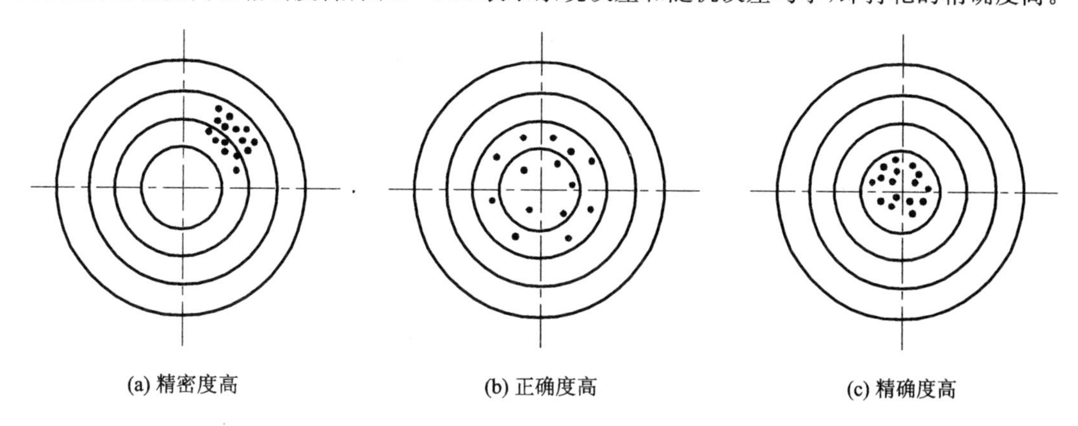

图2－6　正确度、精密度和精确度

2.5 等精度测量的数据处理

等精度测量是指在同一测量条件下(即等精度条件下),对同一被测几何量进行多次重复测量而得到一系列的测量值。在这些测量值中可能同时存在系统误差、随机误差和粗大误差,因此必须对这些误差进行处理。

1. 系统误差的处理

系统误差会对测量结果产生较大的影响。因此,发现并消除系统误差是提高测量精度的一个重要方面。

(1) 发现系统误差的方法

1) 发现定值系统误差的方法

定值系统误差的大小和符号均不变,它不影响测量误差的分布规律,只改变测量误差分布中心的位置。一般采用实验对比法来判断是否存在定值系统误差。实验对比法就是改变测量条件,对被测几何量进行多次重复测量,比较各次的测量值。如果没有差异,则不存在定值系统误差;如果有差异,则可判定存在定值系统误差。例如,量块按标称尺寸使用时,在测量结果中,就存在着由于量块尺寸偏差而产生的数值不变的定值系统误差,重复测量也不能发现这一误差,只有使用另一块更高精度等级的量块进行对比测量,才能发现定值系统误差。

2) 发现变值系统误差的方法

变值系统误差可以用“残差观察法”来发现。残余误差(简称残差)ν是指各个测得值与该测量列的算术平均值之差。这种方法是对被测几何量进行多次重复测量,再根据各测量值的残差,列表或作出曲线图形,并观察其变化规律,判断是否存在变值系统误差。如图 2-7 所示列出了几种残差曲线图形。图 2-7(a)中,各残差大体上正负相等,没有明显的变化,可以判断不存在变值系统误差;图 2-7(b)中,各残差按近似的线性规律递增或递减,可以判断存在线性系统误差;图 2-7(c)中,各残差的大小和符号有规律地周期变化,可以判断存在周期性系统误差;图 2-7(d)中,各残差按某种特定的规律变化,可以判断存在复杂变化的系统误差。

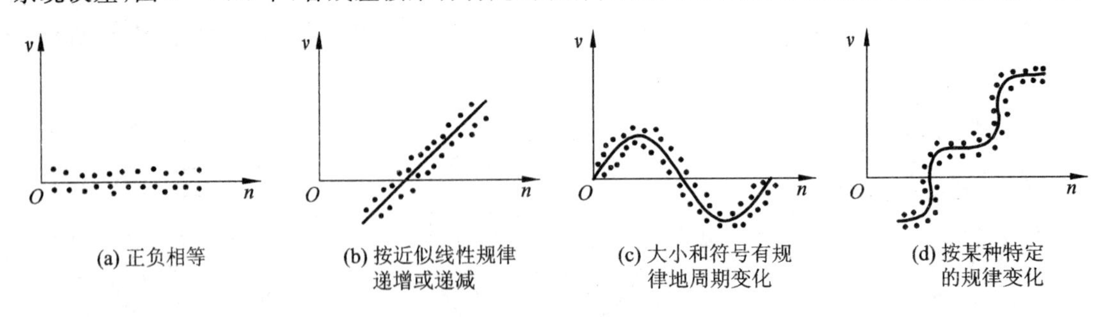

图 2-7 变值系统误差

必须注意,在应用残差观察法时,必须有足够多的重复测量次数,作出的图形才能显示出较明显的变化规律;如果测量次数较少,则会影响判断的可靠性。

(2) 消除系统误差的方法

消除系统误差的方法主要有四种。

1）从误差根源上消除系统误差

在测量前，对测量过程中可能产生系统误差的环节作仔细分析，将误差从产生根源上加以消除。例如，在测量开始和结束时要校准仪器的示值零位；测量人员要正确读数。

2）用增加修正值的方法消除系统误差

测量前，先检定或计算出计量器具的系统误差，取该系统误差的相反值作为修正值；测量后，用代数法将修正值加到实际测得值上，就可以消除测量结果的系统误差。例如，量块的实际尺寸不等于标称尺寸，若按标称尺寸使用，就要产生系统误差；而按经过检定的量块实际尺寸使用，就可避免该系统误差的产生。

3）用抵消法消除定值系统误差

这种方法要求在对称位置上分别测量一次，以使两次测量所产生的系统误差大小相等、符号相反，然后取这两次测量的平均值作为测量结果，即可消除定值系统误差。例如，在工具显微镜上测量螺纹的螺距时（如图2-8所示），由于工件安装时其轴线与仪器工作台纵向移动的方向不重合，就会产生系统误差，结果造成实测左螺距比实际左螺距大，实测右螺距比实际右螺距小。为了减少安装误差对测量结果的影响，必须分别测出左右螺距，取二者的平均值作为测量值。

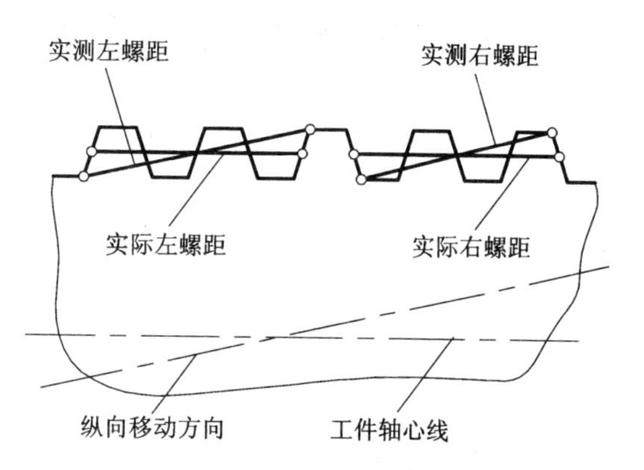

图2-8　用抵消法消除定值系统误差举例

4）用半周期法消除周期性系统误差

对于周期性变化的变值系统误差，一般采用半周期法消除，可以每相隔半个周期的测量一次，以相邻两次测量值的平均值作为测量结果。

能否消除系统误差，取决于能否准确找出系统误差产生的根源和规律。实际上系统误差不可能完全消除，而只能减小到一定程度。一般认为，如果能将系统误差减小到使其影响相当于随机误差的程度，则可认为系统误差已被消除。

2. 随机误差的处理

在测量过程中随机误差的出现是不可避免的，也是无法消除的。为了减小其对测量结果的影响，可以用概率论和数理统计的方法来估算随机误差的大小和分布规律，并对测量结果进行处理。

（1）计算测量列的算术平均值

在同一条件下，对同一被测几何量进行多次（n 次）重复测量，设测量列的测得值为 $x_1, x_2, x_3, \cdots, x_n$，则算术平均值为

$$\bar{x} = \frac{\sum_{i=1}^{n} x_i}{n} \tag{2-14}$$

式中：n——测量次数。

(2) 计算残余误差

残余误差 ν_i 是指测量列的各个测得值 x_i 与该测量列的算术平均值 $\bar{x}$ 之差，简称残差。

$$\nu_i = x_i - \bar{x} \tag{2-15}$$

从符合正态分布规律的随机误差的分布特性可以得出残差有两个基本性质：

① 残差的代数和等于零，即 $\sum_{i=1}^{n}\nu_i = 0$。

② 残差的平方和为最小，即 $\sum_{i=1}^{n}\nu_i^2$ 为最小。

(3) 计算测量列中单次测得值的标准偏差

标准偏差 σ 是表征对同一被测几何量进行 n 次测量所得值的分散程度的参数。虽然根据式(2-9)可以求出标准偏差 σ 的值，但由于被测几何量的真值是未知量，所以随机误差 δ_i 也不知道。实际测量时常用残差 ν_i 代替 δ_i，根据贝塞尔公式求出标准偏差 σ 的估计值，即

$$\sigma = \sqrt{\frac{\sum_{i=1}^{n}\nu_i^2}{n-1}} \tag{2-16}$$

单次测量的测量结果表达式可以写为

$$x_{ei} = x_i \pm 3\sigma \tag{2-17}$$

(4) 计算测量列算术平均值的标准偏差

在等精度条件下，如果对同一被测量进行多组测量，每组测量次数为 n 次，则对应每组 n 次测量都有一个算术平均值，各组的算术平均值不相同；不过，它们都围绕在真值附近分布，分布范围比单次测量值的分布范围要小得多，如图2-9所示。描述它们的分散程度同样可以用标准偏差作为评定指标。

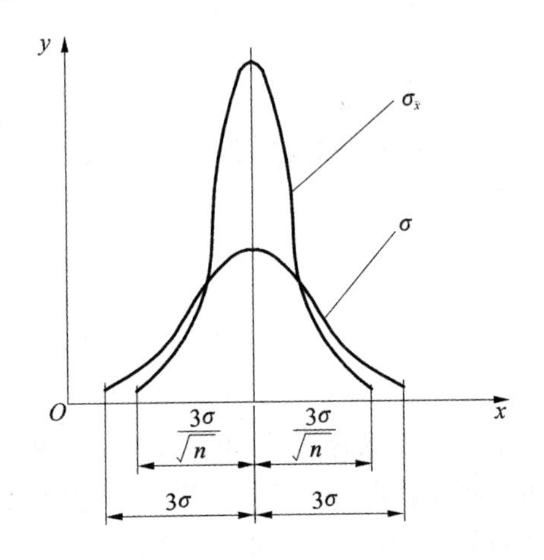

图2-9 $\sigma_{\bar{x}}$ 与 σ 的关系

根据误差理论，测量列算术平均值的标准偏差与测量列中单次测得值的标准偏差 σ 之间的关系如下式：

$$\sigma_{\bar{x}} = \frac{\sigma}{\sqrt{n}} \tag{2-18}$$

式中：n——每组的测量次数。

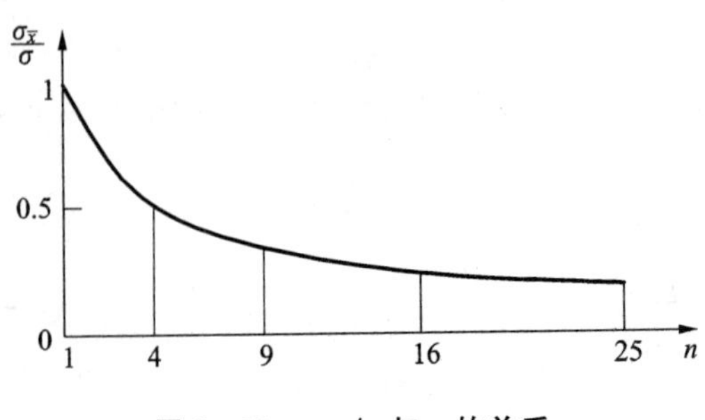

图2-10 $\sigma_{\bar{x}}/\sigma$ 与 n 的关系

由式(2-18)可知，测量次数越多，$\sigma_{\bar{x}}$ 就越小，测量的精密度就越高。根据 $\sigma_{\bar{x}}/\sigma=1/\sqrt{n}$ 作出曲线，如图2-10所示。该曲线表明，测量次数也不是越多越好，当 σ 一定时，在 $n>10$ 以后，$\sigma_{\bar{x}}$ 减小得已很缓慢，所以测量中一般取15次左右为宜。

测量列算术平均值的测量极限误差为

$$\delta_{\lim(\bar{x})} = \pm 3\sigma_{\bar{x}} \tag{2-19}$$

多次测量所得结果的表达式为

$$x_e = \bar{x} \pm 3\sigma_{\bar{x}} \tag{2-20}$$

3. 粗大误差的处理

在测量过程中产生的粗大误差数值比较大，应该尽可能避免，一般是根据拉依达法则来判断粗大误差的存在。拉依达法则又称为 3σ 法则，当测量误差通常服从正态分布规律时，残差可能超出 $\pm 3\sigma$ 的概率只有 0.27%。因此，在多次测量中，如果某次残差的绝对值大于 3σ，则可以认为该次测量结果中含有粗大误差，应该予以剔除。

必须注意的是，拉依达法则不适用于测量次数小于或等于 10 的情况。

例 2－1 对某一轴的直径进行 15 次等精度测量，按测量顺序将各测量值依次列于表 2－5 中，试求测量结果。

表 2－5 测量数据计算结果表

测量序号	测得值 x_i/mm	残差 ν_i/μm	残差的平方 ν_i^2/μm^2
1	34.959	+2	4
2	34.955	−2	4
3	34.958	+1	1
4	34.957	0	0
5	34.958	+1	1
6	34.956	−1	1
7	34.957	0	0
8	34.958	+1	1
9	34.955	−2	4
10	34.957	0	0
11	34.959	+2	4
12	34.955	−2	4
13	34.956	−1	1
14	34.957	0	0
15	34.958	+1	1
算术平均值 $\bar{x}$=34.957 mm		$\sum_{i=1}^{15}\nu_i=0$	$\sum_{i=1}^{15}\nu_i^2=26\ \mu\text{m}^2$

解 根据题意可按下列步骤计算：

1）判断定值系统误差

假设对测量条件经过分析判断，测量列中不存在定值系统误差。

2）求测量列的算术平均值

$$\bar{x}=\frac{\sum_{i=1}^{n}x_i}{n}=34.957\ \text{mm}$$

3）计算残差和判定变值系统误差

各残差的数值经过计算后列于表 2-5 中，按照残差观察法，这些残差的符号大体上正、负相同，没有周期性变化，因此可以认为测量列中不存在变值系统误差。

4）计算测量列中单次测得值的标准偏差

$$\sigma=\sqrt{\frac{\sum_{i=1}^{n}\nu_i^2}{n-1}}=1.3\ \mu\text{m}$$

5）判断粗大误差

$$3\sigma=3\times1.3\ \mu\text{m}=3.9\ \mu\text{m}$$

测量列中没有绝对值大于 3.9 μm 的残差，根据拉依达法则，可以认为测量列中不存在粗大误差。

6）计算测量列算术平均值的标准偏差

$$\sigma_{\bar{x}}=\frac{\sigma}{\sqrt{n}}=\frac{1.3}{\sqrt{15}}\approx0.35\ \mu\text{m}$$

7）计算测量列算术平均值的测量极限误差

$$\delta_{\lim(\bar{x})}=\pm3\sigma_{\bar{x}}=\pm3\times0.35\ \mu\text{m}=\pm1.05\ \mu\text{m}$$

8）确定测量结果

$$d_e=\bar{x}\pm3\sigma_{\bar{x}}=34.957\pm0.0011\ \text{mm}$$

2.6 光滑工件尺寸的测量

零件在车间的环境条件下，可以使用普通的计量器具对光滑工件尺寸进行检验，国家标准 GB/T 3177—1997 对此作出了规定。本节主要讨论两个内容：如何根据工件的基本尺寸和公差等级确定工件的验收极限；如何根据工件的公差等级选择计量器具。

1. 安全裕度和验收极限

(1) 误收和误废

由于测量误差的存在，在验收工件时，可能会受测量误差的影响，对尺寸位于公差界限附近的工件产生两种错误判断。

① 误收：即将超出公差界限的工件误判为合格品而接收。

② 误废：即将未超出公差界限的工件误判为废品而报废。

例如，用示值误差为±4 μm 的千分尺验收 $\phi20h6(^{0}_{-0.013})$ 的轴径时，其公差带如图 2-11 所示。根据规定，其上下偏差分别为 0 和 −13 μm。如果轴径的实际偏差是大于 0～+4 μm 的不合格品，而千分尺的测量误差为 −4 μm 时，则测量值可能小于其上偏差，从而误判为合格品而接收，即导致误收。反之，如果轴径的实际偏差是在 −4～0 μm 之间的合格品，而千分尺

的测量误差为+4 μm时，则测量值可能大于其上偏差，从而误判为废品而报废，即导致误废。同理，当轴径的实际偏差为在−17～−13 μm之间的废品，或在−13～−9 μm之间的合格品，而千分尺的测量误差又分别为+4 μm或−4 μm时，将导致误收和误废。

误收会影响产品质量，误废会造成经济损失。但是在实际生产中，保证产品质量更为重要，所以国家标准GB/T 3177—1997《光滑工件尺寸的检验》中规定"应只接收位于规定尺寸极限之内的工件"，即只允许有误废而不允许有误收。

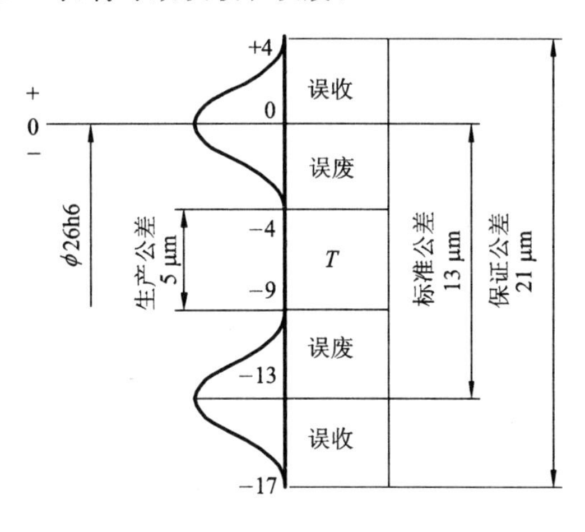

图2-11　测量误差对测量结果的影响

(2) 安全裕度和验收极限

为了减少误收，保证零件的质量，一般采用规定验收极限的方法来验收工件，即采用安全裕度来抵消测量的不确定度。国家标准对如何确定验收极限规定了两种方式：内缩方式和不内缩方式。

① 内缩方式　这种方式的验收极限是从工件的最大极限尺寸和最小极限尺寸向公差带内缩一个安全裕度A，如图2-12所示。国家标准规定，安全裕度A值按照公差T值的10%确定，其数值见表2-6。

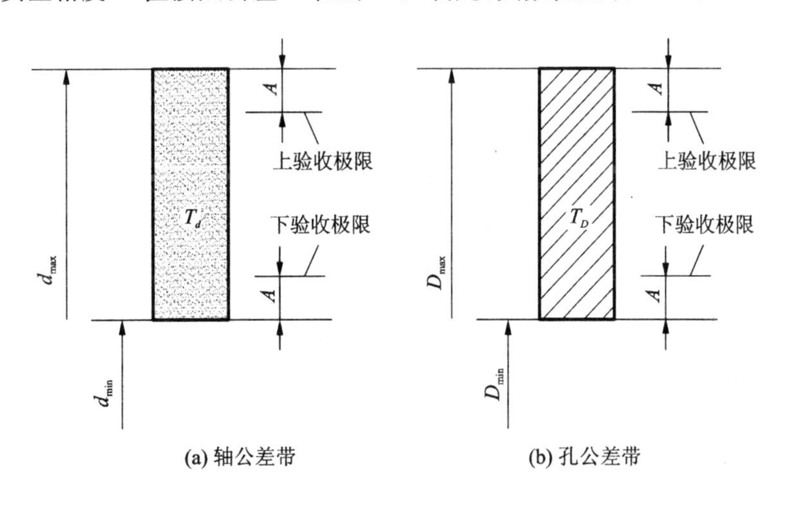

图2-12　内缩方式的验收极限

此时，工件的验收极限如下：

上验收极限=最大极限尺寸−安全裕度A

下验收极限=最小极限尺寸+安全裕度A

表 2-6　安全裕度 A 与计量器具不确定度的允许值 u_1(摘自 GB/T 3177—1997)　μm

孔、轴的标准公差等级		6					7					8					9				
基本尺寸/mm		T	A	u_1			T	A	u_1			T	A	u_1			T	A	u_1		
大于	至			Ⅰ	Ⅱ	Ⅲ			Ⅰ	Ⅱ	Ⅲ			Ⅰ	Ⅱ	Ⅲ			Ⅰ	Ⅱ	Ⅲ
0	3	6	0.6	0.54	0.9	1.4	10	1.0	0.9	1.5	2.3	14	1.4	1.3	2.1	3.2	25	2.5	2.3	3.8	5.6
3	6	8	0.8	0.72	1.2	1.8	12	1.2	1.1	1.8	2.7	18	1.8	1.6	2.7	4.1	30	3.0	2.7	4.5	6.8
6	10	9	0.9	0.81	1.4	2.0	15	1.5	1.4	2.3	3.4	22	2.2	2.0	3.3	5.0	36	3.6	3.3	5.4	8.1
10	18	11	1.1	1.0	1.7	2.5	18	1.8	1.7	2.7	4.1	27	2.7	2.4	4.1	6.1	43	4.3	3.9	6.5	9.7
18	30	13	1.3	1.2	2.0	2.9	21	2.1	1.9	3.2	4.7	33	3.3	3.0	5.0	7.4	52	5.2	4.7	7.8	12
30	50	16	1.6	1.4	2.4	3.6	25	2.5	2.3	3.8	5.6	39	3.9	3.5	5.9	8.8	62	6.2	5.6	9.3	14
50	80	19	1.9	1.7	2.9	4.3	30	3.0	2.7	4.5	6.8	46	4.6	4.1	6.9	10	74	7.4	6.7	11	17
80	120	22	2.2	2.0	3.3	5.0	35	3.5	3.2	5.3	7.9	54	5.4	4.9	8.1	12	87	8.7	7.8	13	20
120	180	25	2.5	2.3	3.8	5.6	40	4.0	3.6	6.0	9.0	63	6.3	5.7	9.5	14	100	10	9.0	15	23
180	250	29	2.9	2.6	4.4	6.5	46	4.6	4.1	6.9	10	72	7.2	6.5	11	16	115	12	10	17	26
250	315	32	3.2	2.9	4.8	7.2	52	5.2	4.7	7.8	12	81	8.1	7.3	12	18	130	13	12	19	29
315	400	36	3.6	3.2	5.4	8.1	57	5.7	5.1	8.4	13	89	8.9	8.0	13	20	140	14	13	21	32
400	500	40	4.0	3.6	6.0	9.0	63	6.3	5.7	9.5	14	97	9.7	8.7	15	22	155	16	14	23	35

孔、轴的标准公差等级		10					11					12				13			
基本尺寸/mm		T	A	u_1			T	A	u_1			T	A	u_1		T	A	u_1	
大于	至			Ⅰ	Ⅱ	Ⅲ			Ⅰ	Ⅱ	Ⅲ			Ⅰ	Ⅱ			Ⅰ	Ⅱ
0	3	40	4.0	3.6	6.0	9.0	60	6.0	5.4	9.0	14	100	10	9.0	15	140	14	13	21
3	6	48	4.8	4.3	7.2	11	75	7.5	6.8	11	17	120	12	11	18	180	18	16	27
6	10	58	5.8	5.2	8.7	13	90	9.0	8.1	14	20	150	15	14	23	220	22	20	33
10	18	70	7.0	6.3	11	16	110	11	10	17	25	180	18	16	27	270	27	24	41
18	30	84	8.4	7.6	13	19	130	13	12	20	29	210	21	19	32	330	33	30	50
30	50	100	10	9.0	15	23	160	16	14	24	36	250	25	23	38	390	39	35	59
50	80	120	12	11	18	27	190	19	17	29	43	300	30	27	45	460	46	41	69
80	120	140	14	13	21	32	220	22	20	33	50	350	35	32	53	540	54	49	81
120	180	160	16	15	24	36	250	25	23	38	56	400	40	36	60	630	63	57	95
180	250	185	18	17	28	42	290	29	26	44	65	460	46	41	69	720	72	65	110
250	315	210	21	19	32	47	320	32	29	48	72	520	52	47	78	810	81	73	120
315	400	230	23	21	35	52	360	36	32	54	81	570	57	51	86	890	89	80	130
400	500	250	25	23	38	56	400	40	36	60	90	630	63	57	95	970	97	87	150

内缩方式主要适用于下列情况：

① 符合包容要求、公差等级高的尺寸。

② 偏态分布的尺寸中“尺寸偏向的一边”按内缩方式确定验收极限，如图 2-13 所示。

③ 对有包容要求的尺寸，当工艺能力指数 $C_p>1$ 时，其最大实体尺寸一边的验收极限按内缩方式确定，如图 2-14 所示。

工艺能力指数 C_p 是指工件尺寸公差 T 和加工设备工艺能力 $c\sigma$ 的比值，c 为常数，σ 为加工设备的标准偏差。当工件尺寸符合正态分布规律时，取 $c=6$，则 $C_p=\frac{T}{6\sigma}$。

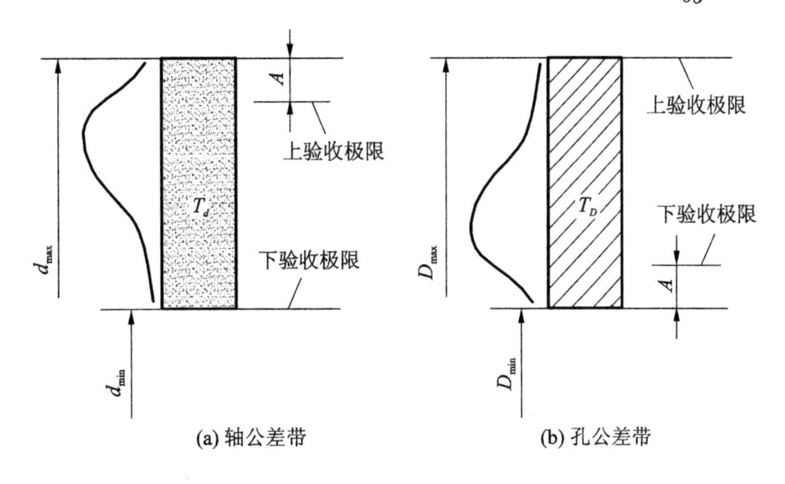

图 2-13　内缩方式的验收极限(一)

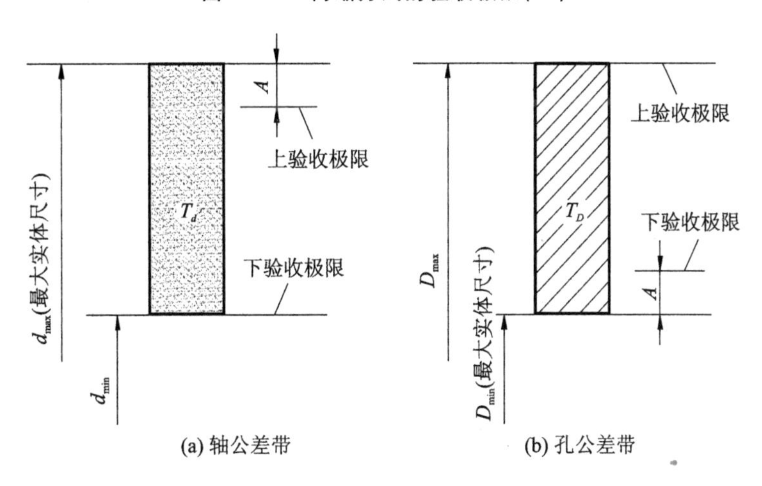

图 2-14　内缩方式的验收极限(二)

② 不内缩方式：这种方式的验收极限等于工件的最大极限尺寸和最小极限尺寸，即安全裕度 $A=0$，如图 2-15 所示。由于这种验收极限方式比较宽松，所以适用于非配合尺寸和一般公差尺寸。

2. 计量器具的选择

(1) 计量器具的选择原则

在机械制造中，计量器具的选择要综合考虑计量器具的技术指标和经济指标，主要有两点

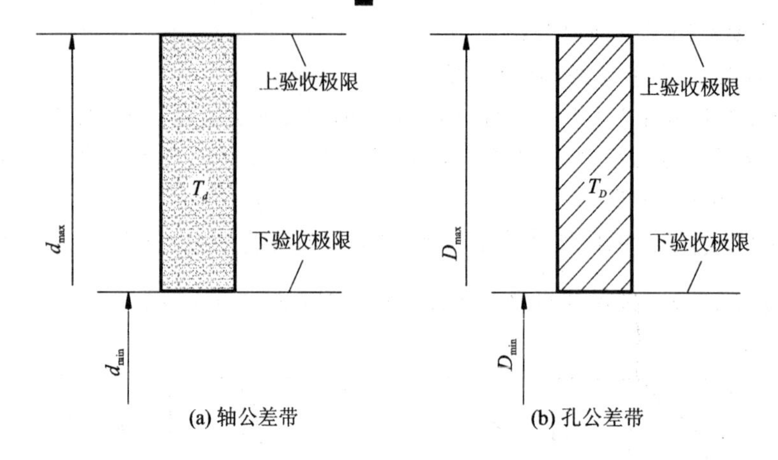

图 2-15 不内缩方式的验收极限

要求：

① 按照被测工件的外形、位置和尺寸的大小以及被测参数的特性来选择计量器具，使选择的计量器具的测量范围能满足工件的要求。

② 按照被测工件的精度来选择计量器具，使选择的计量器具的不确定度 u_1，既能保证测量精度，又符合经济性要求。

在生产中，主要是按计量器具的不确定度 u_1 来选择计量器具，下面主要讨论这个方面。

(2) 计量器具的选择

根据测量误差理论，测量不确定度 u 是由计量器具的不确定度 u_1 和测量条件引起的测量不确定度 u_2 组成的。u_1 表示计量器具内在误差所引起的测得的实际尺寸对真实尺寸可能分散的范围。u_2 表示测量过程中由温度、压陷效应及工件形状误差等因素所引起的测得的实际尺寸对真实尺寸可能分散的范围。

u_1 和 u_2 均为独立的随机变量。因此，它们组成的测量不确定度 u 也是随机变量，并且应不大于安全裕度。但 u_1 和 u_2 对 u 的影响程度是不同的，u_1 的影响较大，u_2 的影响较小，一般将 u_1 和 u_2 按照二比一的关系处理。由独立变量合成规则，$u=\sqrt{u_1^2+u_2^2}$，且 $u_1=2u_2$，所以 $u_1=0.9u$，$u_2=0.45u$。

当验收极限采用内缩方式，且把安全裕度 A 取为工件尺寸公差 T 的 1/10 时，为了满足生产上对不同的误收、误废率的要求，GB/T 3177—1997 将测量不确定度允许值 u 与 T 的比值 r 分成三挡。它们分别是：Ⅰ挡，$r=1/10$；Ⅱ挡，$r=1/6$；Ⅲ挡，$r=1/4$。相应的，计量器具的测量不确定度允许值 u_1 也按 r 分挡，$u_1=0.9u$。对于 IT6～IT11 的工件，u_1 分为Ⅰ、Ⅱ、Ⅲ三挡；对于 IT12～IT18 的工件，u_1 分为Ⅰ、Ⅱ两挡。三个挡次 u_1 的数值列于表 2-6。

从表中选用 u_1 时，一般情况下优先选用Ⅰ挡，其次选用Ⅱ挡、Ⅲ挡。然后按照表 2-7、表 2-8、表 2-9 所列普通计量器具的测量不确定度 u_1' 的数值，选择具体的计量器具。必须注意所选择的计量器具的 u_1' 应不大于 u_1 值。

当选用Ⅰ挡的 u_1 且所选择的计量器具的 $u_1'\leqslant u_1$ 时，$u=A=0.1T$，根据误差理论分析，误收率为 0，产品质量得到保证；根据工件实际尺寸分布规律不同，误废率一般约为 7%～14%。

当选用Ⅱ挡、Ⅲ挡的 u_1 且所选择的计量器具的 $u_1'\leqslant u_1$ 时，$u>A(A=0.1T)$，误收率和误废率皆有所增大，u 对 A 的比值(大于 1)越大，则误收率和误废率增大就越多。

当验收极限采用不内缩方式即安全裕度 A 等于零时，计量器具的测量不确定度允许值 u_1 也分为Ⅰ、Ⅱ、Ⅲ三挡，从表 2-6 中选用，也应满足 $u_1' \leqslant u_1$。在这种情况下，根据误差理论分析，工艺能力指数 C_P 越大，在同一工件尺寸公差的条件下不同挡次的 u_1 越小，则误收率和误废率也就越小。

表 2-7　千分尺和游标卡尺的不确定度　mm

<table>
<tr><th colspan="2" rowspan="2">尺寸范围/mm</th><th colspan="4">所使用的计量器具</th></tr>
<tr><th>分度值为 0.01 的外径千分尺</th><th>分度值为 0.01 的内径千分尺</th><th>分度值为 0.02 的游标卡尺</th><th>分度值为 0.05 的游标卡尺</th></tr>
<tr><th>大于</th><th>至</th><th colspan="4">不确定度</th></tr>
<tr><td>0</td><td>50</td><td>0.004</td><td rowspan="3">0.008</td><td rowspan="6">0.020</td><td rowspan="3">0.050</td></tr>
<tr><td>50</td><td>100</td><td>0.005</td></tr>
<tr><td>100</td><td>150</td><td>0.006</td></tr>
<tr><td>150</td><td>200</td><td>0.007</td><td rowspan="3">0.013</td><td rowspan="9">0.100</td></tr>
<tr><td>200</td><td>250</td><td>0.008</td></tr>
<tr><td>250</td><td>300</td><td>0.009</td></tr>
<tr><td>300</td><td>350</td><td>0.010</td><td rowspan="3">0.020</td><td rowspan="7"></td></tr>
<tr><td>350</td><td>400</td><td>0.011</td></tr>
<tr><td>400</td><td>450</td><td>0.012</td></tr>
<tr><td>450</td><td>500</td><td>0.013</td><td>0.025</td></tr>
<tr><td>500</td><td>600</td><td rowspan="3"></td><td rowspan="3">0.030</td></tr>
<tr><td>600</td><td>700</td></tr>
<tr><td>700</td><td>1000</td><td>0.150</td></tr>
</table>

表 2-8　比较仪的不确定度　mm

<table>
<tr><th colspan="2" rowspan="2">尺寸范围/mm</th><th colspan="4">所使用的计量器具</th></tr>
<tr><th>分度值为 0.000 5（相当于放大倍数为 2 000 倍）的比较仪</th><th>分度值为 0.001（相当于放大倍数为 1 000 倍）的比较仪</th><th>分度值为 0.002（相当于放大倍数为 400 倍）的比较仪</th><th>分度值为 0.005（相当于放大倍数为 250 倍）的比较仪</th></tr>
<tr><th>大于</th><th>至</th><th colspan="4">不确定度</th></tr>
<tr><td>0</td><td>25</td><td>0.0006</td><td rowspan="2">0.0010</td><td>0.017</td><td rowspan="6">0.0030</td></tr>
<tr><td>25</td><td>40</td><td>0.0007</td><td rowspan="3">0.0018</td></tr>
<tr><td>40</td><td>65</td><td>0.0008</td><td rowspan="2">0.0011</td></tr>
<tr><td>65</td><td>90</td><td>0.0008</td></tr>
<tr><td>90</td><td>115</td><td>0.0009</td><td>0.0012</td><td rowspan="2">0.0019</td></tr>
<tr><td>115</td><td>165</td><td>0.0010</td><td>0.0013</td></tr>
<tr><td>165</td><td>215</td><td>0.0012</td><td>0.0014</td><td>0.0020</td><td rowspan="3">0.0035</td></tr>
<tr><td>215</td><td>265</td><td>0.0014</td><td>0.0016</td><td>0.0021</td></tr>
<tr><td>265</td><td>315</td><td>0.0016</td><td>0.0017</td><td>0.0022</td></tr>
</table>

表 2-9　指示表的不确定度(摘自 JB/Z 181—1982)　　mm

尺寸范围/mm		所使用的计量器具			
		分度值为 0.001 的千分表(0 级在全程范围内、1 级在 0.2 mm 内);分度值为 0.002 的千分表在 1 转范围内	分度值为 0.001,0.002,0.005 的千分表(1 级在全程范围内);分度值为 0.01 的百分表(0 级在任意 1 mm 内)	分度值为 0.01 的百分表(0 级在全程范围内、1 级在任意 1 mm 内)	分度值为 0.01 的百分表(1 级在全程范围内)
大于	至	不确定度			
0	25	0.005	0.010	0.018	0.030
25	40				
40	65				
65	90				
90	115				
115	165	0.006			
165	215				
215	265				
265	315				

3. 计量器具的选用示例

例 2-2　工件的轴径尺寸为 $\phi40h9(^{0}_{-0.062})$mm,且采用包容要求,试确定测量该轴径时的验收极限,并选择计量器具。

解

1) 确定安全裕度和计量器具不确定度允许值

已知公差等级 IT=9 级,公差 T=0.062 mm,由表 2-6 中查得:安全裕度 A=0.006 mm,计量器具不确定度允许值 u_1=0.0056 mm。

2) 确定验收极限

上验收极限=最大极限尺寸$-A$=40 mm−0.006 mm=39.994 mm

下验收极限=最小极限尺寸$+A$=39.938 mm+0.006 mm=39.944 mm

3) 选择计量器具

工件基本尺寸是 ϕ40 mm,从表 2-7 中查得:分度值为 0.01 mm 的外径千分尺的不确定度 u_1'=0.004 mm,因为 $u_1'<u_1$,所以满足使用要求。

例 2-3　工件的孔径尺寸为 $\phi60H13(^{+0.46}_{0})$mm,且为非配合尺寸,试确定测量该孔径时的验收极限,并选择计量器具。

解

1) 确定安全裕度和计量器具不确定度允许值

对于非配合尺寸,其验收极限按照不内缩方式确定,取安全裕度 A=0。已知公差等级

IT＝13级，公差 $T=0.46$ mm，由表 2－6 中查得：计量器具不确定度允许值 $u_1=0.041$ mm。

2）确定验收极限

上验收极限＝最大极限尺寸＝60.46 mm

下验收极限＝最小极限尺寸＝60 mm

3）选择计量器具

工件基本尺寸是 $\phi60$ mm，从表 2－7 中查得：分度值为 0.02 mm 的游标卡尺的不确定度 $u_1'=0.02$ mm，因为 $u_1'<u_1$，所以满足使用要求。

例 2－4 某轴的直径尺寸为 $\phi45\mathrm{h}8(^{0}_{-0.039})$mm，且加工后尺寸为偏态分布，偏向其最大实体尺寸一边，试确定测量该轴径时的验收极限，并选择计量器具。

解

1）确定安全裕度和计量器具不确定度允许值

已知公差等级 IT＝8 级，公差 $T=0.039$ mm，由表 2－6 中查得：安全裕度 $A=0.0039$ mm，计量器具不确定度允许值 $u_1=0.0035$ mm。

2）确定验收极限

由于该尺寸为偏态分布，其验收极限应该按照单边内缩方式确定，偏向边的验收极限（本题中为上验收极限）内缩。

上验收极限＝最大极限尺寸－A＝45 mm－0.0039 mm＝44.9961 mm

下验收极限＝最小极限尺寸＝44.961 mm

3）选择计量器具

工件基本尺寸是 $\phi45$ mm，从表 2－8 中查得：分度值为 0.005 mm 的比较仪的不确定度 $u_1'=0.003$ mm，因为 $u_1'<u_1$，所以满足使用要求。

例 2－5 某工件的孔的直径尺寸为 $\phi125\mathrm{H}9(^{+0.1}_{0})$mm，且采用包容要求，加工工艺能力指数 $C_p=1.1$，试确定测量该孔径时的验收极限，并选择计量器具。

解

1）确定安全裕度和计量器具不确定度允许值

已知公差等级 IT＝9 级，公差 $T=0.1$ mm，由表 2－6 中查得：安全裕度 $A=0.01$ mm，计量器具不确定度允许值 $u_1=0.009$ mm。

2）确定验收极限

由于该尺寸采用包容要求，且加工工艺能力指数 $C_p=1.1>1$，因此验收极限应该按照单边内缩方式确定，最大实体尺寸一边的验收极限（本题中为下验收极限）内缩。

上验收极限＝最大极限尺寸＝125.1 mm

下验收极限＝最小极限尺寸＋A＝125 mm＋0.01 mm＝125.01 mm

3）选择计量器具

工件基本尺寸是 $\phi125$ mm，从表 2－7 中查得：分度值为 0.01 mm 的内径千分尺的不确定度 $u_1'=0.008$ mm，因为 $u_1'<u_1$，所以满足使用要求。

思考题与习题

1. 什么是测量？测量过程有哪四个要素？

2. 量块分“级”和分“等”的依据各是什么？实际测量中，按“级”使用和按“等”使用有什么区别？

3. 测量误差按其性质可以分为几类？各有何特征？实际测量中对各类误差的处理原则是什么？

4. 测量精度分为几种？

5. 什么是安全裕度和验收极限？

6. 试从 83 块一套的量块中分别组合下列尺寸：

(1) 28.785；　(2) 70.845。

7. 某仪器在示值为 20 mm 处的校正值为－0.002 mm，当用它测量工件时，读数正好为 20 mm，求工件的实际尺寸是多少？

8. 某一测量范围为 0～25 mm 的外径千分尺，当活动测杆与测砧可靠接触时，其读数为＋0.02 mm。若用此千分尺测量工件直径时，读数为 19.95 mm，试求其系统误差值和修正后的测量结果。

9. 用两种方法分别测量两个尺寸，设它们的真值分别为：$L_1=50$ mm，$L_2=80$ mm。如果测得值分别为 50.004 mm 和 80.006 mm，试评定哪一种方法测量精度较高？

10. 对某一尺寸进行 12 次等精度测量，各次的测得值按测量顺序记录如下（单位：mm）：

20.012	20.010	20.013	20.012	20.014	20.016
20.011	20.013	20.012	20.011	20.016	20.013

(1) 判断有无粗大误差。

(2) 确定测量列有无系统误差。

(3) 求出测量列任一测得值的标准差。

(4) 求出测量列总体算术平均值的标准偏差。

(5) 分别求出用第 5 次测得值表示的测量结果和用算术平均值表示的测量结果。

11. 用某仪器测量一工件，使用该仪器时的测量极限误差为 $\delta_{\lim}=\pm 0.003$ mm。

(1) 如果仅测量 1 次，测得值为 30.020，试写出测量结果。

(2) 如果重复测量 5 次，测得值分别为 30.020，30.022，30.019，30.023，30.021，试写出测量结果。

第3章　形状和位置公差及测量

零件上几何要素的形状和位置精度是一项重要的质量指标。本章主要研究零件的几何要素在形状和位置上所产生的误差以及如何用公差对这些误差进行相应的控制和检测，以确保零件的功能要求，实现互换性。

3.1　概　述

1. 形位误差和形位公差的概念

在加工过程中，机械零件不仅会有尺寸误差，而且还会产生形状和位置误差。图3－1(a)所示为一理想形状的销轴，而加工后的实际形状则是轴线变弯了，如图3－1(b)所示，因而产生了直线度误差。

又如，图3－2(a)所示为一要求严格的四棱柱，加工后的实际位置却是左面倾斜了，如图3－2(b)所示，因而产生了垂直度误差。

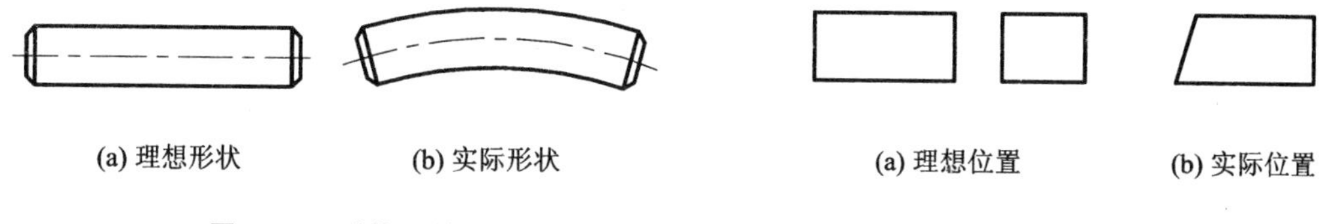

(a) 理想形状　(b) 实际形状

图3－1　形状误差

(a) 理想位置　(b) 实际位置

图3－2　位置误差

形状误差是指被测实际要素对理想要素的变动量；位置误差是指关联实际要素对理想要素的变动量。形状误差和位置误差简称形位误差。

如果零件存在严重的形状和位置误差，将给其装配带来困难，并影响机器的工作精度和使用寿命。因此，为了保证机械产品的质量和零件的互换性，不仅要限制零件的尺寸误差，还必须对零件的形位误差加以控制，规定一个比较经济、合理的许可变动范围，即形状和位置公差。

2. 几何要素及其分类

几何要素是指构成零件几何特征的点、线和面，简称要素。如图3－3所示，零件的顶点、球心、轴线、素线、球面、圆锥面、圆柱面和端面等。几何要素就是形位公差的研究对象。

几何要素可从不同角度分类。

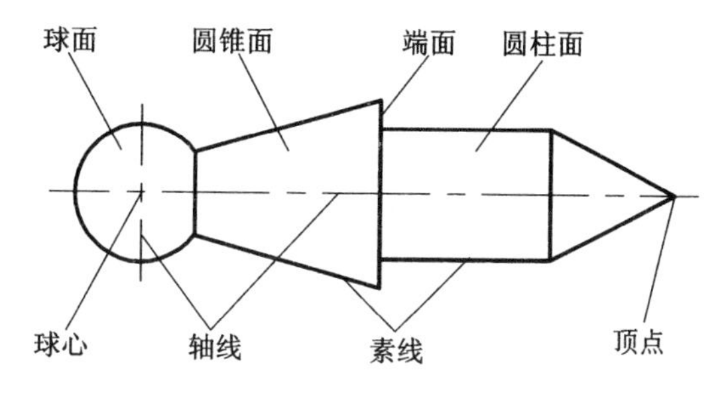

图3－3　零件的几何要素

(1) 按几何特征不同可以分为轮廓要素和中心要素

轮廓要素是指构成零件外形的点、线、面各要素，如图 3－3 中的顶点、球面、圆锥面、圆柱面、端面以及圆柱面和圆锥面的素线。

中心要素是指轮廓要素对称中心所表示的点、线、面各要素，如图 3－3 中的球心、圆柱面和圆锥面的轴线等。中心要素虽然不能被人们直接感受到，但它们是随着轮廓要素的存在而客观存在着。

(2) 按存在状态不同可以分为理想要素和实际要素

理想要素是指具有几何学意义的要素，它们不存在任何误差。图样上表示的要素一般均为理想要素。

实际要素是指零件实际存在的要素。由于测量误差的存在，所以完全符合定义的理想要素是测量不到的，通常用测量得到的要素来代替实际要素。

(3) 按所处地位不同可以分为被测要素和基准要素

被测要素是指图样上给出形状或/和位置公差要求的要素，即需要研究确定其形状或/和位置误差的要素。

基准要素是指用来确定被测要素方向或/和位置的参照要素。

(4) 按功能关系不同可以分为单一要素和关联要素

单一要素是指仅对其本身给出形状公差要求的要素，即只研究确定其形状误差的要素。

关联要素是指与基准要素有功能关系的要素，即需要研究确定其位置误差的要素。

注意： 根据研究对象的不同，某一要素可以是单一要素，也可以是关联要素。

3. 形位公差的项目及符号

根据国家标准 GB/T 1182—1996《形状和位置公差　通则、定义、符号和图样表示方法》的规定，形位公差项目分为 14 种，各项目的名称及符号如表 3－1 所列。

表 3－1　形位公差项目(摘自 GB/T 1182—1996)

公　差		特征项目	符　号	有或无基准要求
形　状	形　状	直线度	—	无
		平面度	▱	无
		圆　度	○	无
		圆柱度	⌭	无
形状或位置	轮　廓	线轮廓度	⌒	有或无
		面轮廓度	⌓	有或无

续表 3－1

公　差		特征项目	符　号	有或无基准要求
位　置	定　向	平行度	//	有
		垂直度	⊥	有
		倾斜度	∠	有
	定　位	位置度	⌖	有或无
		同轴(同心)度	◎	有
		对称度	⌯	有
	跳　动	圆跳动	↗	有
		全跳动	⌰	有

4. 形位公差的公差带

形位公差带是用来限制被测要素变动的区域。它是一个几何图形，只要被测要素完全落在给定的公差带内，就表示该要素的形状和位置符合要求。

形位公差带具有形状、大小、方向和位置四个要素。形位公差带的形状由被测要素的理想形状和给定的公差特征项目所确定。常见的形位公差带的形状如表 3－2 所列。

表 3－2　形位公差带形状

区　域	公差带形状	图　示	应用举例
平面区域	两平行直线(t)	t	给定平面内素线的直线度公差
	两等距曲线(t)	t	线轮廓度公差
	两同心圆(t)	t	圆度公差
	一个圆(ϕt)	ϕt	给定平面内点的位置度公差

续表 3-2

区域	公差带形状	图示	应用举例
空间区域	一个球($S\phi t$)	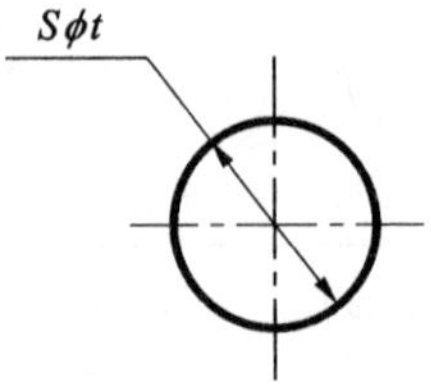 $S\phi t$	空间内点的位置度公差
	两平行平面(t)	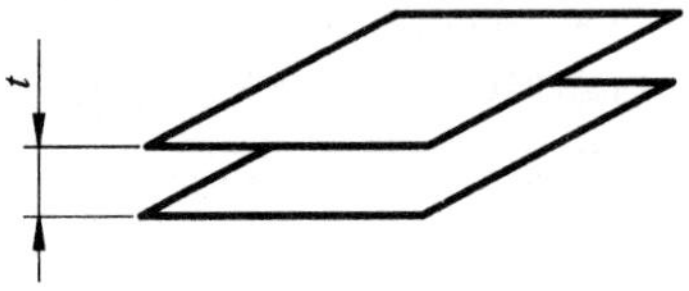 t	面的平行度公差
	两等距曲面(t)	 t	面的轮廓度公差
	一个圆柱(ϕt)	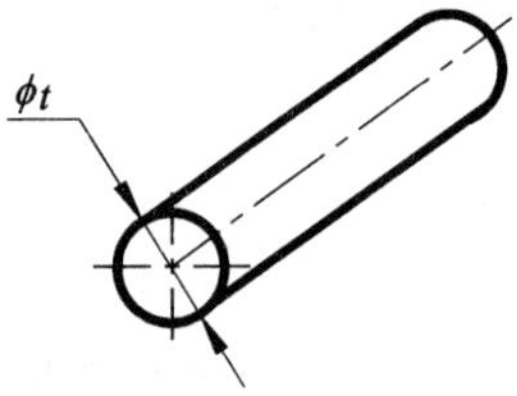 ϕt	轴线的直线度、垂直度公差
	两同轴圆柱(t)	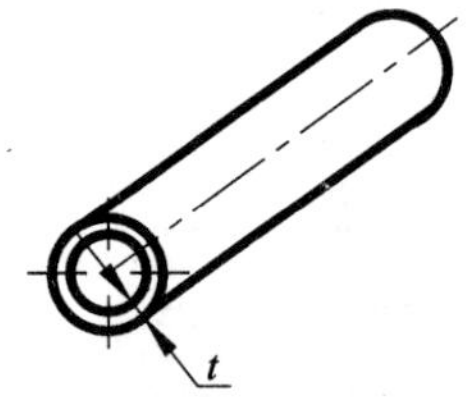 t	圆柱度公差

注：形成公差带的大小是由公差值 t 确定的，公差值 t 指的是公差带的宽度或直径。

形位公差带的方向和位置根据有无基准要求分为两种情况：

① 形位公差带的方向或位置可以随实际被测要素的变动而变动，这时公差带的方向或位置就是浮动的。形状公差(未标基准)的公差带的方向和位置一般是浮动的。

② 形位公差带的方向或位置必须与基准要素保持一定的几何关系，这时公差带的方向或位置则是固定的。位置公差(标有基准)的公差带的方向和位置一般是固定的。

3.2 形位公差的标注

国家标准规定，形位公差在图样上一般采用代号标注；当无法采用代号标注时，允许在技术要求中用文字说明。形位公差的标注结构由公差框格、指引线和基准代号组成。

1. 公差框格和指引线

(1) 公差框格

公差框格用细实线画出，可画成水平的或垂直的，框格高度是图样中尺寸数字高度的两倍，它的长度视需要而定。框格中的数字、字母、符号与图样中的数字等高。公差的框格形式如图 3-4 所示。

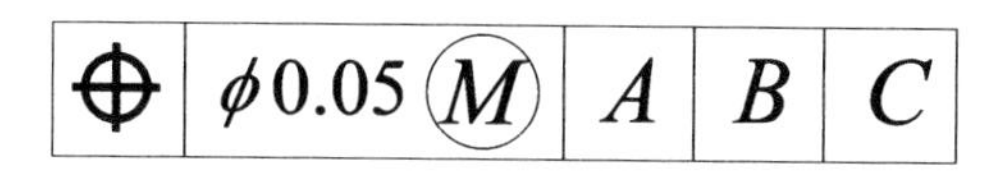

图 3-4　公差的框格形式

形位公差框格分成两格或多格。第一格填写形位公差项目符号，第二格填写形位公差数值和有关符号。第三格和以后各格填写基准代号的字母。

(2) 指引线

公差框格一端用带箭头的指引线与被测要素相连。指引线的箭头应指向公差带的宽度方向或直径方向。指引线一般从公差框格线的中间引出，并最多允许弯折两次。

① 当被测要素为素线或表面等轮廓要素时，指引线箭头应指在该要素的轮廓线或其引出线上，并应明显地与尺寸线错开，如图 3-5(a)所示。

② 当被测要素为轴线、球心或中心平面等中心要素时，指引线箭头应与该要素的尺寸线对齐，如图 3-5(b)所示。

③ 当被测要素为单一要素的整体轴线或各要素的公共轴线时，指引线箭头可直接指在轴线或中心线上，如图 3-5(c)和(d)所示。

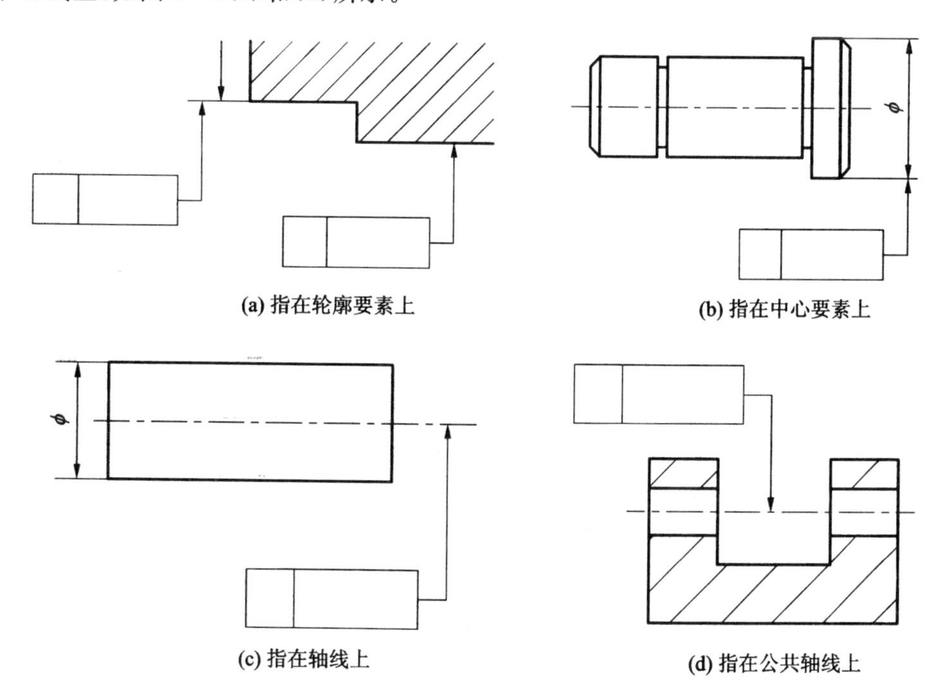

(a) 指在轮廓要素上　(b) 指在中心要素上　(c) 指在轴线上　(d) 指在公共轴线上

图 3-5　公差框格指引线应用示例

2. 基准符号和基准代号

(1) 基准符号

公差框格的另一端用带基准符号的连线与基准要素相连。基准符号用加粗的短线表示。基准符号的连线必须与基准要素垂直。

① 当基准要素为素线或表面等轮廓要素时,基准符号应靠近该要素的轮廓线或引出线标注,并应明显地与尺寸线箭头错开,如图 3-6(a)所示。

② 当基准要素为轴线、球心或中心平面等中心要素时,基准符号应与该要素的尺寸线箭头对齐,如图 3-6(b)所示。

③ 当基准要素为单一要素的整体轴线或各要素的公共轴线时,基准符号可直接指在轴线或中心线上,如图 3-6(c)、(d)所示。

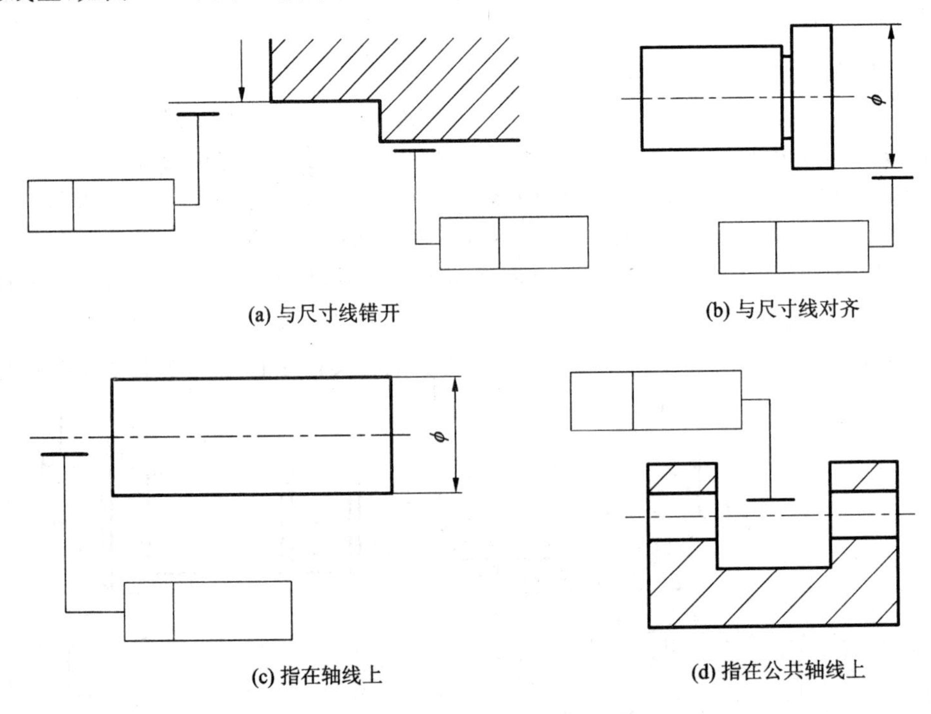

图 3-6　基准符号标注示例

(2) 基准代号

当基准符号不便直接与公差框格相连时,可以采用基准代号标注。基准代号由基准符号、圆圈、连线和字母组成。无论基准代号在图样上的方向如何,圆圈内的字母都应水平书写,如图 3-7 所示。基准代号的字母采用大写的英文字母,为了不至于引起误解,不得采用 E,F,I,J,M,O,P,R 等字母。

采用基准代号标注时,在公差框格的第三格及以后各格中填写与基准代号相同的字母,如图 3-8 所示。图 3-8(a)表示单一基准要素 A;图 3-8(b)表示组合基准要素 $A—B$;图 3-8(c)表示由第一基准 A、第二基准 B 和第三基准 C 组成的基准体系。

基准代号的标注方法与基准符号相同,如图 3-9 所示。

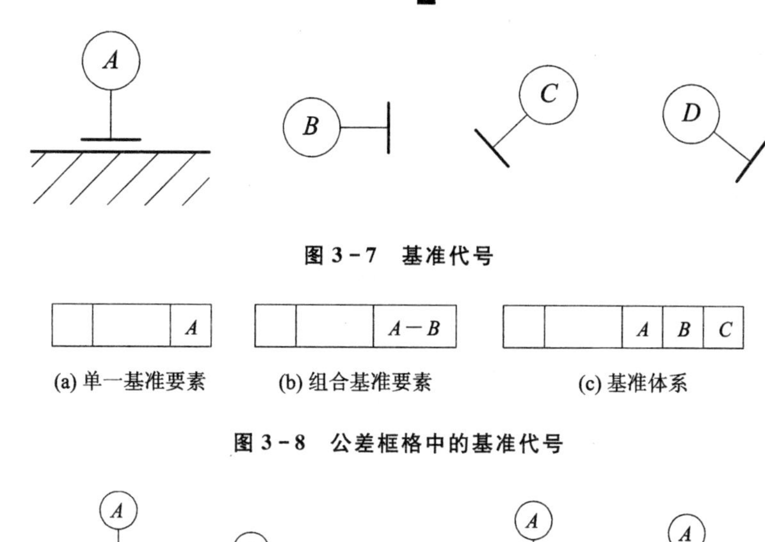

图 3-7　基准代号

(a) 单一基准要素　(b) 组合基准要素　(c) 基准体系

图 3-8　公差框格中的基准代号

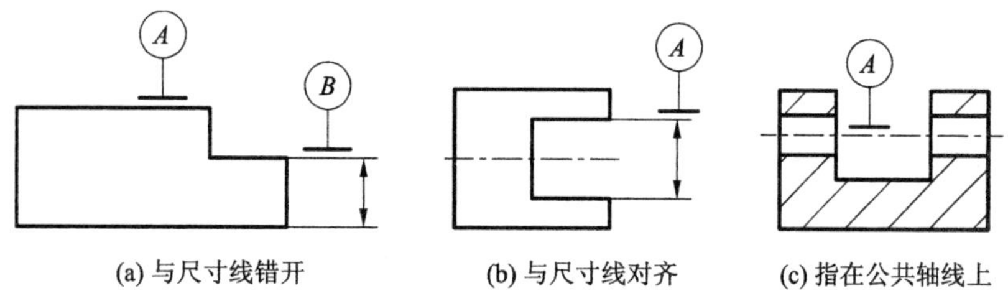

(a) 与尺寸线错开　(b) 与尺寸线对齐　(c) 指在公共轴线上

图 3-9　基准代号标注示例

3. 形位公差数值的标注方法

形位公差的数值以毫米为单位填写在公差框格中。对于以宽度值表示的公差带，只要标注公差数值。当公差带形状是圆形或圆柱形时，则在公差数值前加“ϕ”；当公差带形状是球形时，则在公差数值前加“$S\phi$”。

如果图样上标注的形位公差无附加说明，则表示被测范围为箭头所指的整个轮廓要素或中心要素。如果被测范围仅为被测要素的某一部分或任一范围时，其公差值的标注方法如表 3-3 所列。

表 3-3　形位公差数值的标注方法

示　例	含　义
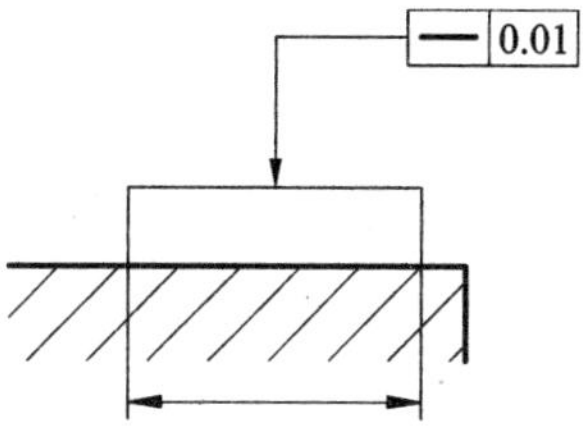 — 0.01	如果被测范围仅为被测要素的某一部分时，应用细实线画出该范围，并注出尺寸。如左图所示，在细实线画出的长度范围内，直线度公差为 0.01 mm

续表 3-3

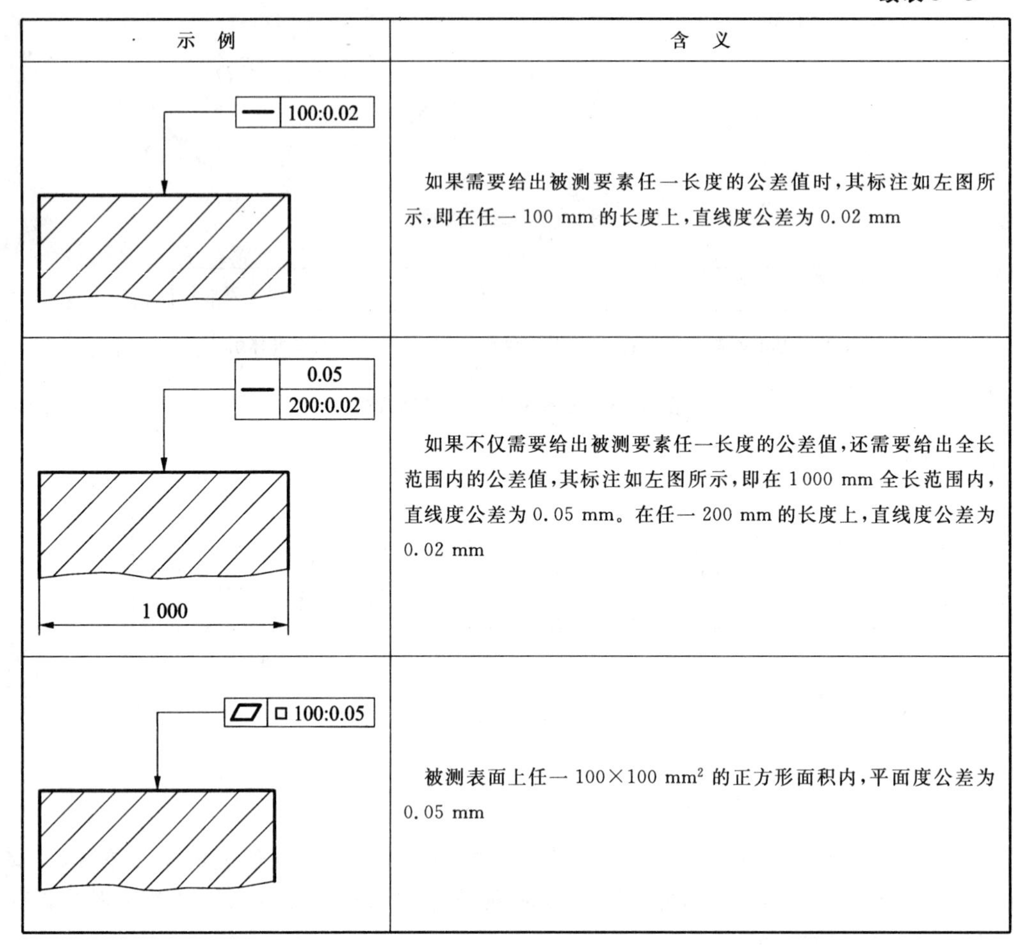

示　例	含　义
— 100:0.02	如果需要给出被测要素任一长度的公差值时，其标注如左图所示，即在任一 100 mm 的长度上，直线度公差为 0.02 mm
— 0.05 / 200:0.02 1 000	如果不仅需要给出被测要素任一长度的公差值，还需要给出全长范围内的公差值，其标注如左图所示，即在 1 000 mm 全长范围内，直线度公差为 0.05 mm。在任一 200 mm 的长度上，直线度公差为 0.02 mm
▱ □ 100:0.05	被测表面上任一 100×100 mm^2 的正方形面积内，平面度公差为 0.05 mm

4. 形位公差有附加要求时的标注方法

对形位公差有附加要求时，有的可以用符号标注，有的可以用文字说明。

(1) 用符号标注

采用符号标注时，应在相应的公差数值后面加注有关符号，如表 3-4 所列。

(2) 用文字说明

为了说明公差框格中所标注的形位公差的其他附加要求，或为了简化标注，可以在公差框格的上方或下方附加文字说明。

在用文字说明时，属于被测要素的数量的说明，应写在公差框格的上方；属于解释性的说明和对测量方法的要求等，应写在公差框格的下方，如表 3-5 所列。

表 3－4　用符号标注形位公差的附加要求

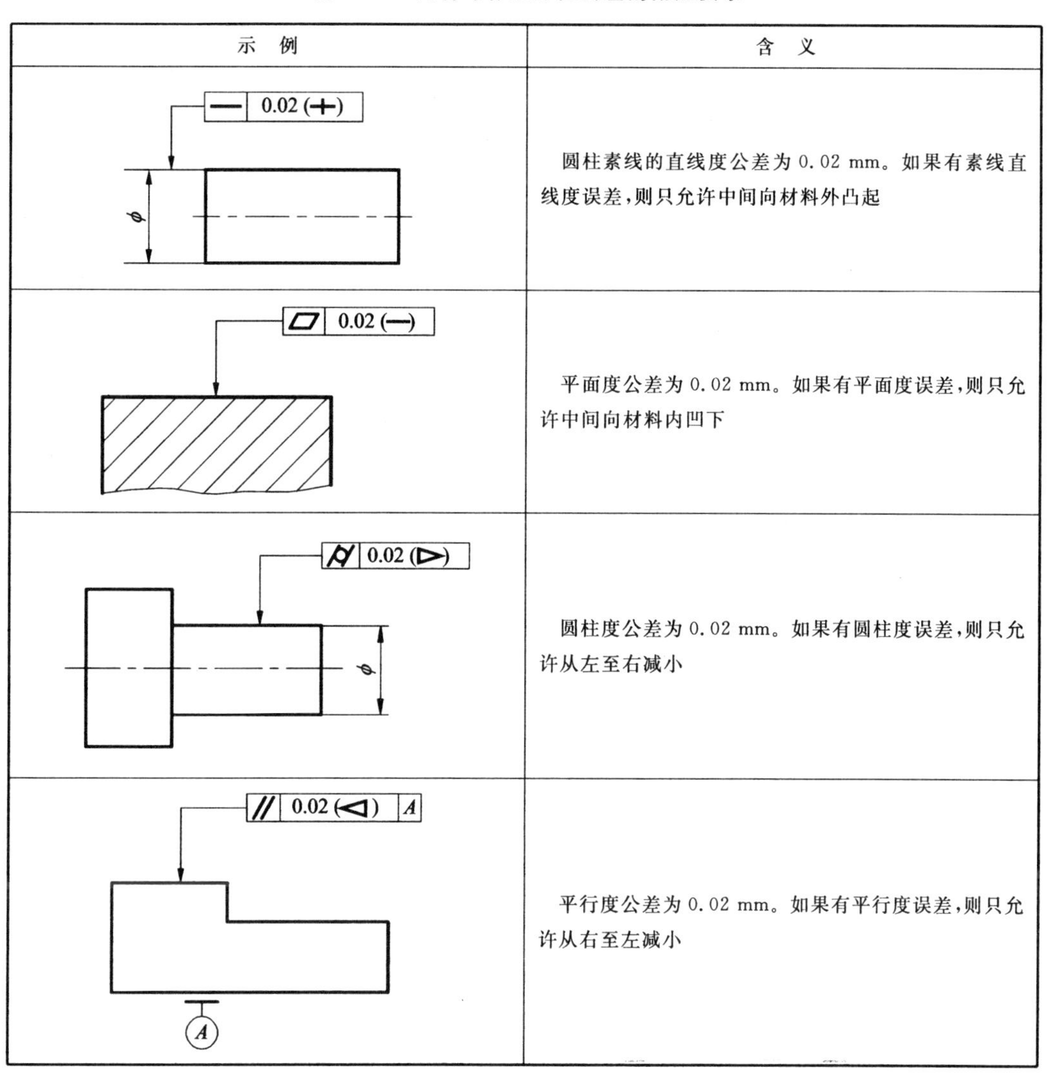

示　例	含　义
0.02 (+)　φ	圆柱素线的直线度公差为 0.02 mm。如果有素线直线度误差，则只允许中间向材料外凸起
0.02 (−)	平面度公差为 0.02 mm。如果有平面度误差，则只允许中间向材料内凹下
0.02 (▷)　φ	圆柱度公差为 0.02 mm。如果有圆柱度误差，则只允许从左至右减小
// 0.02 (◁) A　A	平行度公差为 0.02 mm。如果有平行度误差，则只允许从右至左减小

表 3－5　用文字说明形位公差的附加要求

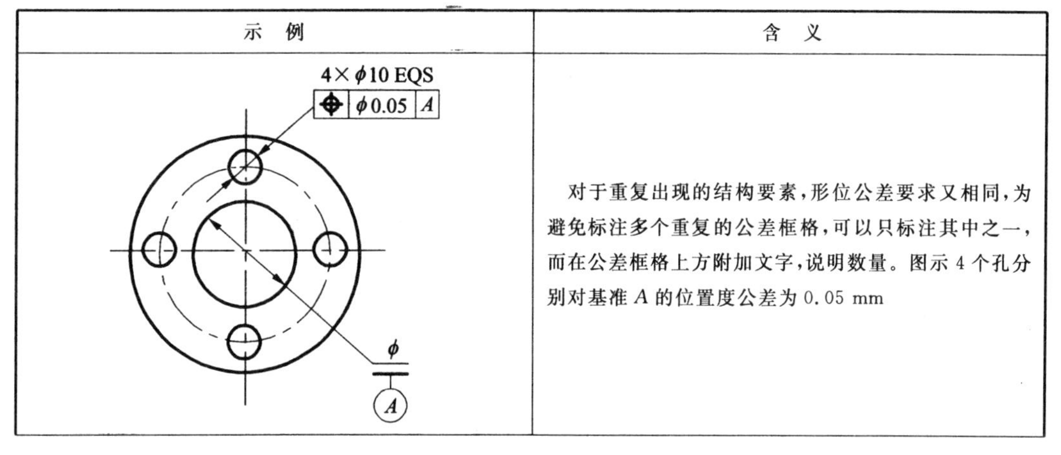

示　例	含　义
4×φ10 EQS　φ0.05 A　φ　A	对于重复出现的结构要素，形位公差要求又相同，为避免标注多个重复的公差框格，可以只标注其中之一，而在公差框格上方附加文字，说明数量。图示 4 个孔分别对基准 *A* 的位置度公差为 0.05 mm

续表 3－5

示　例	含　义
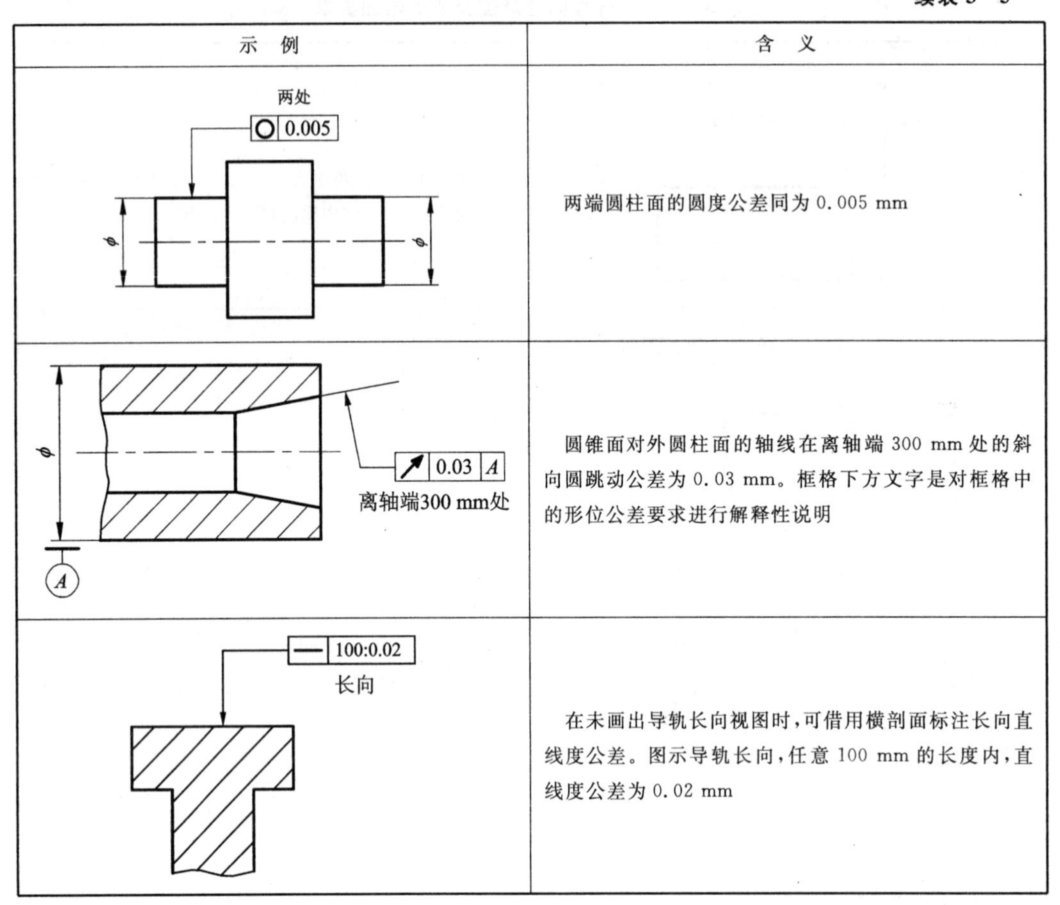	两端圆柱面的圆度公差同为 0.005 mm
	圆锥面对外圆柱面的轴线在离轴端 300 mm 处的斜向圆跳动公差为 0.03 mm。框格下方文字是对框格中的形位公差要求进行解释性说明
	在未画出导轨长向视图时，可借用横剖面标注长向直线度公差。图示导轨长向，任意 100 mm 的长度内，直线度公差为 0.02 mm

5．形位公差的简化标注方法

为了减少图样上公差框格的数量，简化绘图工作，在保证读图方便和不至于引起误解的前提下，可以简化形位公差的标注，如表 3－6 所列。

表 3－6　形位公差的简化标注方法

示　例	含　义
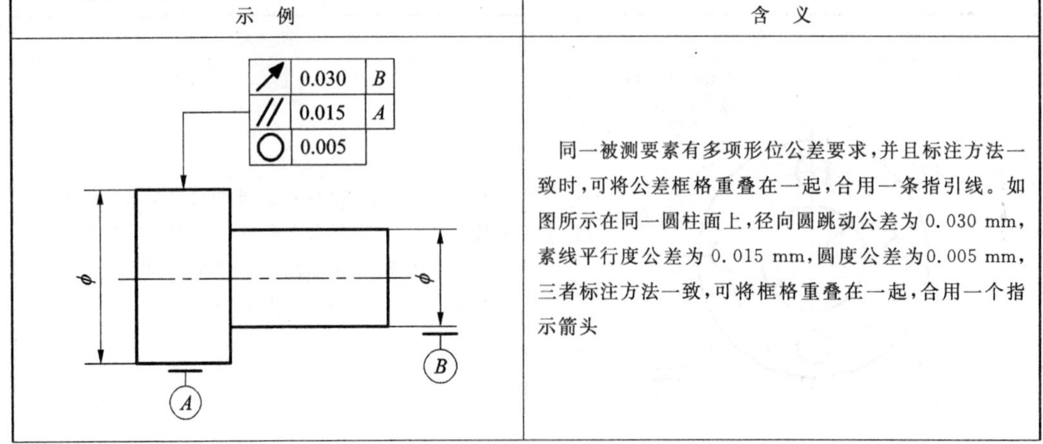	同一被测要素有多项形位公差要求，并且标注方法一致时，可将公差框格重叠在一起，合用一条指引线。如图所示在同一圆柱面上，径向圆跳动公差为 0.030 mm，素线平行度公差为 0.015 mm，圆度公差为0.005 mm，三者标注方法一致，可将框格重叠在一起，合用一个指示箭头

续表 3-6

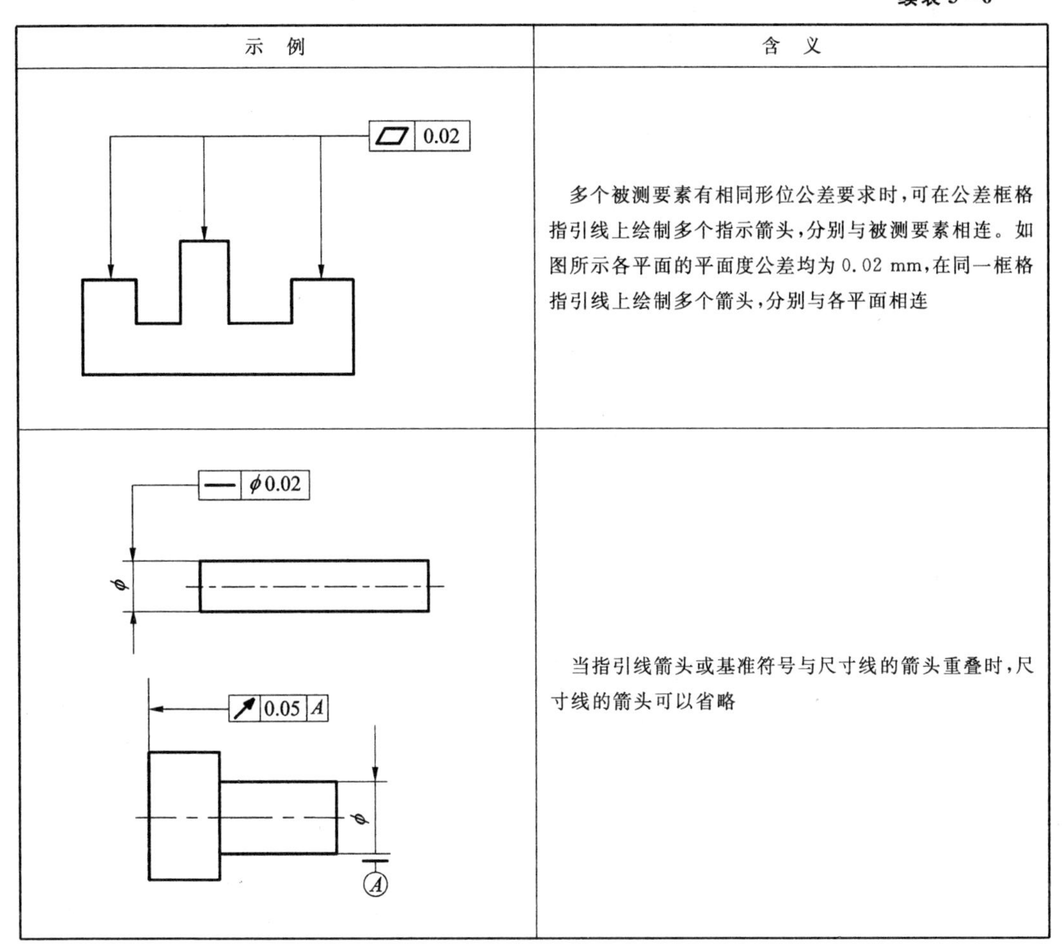

示　例	含　义
0.02	多个被测要素有相同形位公差要求时，可在公差框格指引线上绘制多个指示箭头，分别与被测要素相连。如图所示各平面的平面度公差均为 0.02 mm，在同一框格指引线上绘制多个箭头，分别与各平面相连
φ0.02 φ 0.05 A φ A	当指引线箭头或基准符号与尺寸线的箭头重叠时，尺寸线的箭头可以省略

3.3 形状公差和形状误差

1. 形状公差带的特点

形状公差包括直线度、平面度、圆度、圆柱度、线轮廓度和面轮廓度六个项目。除了有基准要求的线轮廓度和面轮廓度以外，均是限制单一要素的形状误差。

形状公差带是限制实际被测要素变动的一个区域，根据形状公差带的特点，形状公差可分为两种类型。

(1) 直线度、平面度、圆度及圆柱度

直线度、平面度、圆度及圆柱度四个项目是对单一实际要素的形状提出的，不涉及基准问题，它们的公差带没有方向或位置的约束，即公差带可以任意浮动，并且构成公差带几何图形的理想要素都不涉及尺寸。

(2) 线轮廓度和面轮廓度

轮廓度公差不是单纯的形状公差，具有两重性：当它们用于限制被测要素的形状时，不标注基准，其理想形状由理论正确尺寸确定，公差带的位置是浮动的；当它们用于限制被测要素的形状和位置时，要标注基准，其理想形状由基准和理论正确尺寸确定，公差带的位置是确定的。

形状公差带的定义、标注和解释如表 3－7 所列。

表 3－7　形状公差带的定义、标注示例和说明

项　目	公差带定义		标注示例和说明
直线度	在给定平面内公差带是距离为公差值 t 的两平行直线之间的区域	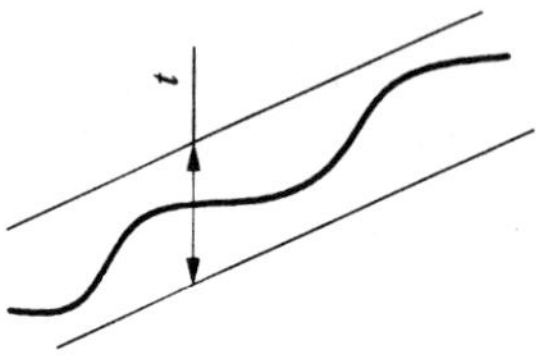 t	被测表面的素线必须位于平行于图样所示投影面且距离为公差值 0.1 mm 的两平行直线之间 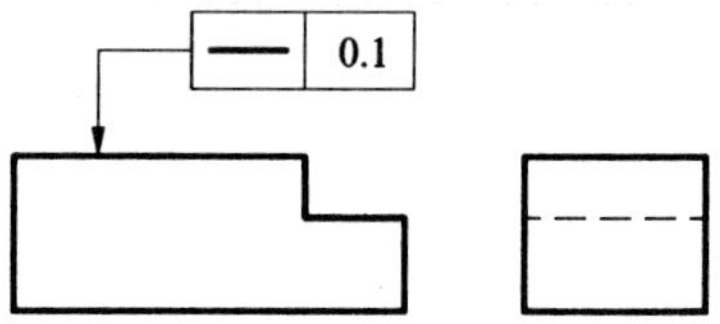 — 0.1
	在给定方向上公差带是距离为公差值 t 的两平行平面之间的区域	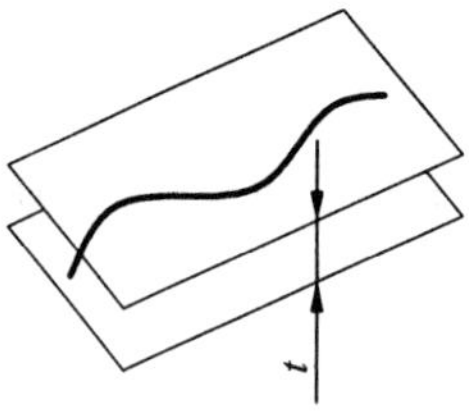 t	被测圆柱面的任一素线必须位于距离为公差值 0.1 mm 的两平行平面之间 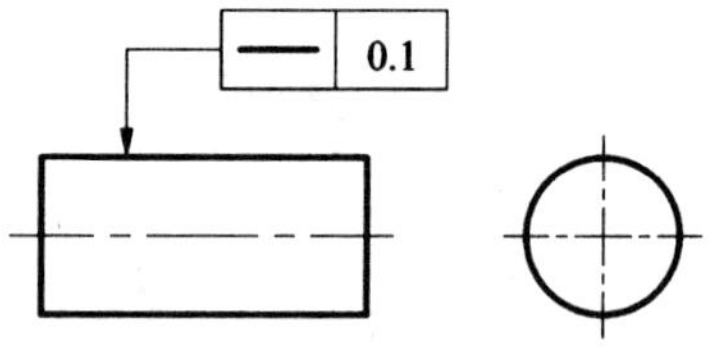 — 0.1
	在任意方向上公差带是直径为公差值 t 的圆柱面内的区域	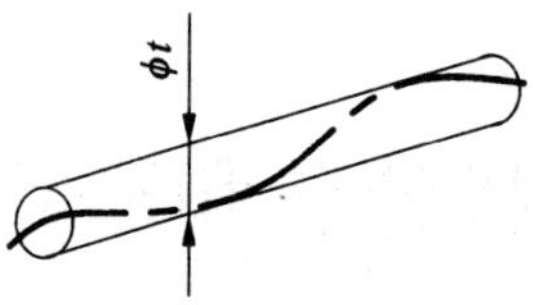 ϕt	被测圆柱体的轴线必须位于直径为公差值 ϕ0.08 mm 的圆柱面内 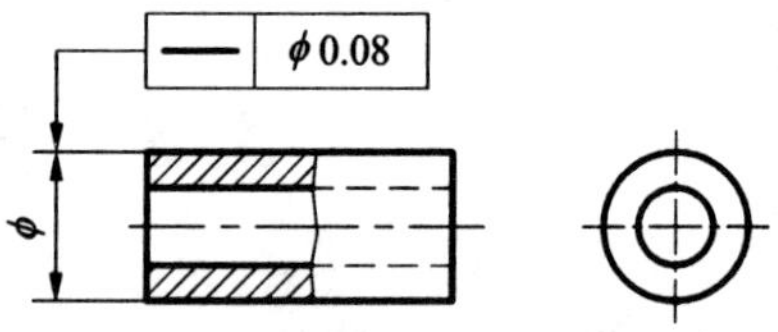 — ϕ0.08 ϕ
平面度	公差带是距离为公差值 t 的两平行平面之间的区域	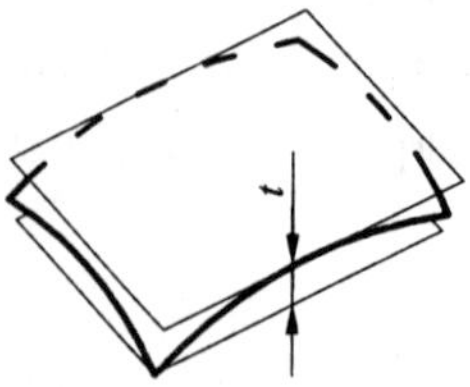 t	被测表面必须位于距离为公差值 0.08 mm的两平行平面之间 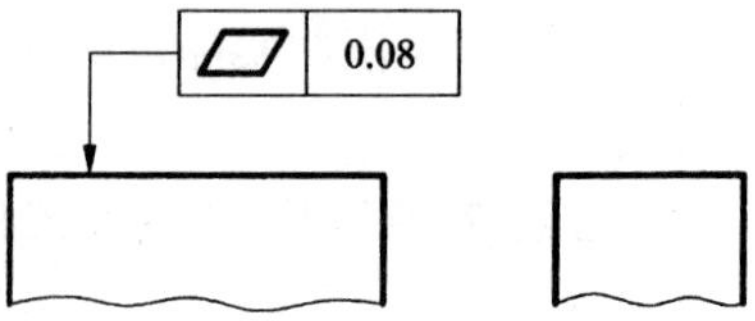 ▱ 0.08

续表 3-7

项　目	公差带定义		标注示例和说明
圆度	公差带是在同一正截面上半径差为公差值 t 的两同心圆之间的区域		被测圆锥面的任一正截面的圆周必须位于半径差为公差值 0.03 mm 的两同心圆之间
圆柱度	公差带是半径差为公差值 t 的两同轴圆柱面之间的区域		被测圆柱面必须位于半径差为公差值 0.1 mm的两同轴圆柱面之间
线轮廓度	公差带是包络一系列直径为公差值 t 的圆的两包络线之间的区域。诸圆的圆心位于具有理论正确几何形状的线上 无基准要求的线轮廓度公差见图(a)；有基准要求的线轮廓度公差见图(b)		在平行于图样所示投影面的任一截面上，被测轮廓线必须位于包络一系列直径为公差值 0.04 mm，且圆心位于具有理论正确几何形状的线上的两包络线之间 (a) (b)

续表 3－7

项　目	公差带定义	标注示例和说明	
面轮廓度	公差带是包络一系列直径为公差值 t 的球的两包络面之间的区域。诸球的球心位于具有理论正确几何形状的面上 无基准要求的面轮廓度公差见图(a)；有基准要求的面轮廓度公差见图(b)	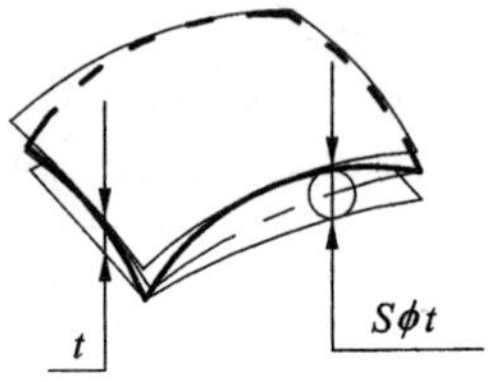 t　$S\phi t$	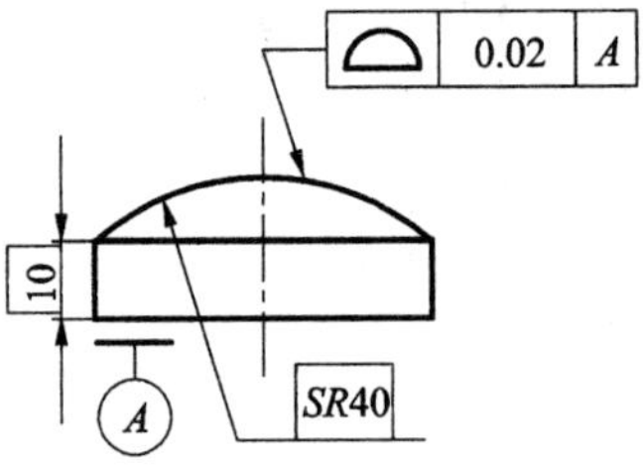 被测轮廓面必须位于包络一系列球的两包络面之间，诸球的直径为公差值 0.02 mm，且球心位于具有理论正确几何形状的面上的两包络面之间 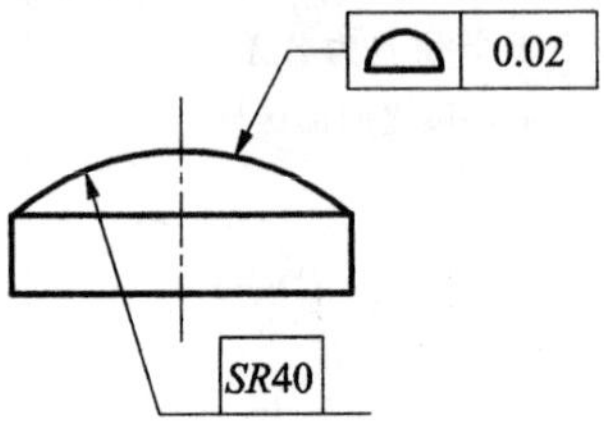 0.02　SR40 (a) 0.02　A　10　A　SR40 (b)

2. 形状误差的评定

(1) 形状误差的评定准则

形状误差是被测实际要素的形状对其理想要素的变动量，只要形状误差值不大于相应的公差值，则认为合格。

在确定被测实际要素的变动量时，必须将其与理想要素进行比较，但是由于理想要素相对于实际要素的位置不同，得到的最大变动量也会不同，因此使形状误差值的评定结果不唯一。所以，国家标准规定，在评定形状误差时，理想要素相对于实际要素的位置必须有一个统一的评定准则，即被测实际要素对其理想要素的最大变动量为最小，这就是最小条件准则。最小条件准则有以下两种情况。

1) 轮廓要素(线、面轮廓度除外)

此时，最小条件就是理想要素位于零件实体之外与实际要素接触，并使被测实际要素对理想要素的最大变动量为最小。如图 3－10 所示，h_1，h_2，h_3 是对应于理想要素处于不同位置的最大变动量，且 $h_1<h_2<h_3$，若 h_1 为最小值，则理想要素 A_1 线处符合最小条件。

2) 中心要素

此时，最小条件就是理想要素应穿过实际中心要素，并使实际中心要素对理想要素的最大变动量为最小。如图 3－11 所示，理想轴线的变动区域在一个圆柱体之内，而 $d_1<d_2$，若 d_1 为最小值，则理想轴线 L_1 符合最小条件。

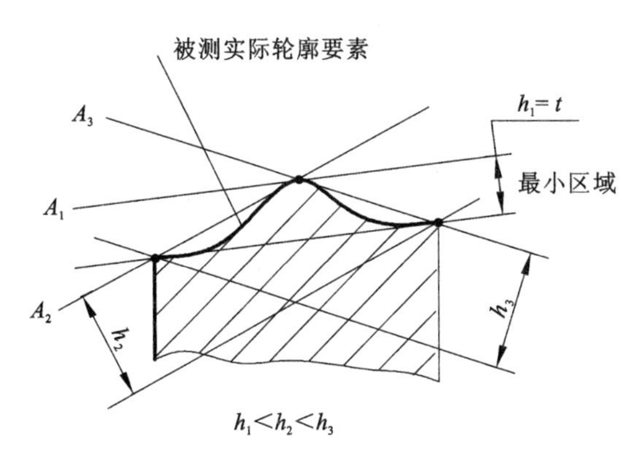

图 3-10　轮廓要素的最小条件

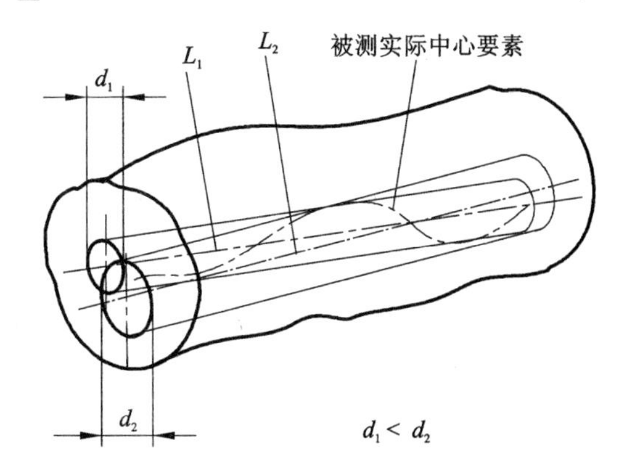

图 3-11　中心要素的最小条件

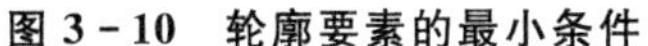

(2) 最小包容区域

为了方便，同时又与公差带相联系，在评定形状误差时，根据最小条件的要求，一般用最小包容区域的宽度或直径表示形状误差的大小。最小包容区域是指与公差带形状相同、包容被测实际要素，且具有最小宽度或直径的区域，简称最小区域，如图 3-12 所示。

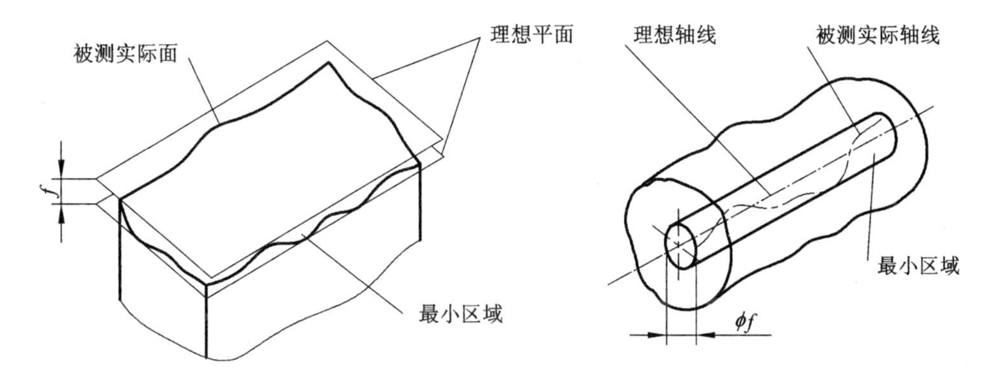

图 3-12　最小包容区域

必须注意公差带与最小包容区域的区别。公差带的宽度或直径等于公差值 t，是由设计给定的；最小包容区域的宽度或直径则根据被测实际要素按照最小包容的条件确定。

最小包容区域应根据被测实际要素与包容它的理想要素的接触状态来判别。根据实际分析和理论证明，得出各项形状误差符合最小条件的判断准则。

1) 直线度误差

在给定平面内，由两平行直线包容被测实际要素时，实现高低相间、至少三点（高、低、高或低、高、低）与两平行直线接触，即构成最小区域，如图 3-13 所示。包容区域的宽度即为直线度误差。这种判别方法称为相间准则。

2) 平面度误差

由两平行平面包容被测实际要素时，实现至少四点或三点与两平行平面接触，且具有下列接触形式之一者，即为最小区域，如图 3-14 所示。

① 一个高点（或低点）在另一包容平面上的投影位于该平面上三个低点（或高点）所连成的三角形内，如图 3-14(a)所示。这种判别方法称为三角形准则。

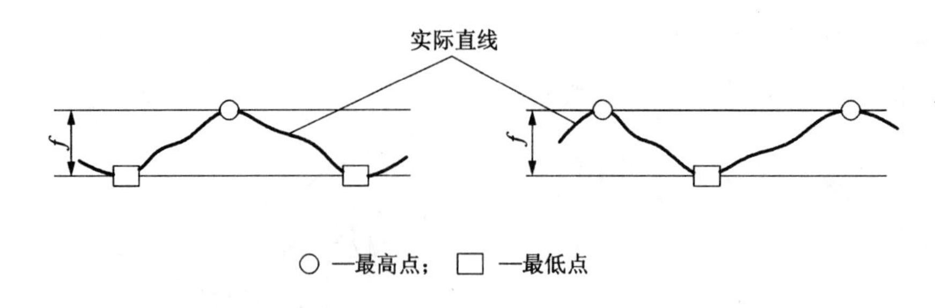

图 3-13 直线度的最小区域

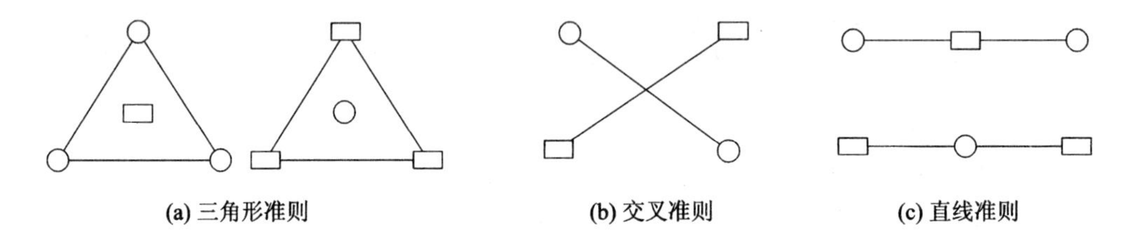

图 3-14 平面度的最小区域

② 两个高点的连线与两个低点的连线在包容平面上的投影相交，如图 3-14(b)所示。这种判别方法称为交叉准则。

③ 一个高点(或低点)在另一包容平面上的投影位于该平面上两个低点(或高点)的连线上，如图 3-14(c)所示。这种判别方法称为直线准则。

以上两包容平面的距离即为平面度误差。

3) 圆度误差

由两同心圆包容被测实际要素时，实际圆应至少有内、外相间的四个点与两包容圆接触，这个包容区域就是最小包容区域，如图 3-15 所示。两同心圆的半径差即为圆度误差。

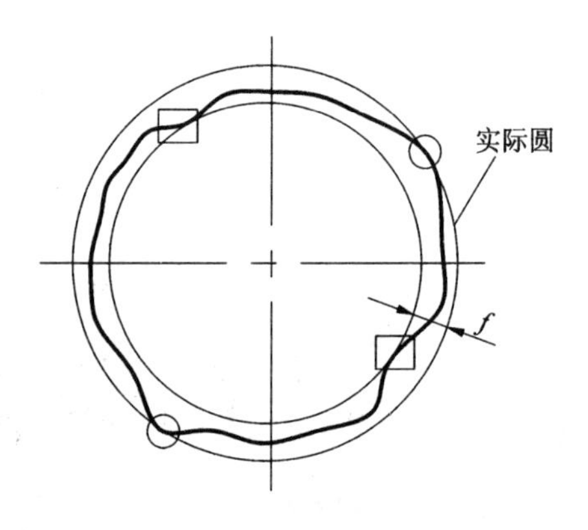

图 3-15 圆度的最小区域

这种判别方法也称为交叉准则。

3.4 位置公差和位置误差

位置公差包括平行度、垂直度、倾斜度、同轴度、对称度、位置度、圆跳动和全跳动八个项目，是限制被测实际要素相对于基准要素的方向和位置误差的。按照要求的几何关系不同，位置公差可分为定向公差、定位公差和跳动公差三类。

1. 定向公差与公差带

定向公差包括平行度、垂直度和倾斜度三项，是被测实际要素对基准要素在方向上的允许

变动量。基准要素的方向由基准及理论正确尺寸确定。被测实际要素和基准要素有直线和平面之分，所以定向公差有被测表面对基准平面（面对面）、被测直线或轴线对基准平面（线对面）、被测表面对基准轴线（面对线）及被测轴线对基准轴线（线对线）等四种形式。

定向公差带具有如下特点：

① 定向公差带相对于基准有确定的方向。平行度、垂直度和倾斜度的被测实际要素对基准要素保持平行、垂直和倾斜的一个理论正确角度的关系，如图 3－16 所示。在相对于基准保持定向的条件下，定向公差带的位置是可以浮动的。

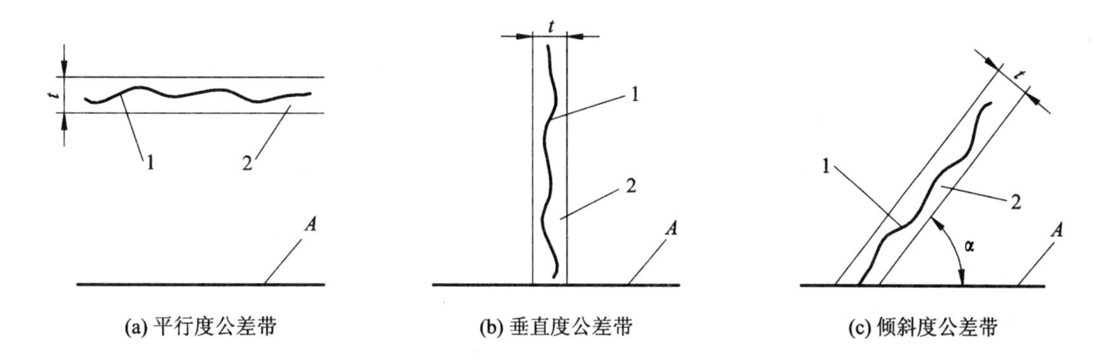

A—基准；t—公差值；1—被测实际要素；2—公差带

图 3－16　定向公差带示例

② 定向公差带具有综合控制被测要素的方向和形状的功能。被测要素的方向和形状的误差同时受到定向公差带的约束。在保证使用要求的前提下，对被测要素给出定向公差后，通常不再对该要素提出形状公差要求。如果对被测要素的形状精度有进一步要求，则可以同时给出形状公差，但是形状公差值应小于定向公差值。

定向公差带的定义、标注和解释如表 3－8 所列。

表 3－8　定向公差带的定义、标注示例和说明

项　目	公差带定义		标注示例
平行度	1）面对面 公差带是距离为公差值 t 且平行于基准面的两平行平面之间的区域	t 基准平面	被测表面必须位于距离为公差值 0.03 mm，且平行于基准平面 A 的两平行平面之间 // 0.03 A A

续表 3-8

项　目		公差带定义	标注示例
平行度	2) 线对面 公差带是距离为公差值 t 且平行于基准面的两平行平面之间的区域		被测轴线必须位于距离为公差值 0.05 mm，且平行于基准平面 A 的两平行平面之间
	3) 面对线 公差带是距离为公差值 t 且平行于基准线的两平行平面之间的区域		被测平面必须位于距离为公差值 0.05 mm，且平行于基准线 A 的两平行平面之间
	4) 线对线(在给定方向上) 公差带是距离为公差值 t 且平行于基准线，并位于给定方向上的两平行平面之间的区域		被测轴线必须位于距离为公差值 0.1 mm，且在给定方向上平行于基准轴线 A 的两平行平面之间
	5) 线对线(在任意方向上) 公差带是直径为公差值 t 且平行于基准线的圆柱面内的区域		被测轴线必须位于直径为公差值 ϕ0.03 mm，且平行于基准轴线 A 的圆柱面内

续表 3－8

项　目	公差带定义		标注示例
垂直度	1）线对线 公差带是距离为公差值 t 且垂直于基准线的两平行平面之间的区域	t 基准线	被测轴线必须位于距离为公差值 0.06 mm，且垂直于基准线 A 的两平行平面之间 ⊥ 0.06 A
	2）线对面 公差带是直径为公差值 t 且垂直于基准面的圆柱面内的区域	ϕt 基准平面	被测轴线必须位于直径为公差值 $\phi 0.01$ mm，且垂直于基准面 A 的圆柱面内 ⊥ ϕ0.01 A
倾斜度	1）线对线 公差带是距离为公差值 t 且与基准线成一给定角度的两平行平面之间的区域	α 基准轴线 t	被测轴线必须位于距离为公差值 0.08 mm，且与公共基准轴线 $A—B$ 成理论正确角度 60°的两平行平面之间 ∠ 0.08 A—B 60°
	2）线对面 公差带是直径为公差 ϕt 且与基准面呈一给定的角度的圆柱面内的区域	ϕt α 基准平面	被测轴线必须位于直径为公差值 $\phi 0.05$ mm，且与基准平面成理论正确角度 60°的圆柱面内 ∠ ϕ0.05 A 60°

2. 定位公差与公差带

定位公差包括同轴度、对称度和位置度三项,是被测实际要素对基准要素在位置上的允许变动量。被测实际要素和基准要素对于同轴度是点和直线,对于对称度是直线和平面,对于位置度是点、直线和平面。

定位公差带具有以下特点:

① 定位公差带相对于基准具有确定的位置,其中,位置度公差带的位置由理论正确尺寸确定,同轴度和对称度的理论正确尺寸为零,图上可省略不注。

② 定位公差带具有综合控制被测要素的位置、方向和形状的功能。被测要素的位置、方向和形状的误差同时受到定位公差带的约束。在保证使用要求的前提下,对被测要素给出定位公差后,通常不再对该要素提出定向和形状公差要求。如果对被测要素的方向和形状精度有进一步要求,则可以同时给出定向和形状公差,但是定向和形状公差值都应小于定位公差值。

定位公差带的定义、标注和解释如表 3-9 所列。

表 3-9　位置公差带的定义、标注示例和说明

项　目	公差带定义		标注示例
同轴度	1) 点对点(此时称为同心度) 公差带是直径为公差值 ϕt 且与基准圆心同心的圆内的区域	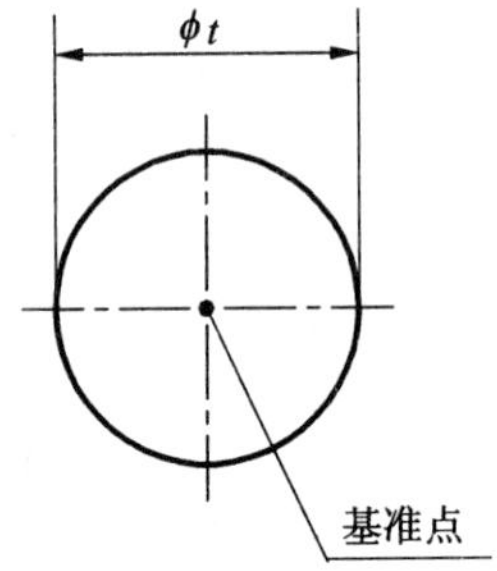 ϕt 基准点	外圆的圆心必须位于直径为公差值 ϕ0.01 mm,且与基准圆心同心的圆内 ϕ 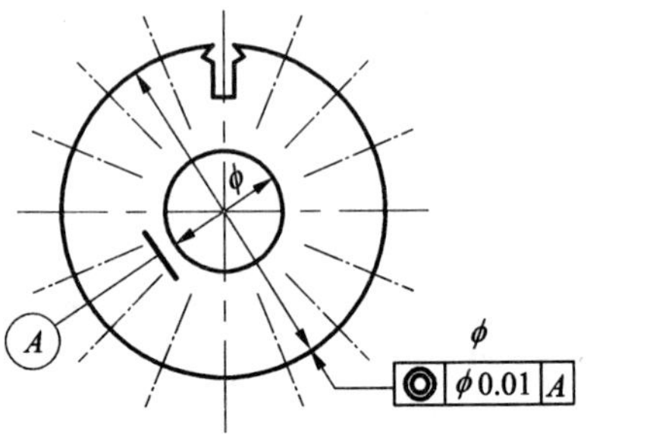 ◎ ϕ0.01 A A
	2) 线对线 公差带是直径为公差值 ϕt 的圆柱面内的区域,该圆柱面的轴线与基准轴线同轴	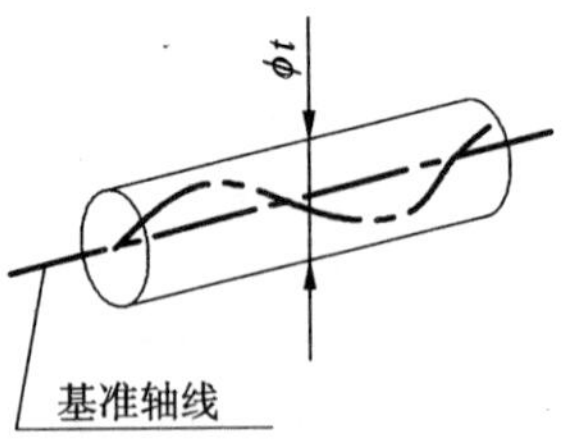 ϕt 基准轴线	大圆柱的轴线必须位于直径为公差值 ϕ0.01 mm,且与公共基准轴线 A—B 同轴的圆柱面内 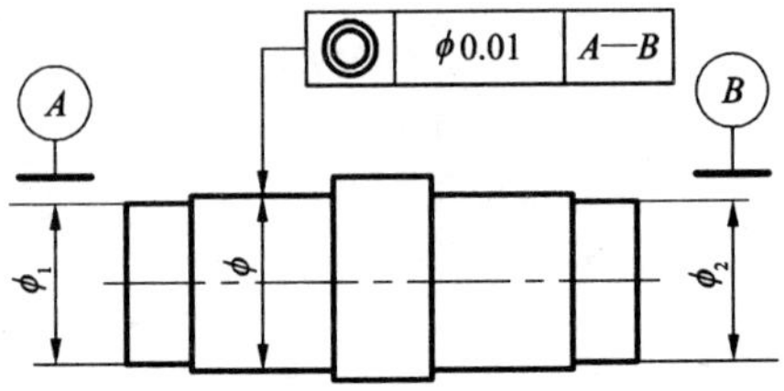 ◎ ϕ0.01 A—B A　B ϕ_1　ϕ　ϕ_2

续表 3-9

项　目	公差带定义		标注示例
对称度	公差带是距离为公差值 t 且相对基准的中心平面对称配置的两平行平面之间的区域	t/2 t 基准平面	被测中心平面必须位于距离为公差值 0.05 mm,且相对公共基准中心平面 A—B 对称配置的两平行平面之间 0.05　A—B A　B 被测中心平面必须位于距离为公差值 0.08 mm,且相对基准中心平面 A 对称配置的两平行平面之间 A　0.08　A ϕ
位置度	1) 点的位置度 公差带是直径为公差值 t 的球面内的区域。球公差带的中心点位置由相对于基准 A 和基准 B 的理论正确尺寸确定	B基准平面 A基准轴线	被测球面的球心必须位于直径为公差值 $S\phi0.1$ mm的球内。该球的球心位于由相对于基准 A 和基准 B 的理论正确尺寸所确定的理想位置上 $S\phi$ $S\phi0.1$　A　B ϕ B　A

续表 3-9

项　目	公差带定义		标注示例
位置度	2) 线的位置度 公差带是直径为公差值 t 的圆柱面内的区域，其轴线位置由相对于三基准面体系的理论正确尺寸确定	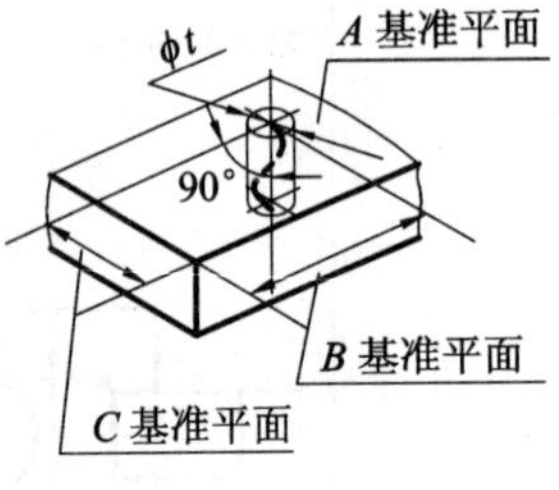	被测轴线必须位于直径为公差值 ϕ0.08 mm，且相对于 A、B、C 基准平面的理论正确尺寸所确定的理想位置为轴线的圆柱面内 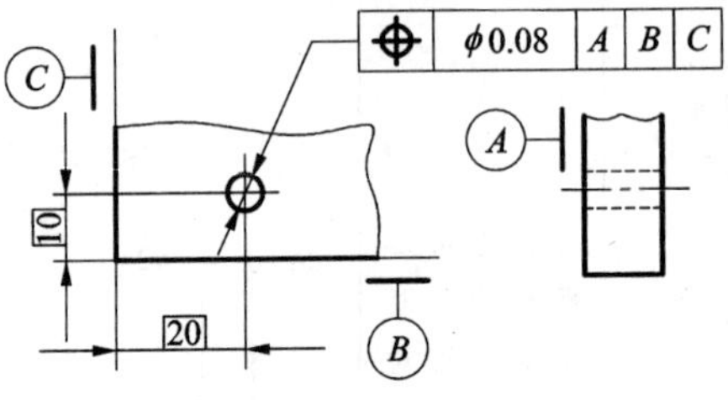
	3) 面的位置度 公差带是距离为公差值 t，且以面的理想位置为中心配置的两平行平面之间的区域。面的理想位置由相对于基准 A 和基准 B 的理论正确尺寸确定	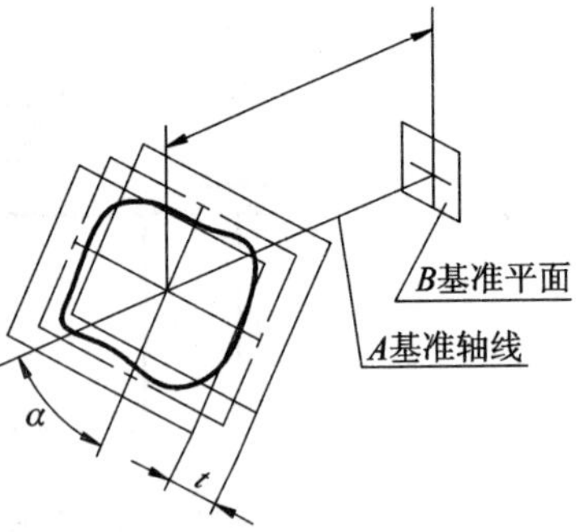	被测倾斜面必须位于距离为公差值 0.05 mm，且相对于 A、B 基准平面的理论正确尺寸所确定的理想位置对称配置的两平行平面之间 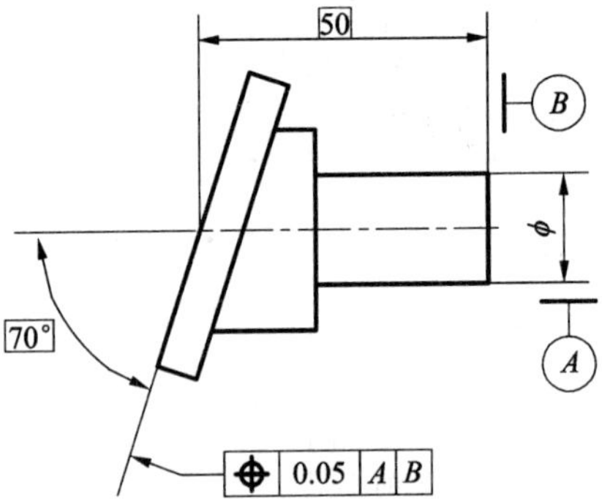

3. 跳动公差与公差带

跳动公差包括圆跳动和全跳动两项，是以检测方法规定的公差项目，即被测实际要素绕基准轴线旋转过程中，沿给定方向测量其对某参考点或参考线的变动量。变动量由测量仪器的指示表的最大值与最小值之差反映出来。被测实际要素是旋转表面和端面，基准要素是轴线。

圆跳动是指被测实际要素在某个测量截面内相对于其理想要素的变动量。它不能反映整个测量面上的误差。圆跳动可分为径向圆跳动、端面圆跳动和斜向圆跳动。

全跳动是指被测实际要素的整个表面相对于其理想要素的变动量。全跳动可分为径向全跳动和端面全跳动。

跳动公差带具有以下特点：

① 跳动公差带相对于基准具有确定的位置。例如，径向圆跳动公差带的圆心在基准轴线上，径向全跳动公差带的轴线与基准轴线同轴，端面圆跳动公差带(两平行平面)垂直于基准轴线。另一方面，公差带的半径或宽度又随实际要素的变动而变动，所以公差带的位置是浮动的。

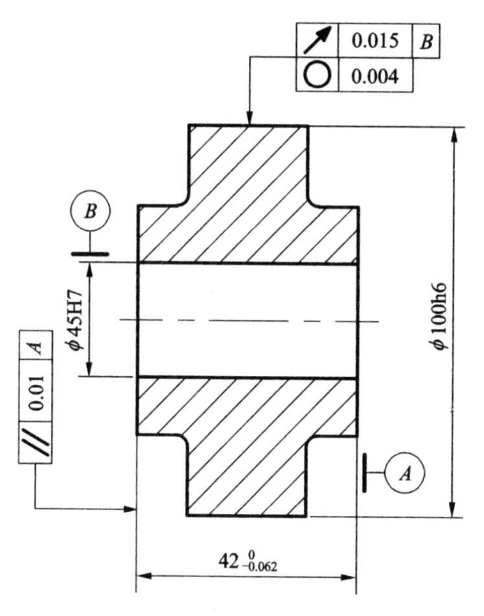

图 3-17　跳动公差和形状公差同时标注示例

② 跳动公差带具有综合控制被测要素的位置、方向和形状的功能。例如，端面全跳动公差可同时控制端面对基准轴线的垂直度和它的平面度误差；径向圆跳动可同时控制横截面内轮廓中心相对于基准轴线的偏离（位置误差）和它的圆度误差；端面圆跳动公差带可同时控制圆周上轮廓对基准轴线的垂直度和它的形状误差；径向全跳动公差可控制同轴度、圆柱度误差。在保证使用要求的前提下，对被测要素给出跳动公差后，通常不再对该要素提出位置、方向和形状公差要求。如果对被测要素的精度有进一步要求，则可同时给出有关公差，但是公差值应小于跳动公差值。

如图 3-17 所示，对 ϕ100h6 的圆柱面已经给出了径向圆跳动公差值 0.015 mm，但对该圆柱面的圆度有进一步要求，所以又给出了圆度公差值 0.004 mm。

跳动公差带的定义、标注和解释如表 3-10 所列。

表 3-10　跳动公差带的定义、标注示例和说明

项　目	公差带定义		标注示例
圆跳动	1）径向圆跳动 公差带是垂直于基准轴线的任一测量面内半径差为公差值 t 且圆心在基准轴线上的两同心圆之间的区域	t 基准轴线 测量平面	当零件绕基准轴线作无轴向移动的旋转时，被测圆柱面在任一测量平面内的径向跳动量均不得大于公差值 0.05 mm 0.05 A ϕ　ϕ A

续表 3－10

项目	公差带定义		标注示例
圆跳动	2) 端面圆跳动 公差带是与基准轴线同轴的任一直径位置的测量圆柱面上沿母线方向宽度为公差值 t 的圆柱面区域	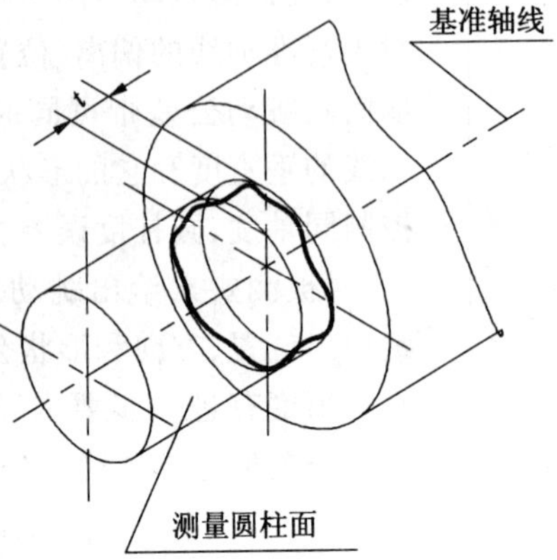 基准轴线 t 测量圆柱面	当零件绕基准轴线作无轴向移动的旋转时，被测端面在任一测量直径的轴向跳动量均不得大于公差值 0.05 mm 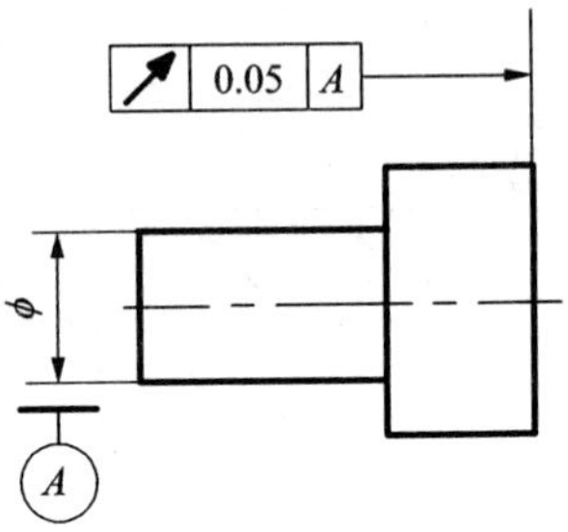 ↗ 0.05 A ϕ A
	3) 斜向圆跳动 公差带是与基准轴线同轴的任一测量圆锥面上，沿母线方向宽度为公差值 t 的圆锥面区域，除特殊规定外，其测量方向是被测面的法线方向	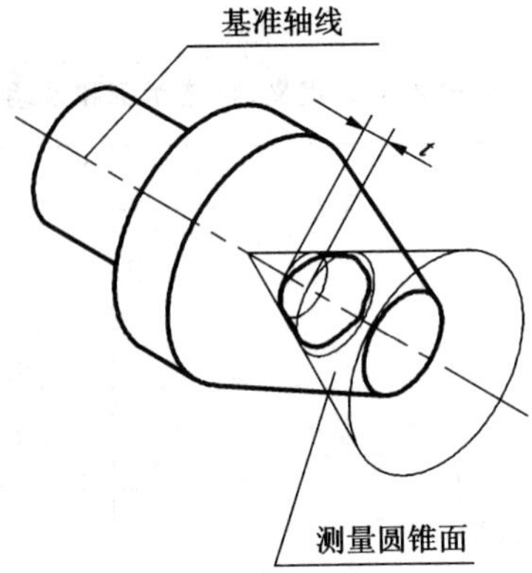 基准轴线 t 测量圆锥面	当圆锥面绕基准轴线作无轴向移动的旋转时，在任一测量圆锥面上的跳动量均不得大于公差值 0.05 mm 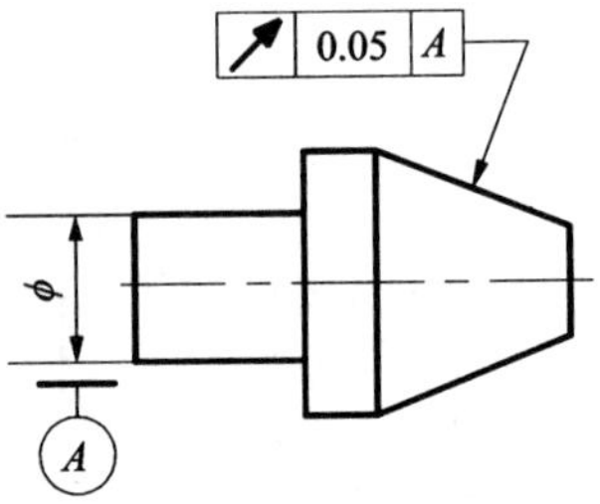 ↗ 0.05 A ϕ A
全跳动	1) 径向全跳动 公差带是半径差为公差值 t，且与基准轴线同轴的两圆柱面之间的区域	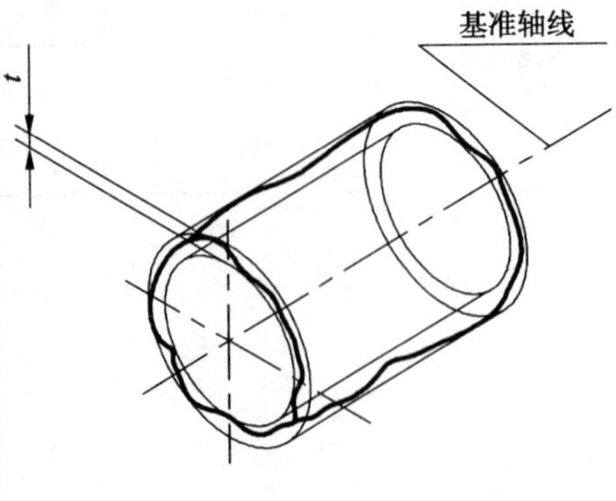 基准轴线 t	被测圆柱表面绕基准轴线作无轴向移动的连续旋转，同时测量仪器作平行于基准轴线的直线移动。在 ϕ 整个表面上的跳动量均不得大于公差值0.1 mm 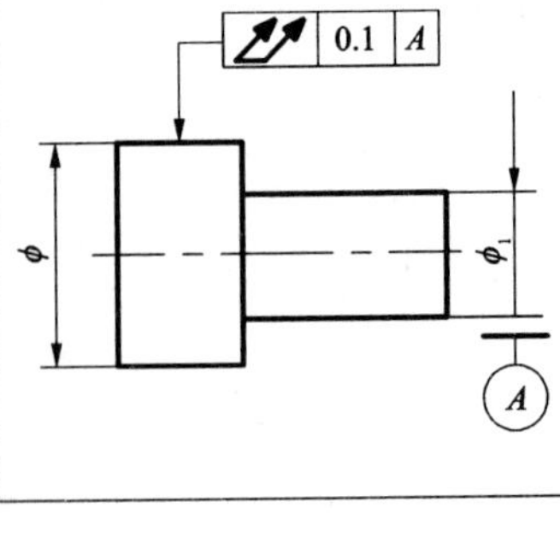 ⌰ 0.1 A ϕ ϕ A

续表 3-10

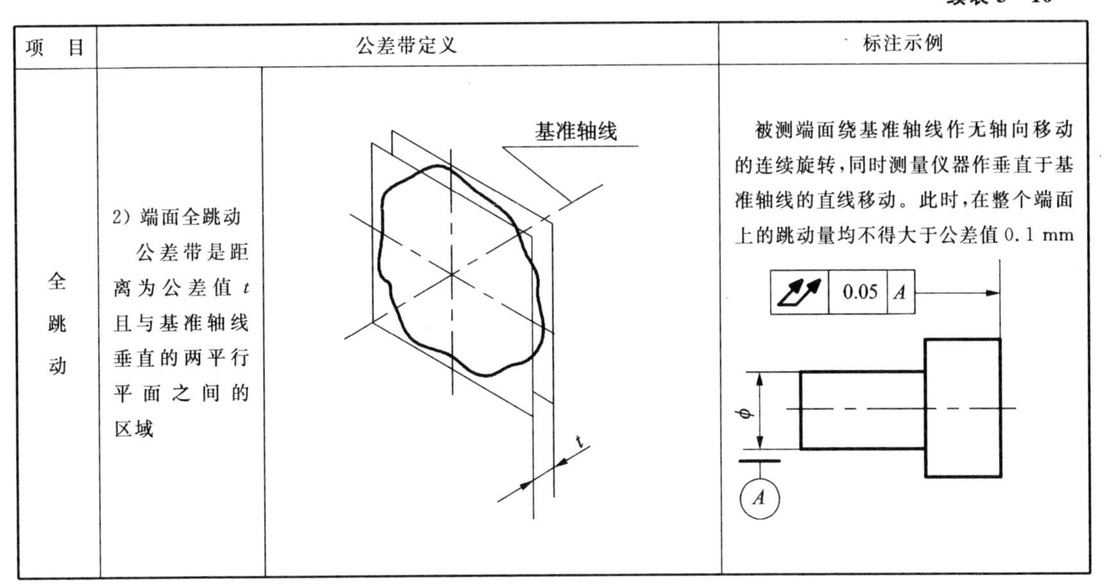

项　目	公差带定义		标注示例
全跳动	2）端面全跳动 公差带是距离为公差值 t 且与基准轴线垂直的两平行平面之间的区域	基准轴线 t	被测端面绕基准轴线作无轴向移动的连续旋转，同时测量仪器作垂直于基准轴线的直线移动。此时，在整个端面上的跳动量均不得大于公差值 0.1 mm 0.05　A ϕ A

4. 位置误差的评定

(1) 定向误差的评定

评定定向误差时，理想要素相对于基准保持零件图样所要求的方向关系。在理想要素方向确定的前提下，应该使被测实际要素对其理想要素的最大距离为最小，来评定定向误差。

定向误差可以用对基准保持所要求方向的定向最小包容区域的宽度或直径表示。定向最小包容区域的形状与定向公差带的形状相同。如图 3-18 所示是由两条平行直线构成的定向最小包容区域 S，它的宽度为定向误差 f。

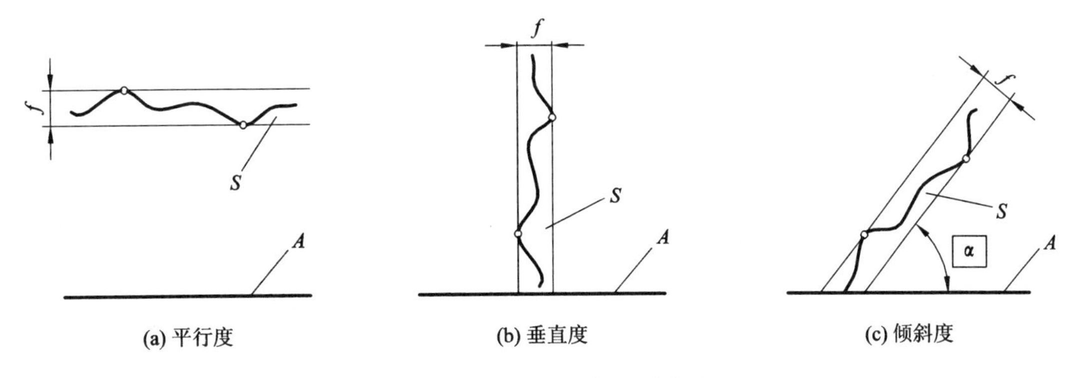

A—基准；S—最小包容区域；f—定向误差

图 3-18　定向最小包容区域示例

(2) 定位误差的评定

评定定位误差时，理想要素相对于基准的位置由理论正确尺寸确定。在理想要素位置确定的前提下，应该使被测实际要素对其理想要素的最大距离为最小，以确定定位最小包容区域。定位最小包容区域的宽度或直径表示定位误差的大小，其形状与定位公差带的形状相同。

如图 3－19(a)所示，评定平面上一条直线的位置度误差，定位最小包容区域 S 是由两条平行直线构成的，理想直线的位置是由理论正确尺寸 $\boxed{L}$ 确定，被测实际直线上至少有一点与两条平行直线中的一条接触，两条平行直线的宽度为定位误差 f。图 3－19(b)所示为评定平面上一点 P 的位置度误差，定位最小包容区域 S 是由一个圆构成。该圆的圆心 O 就是被测点的理想位置，它是由基准 A、B 和理论正确尺寸 $\boxed{L_x}$ 、$\boxed{L_y}$ 确定。该圆的直径等于 $2\times OP$，即点 P 的位置度误差。

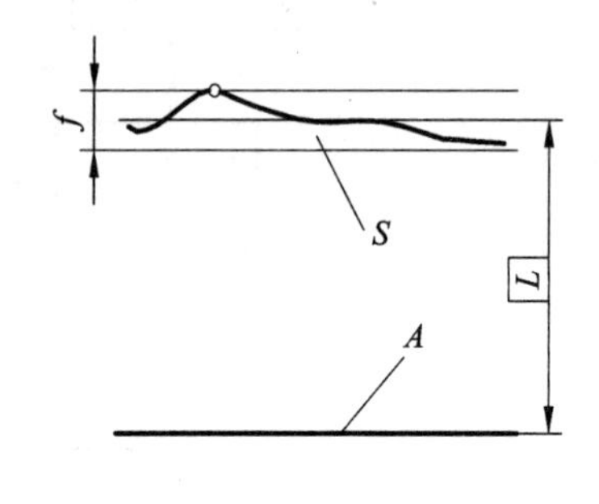

(a) 由两条平行直线构成的定位最小包容区域

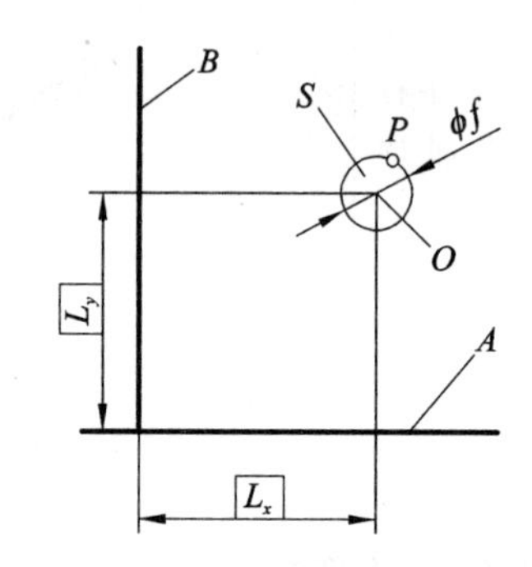

(b) 由圆构成的定位最小包容区域

A，B—基准；S—最小包容区域；f，ϕf—定位误差

图 3－19　定位最小包容区域示例

(3) 跳动误差的评定

由于跳动误差是根据检测方法定义的，所以跳动误差的评定是分别按照它们的测量方法，由测量仪器的指示表的最大值与最小值之差反映出来。

5. 基　准

(1) 基准的种类

基准是确定被测要素的方向和位置的依据。设计时，图样上标出的基准通常分为以下三种。

① 单一基准：由一个要素建立的基准。图 3－17 所示就是分别由一个平面建立的基准 A 和由 ϕ45H7 圆柱孔的轴线建立的基准 B。

② 组合基准(也称为公共基准)：由两个或两个以上的要素建立的一个独立的基准。如表 3－9 中的同轴度公差线对线的标注示例，由两段轴线 A、B 建立起公共基准轴线 A—B。

③ 基准体系(也称为三基面体系)：由三个互相垂直的平面所构成的基准体系，如表 3－9 中的线位置度公差标注示例中的基准 A、B、C。在使用基准体系时，应注意基准的标注顺序，如图 3－20 所示，选最重要的或最大的平面作为第一基准 A，选次要或较长的平面作为第二基准 B，选不重要的平面作为第三基准 C。

三基面体系中，每一个平面都是基准平面，每两个基准平面的交线构成基准轴线，三轴线的交点构成基准点。由此可见，上面提到的单一基准平面就是三基面体系中的一个基准平面；基准轴线就是三基面体系中两个基准平面的交线。

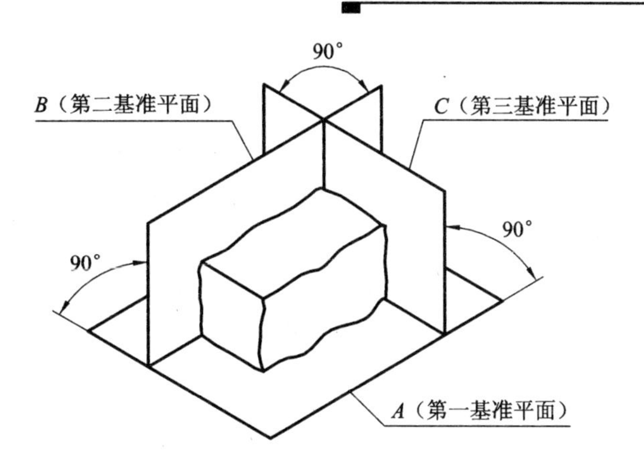

图 3-20　三基面体系

(2) 基准的建立和体现

1）基准的建立

评定形位误差的基准应是理想的基准要素。但基准要素本身也是实际加工出来的，不可避免地存在形状误差。所以，在由实际基准要素建立基准时，基准应为用实际基准要素建立的理想要素，而理想要素的位置应符合最小条件。

根据实际基准要素建立基准时，需要先作最小包容区域。对于轮廓基准要素，规定以其最小包容区域的体外边界作为理想基准要素，称为体外原则；对于中心基准要素，规定以其最小包容区域的中心要素作为理想基准要素，称为中心原则。

如图 3-21(a)所示，由实际轮廓面 A 建立基准时，基准平面应是该实际轮廓面的两平行平面最小包容区域的体外平面。如图 3-21(b)所示，由孔的实际轴线 B 建立基准时，基准轴线应是该实际轴线的圆柱面最小包容区域的轴线。

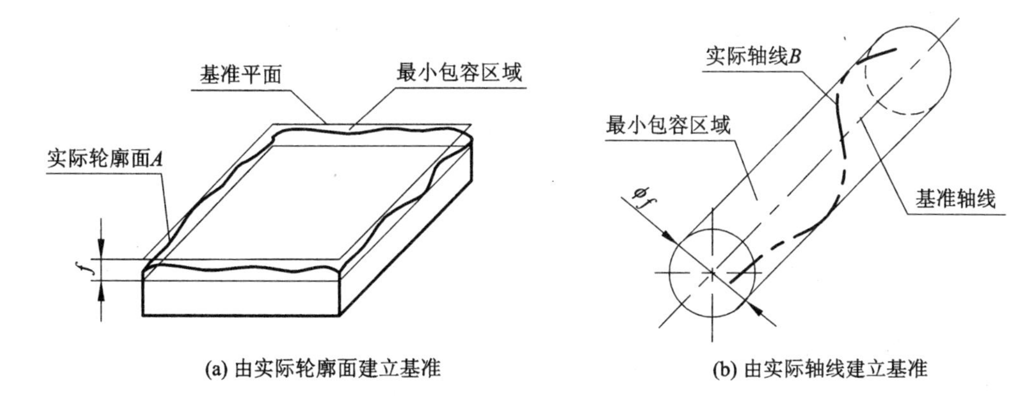

(a) 由实际轮廓面建立基准　　(b) 由实际轴线建立基准

图 3-21　由实际基准要素建立基准

2）基准的体现

按照上述原则建立基准以后，在实际检测中，可以用一些方法体现基准。常用的体现基准的方法有：模拟法、直接法、分析法和目标法。其中，使用最广泛的是模拟法。

模拟法是用具有足够精度的表面与实际要素相接触来体现基准。例如，用平板表面体现基准平面，如图 3-22 所示；用 V 形块体现外圆柱面的基准轴线，如图 3-23 所示。

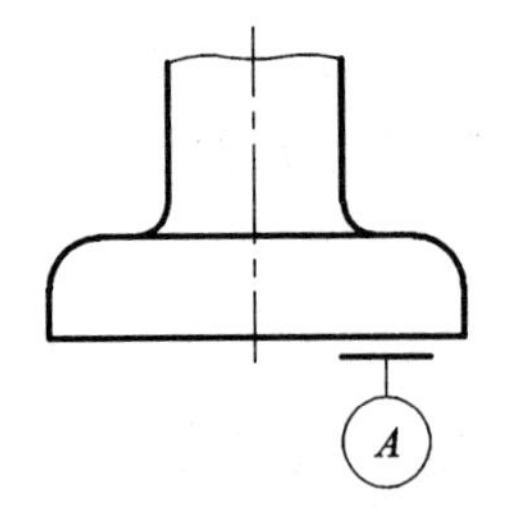

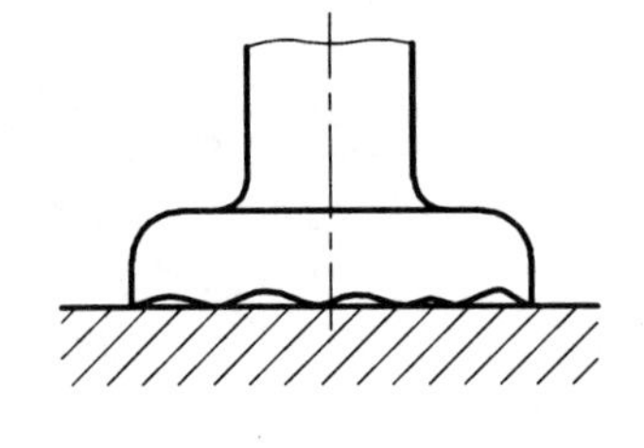

图 3-22 用平板表面体现基准平面

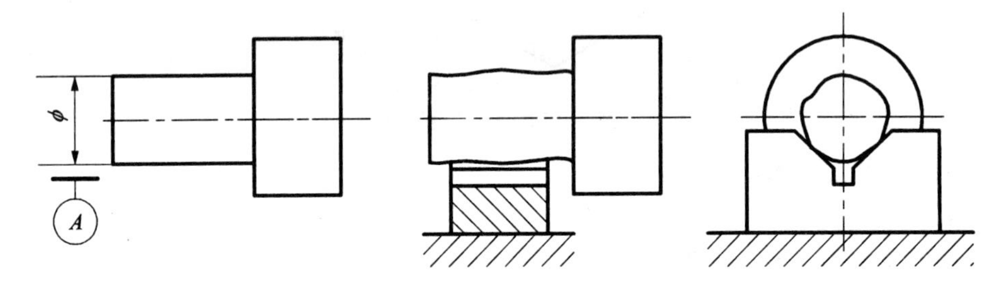

图 3-23 用 V 形块体现外圆柱面的基准轴线

3.5 公差原则

零件几何参数是否准确,取决于尺寸误差和形位误差的综合影响。所以在设计零件时,对同一被测要素除了应给定尺寸公差外,还应该根据需要给定形状和位置公差。确定尺寸公差和形位公差的关系的原则称为公差原则,它分为独立原则和相关要求两类。

1. 有关公差原则的术语及定义

(1) 局部实际尺寸

在实际要素的正截面上,两对应点之间测得的距离称为局部实际尺寸,简称实际尺寸。内、外表面的实际尺寸分别用 D_a 和 d_a 表示,如图 3-24 所示。

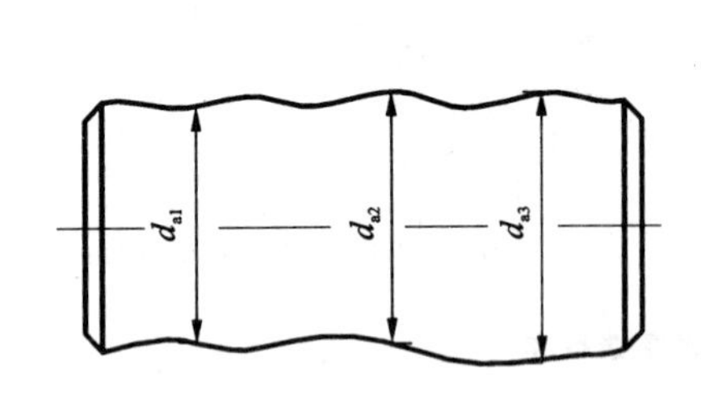

(a) 轴的局部实际尺寸

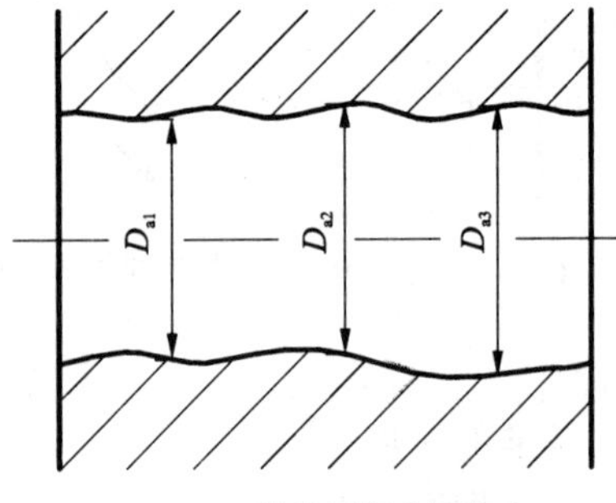

(b) 孔的局部实际尺寸

图 3-24 局部实际尺寸

注意: 被测要素各处的实际尺寸往往是不同的。

(2) 作用尺寸

一个完工的零件总会存在着尺寸误差和形位误差，如图 3－25 所示的轴和孔的配合，虽然轴的局部实际尺寸处处合格，但由于轴线存在着直线度误差，这相当于轴的轮廓尺寸增大，从而导致轴与孔在配合时不能满足配合要求，甚至装配不上。

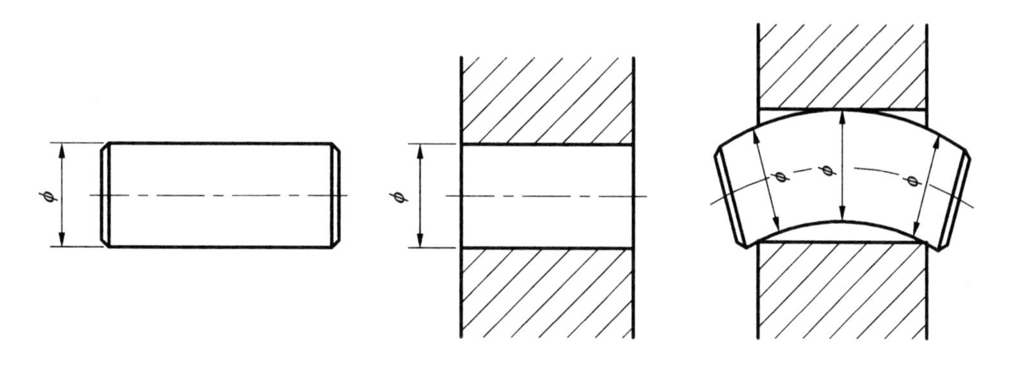

图 3－25　实际尺寸和形状误差的综合影响

作用尺寸是局部实际尺寸和形位误差的综合结果，是装配时起作用的尺寸。作用尺寸分为体外作用尺寸和体内作用尺寸。

1）体外作用尺寸

体外作用尺寸是指在被测实际要素的给定长度上，与实际外表面体外相接的最小理想面或与实际内表面体外相接的最大理想面的直径或宽度，如图 3－26 所示。内、外表面的体外作用尺寸分别用 d_{fe}、D_{fe} 表示。

2）体内作用尺寸

体内作用尺寸是指在被测实际要素的给定长度上，与实际外表面体内相接的最大理想面或与实际内表面体内相接的最小理想面的直径或宽度，如图 3－26 所示。内、外表面的体内作用尺寸分别用 d_{fi}、D_{fi} 表示。

注意： 对于关联要素，该理想面的轴线或中心平面必须与基准保持图样给定的几何关系。

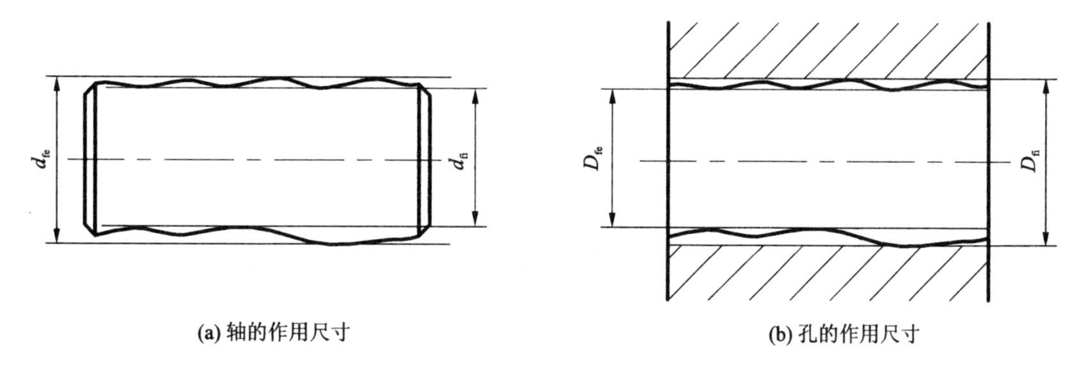

(a) 轴的作用尺寸　　(b) 孔的作用尺寸

图 3－26　实际尺寸和形状误差的综合影响

(3) 实体状态和实体尺寸

1）最大实体状态

实际要素在给定的尺寸公差范围内，具有材料量最多的状态称为最大实体状态。

2）最大实体尺寸

在最大实体状态下的尺寸称为最大实体尺寸。内、外表面的最大实体尺寸分别用 D_M、d_M 表示。孔和轴的最大实体尺寸分别为孔的最小极限尺寸和轴的最大极限尺寸。二者即

$$D_M = D_{min} \tag{3-1}$$

$$d_M = d_{max} \tag{3-2}$$

3）最小实体状态

实际要素在给定的尺寸公差范围内，具有材料量最少的状态称为最小实体状态。

4）最小实体尺寸

在最小实体状态下的尺寸称为最小实体尺寸。内、外表面的最小实体尺寸分别用 D_L、d_L 表示。孔和轴的最小实体尺寸分别为孔的最大极限尺寸和轴的最小极限尺寸。二者即

$$D_L = D_{max} \tag{3-3}$$

$$d_L = d_{min} \tag{3-4}$$

(4) 实效状态和实效尺寸

1）最大实体实效状态和最大实体实效尺寸

实际要素给定长度上，处于最大实体状态，且中心要素的形状或位置误差等于给定公差时的综合极限状态，称为最大实体实效状态。

最大实体实效状态下的体外作用尺寸称为最大实体实效尺寸。对于内表面，它等于最大实体尺寸减其中心要素的形位公差值 t，用 D_{MV} 表示；对于外表面，它等于最大实体尺寸加其中心要素的形位公差值 t，用 d_{MV} 表示。二者即

$$D_{MV} = D_M - t = D_{min} - t \tag{3-5}$$

$$d_{MV} = d_M + t = d_{max} + t \tag{3-6}$$

2）最小实体实效状态和最小实体实效尺寸

实际要素给定长度上，处于最小实体状态，且中心要素的形状或位置误差等于给定公差时的综合极限状态，称为最小实体实效状态。

最小实体实效状态下的体内作用尺寸称为最小实体实效尺寸。对于内表面，它等于最小实体尺寸加其中心要素的形位公差值 t，用 D_{LV} 表示；对于外表面，它等于最小实体尺寸减其中心要素的形位公差值 t，用 d_{LV} 表示。二者即

$$D_{LV} = D_L + t = D_{max} + t \tag{3-7}$$

$$d_{LV} = d_L - t = d_{min} - t \tag{3-8}$$

(5) 理想边界

由设计给定的具有理想形状的极限包容面称为理想边界。这里，包容面的定义是广义的，它既包括内表面(孔)，又包括外表面(轴)。边界的尺寸为极限包容面的直径或距离。

设计时，根据零件的功能和经济性要求，一般有以下几种理想边界。

1）最大实体边界和最小实体边界

尺寸为最大实体尺寸的边界称为最大实体边界，用 MMB 表示。尺寸为最小实体尺寸的边界称为最小实体边界，用 LMB 表示。

单一要素的最大和最小实体边界没有方向或位置的约束，如图 3-27(a)所示的单一要素孔和轴的最大、最小实体边界。关联要素的最大和最小实体边界应与图样上的基准保持给定的正确几何关系，如图 3-27(b)所示的孔和轴的最大、最小实体边界与基准 A 保持垂直关系。

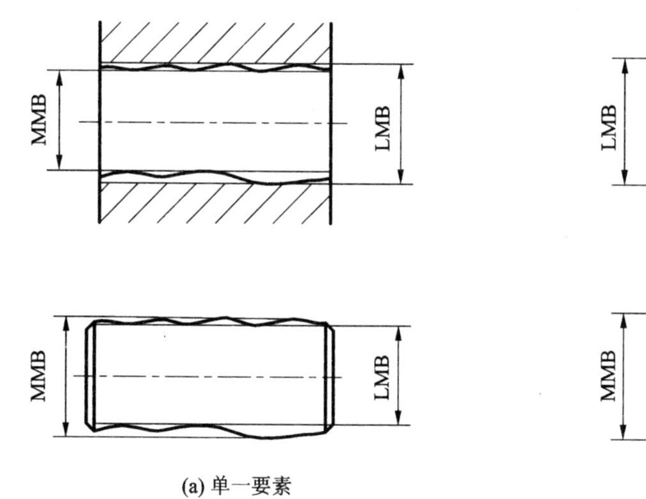

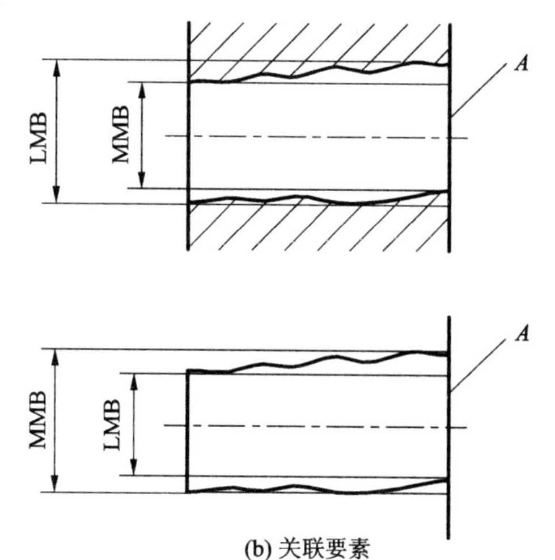

图 3-27　最大实体边界和最小实体边界

2）实效边界

尺寸为最大实体实效尺寸的边界称为最大实体实效边界，用 MMVB 表示。尺寸为最小实体实效尺寸的边界称为最小实体实效边界，用 LMVB 表示。如图 3-28 所示的单一要素轴和孔的最大、最小实体实效边界。

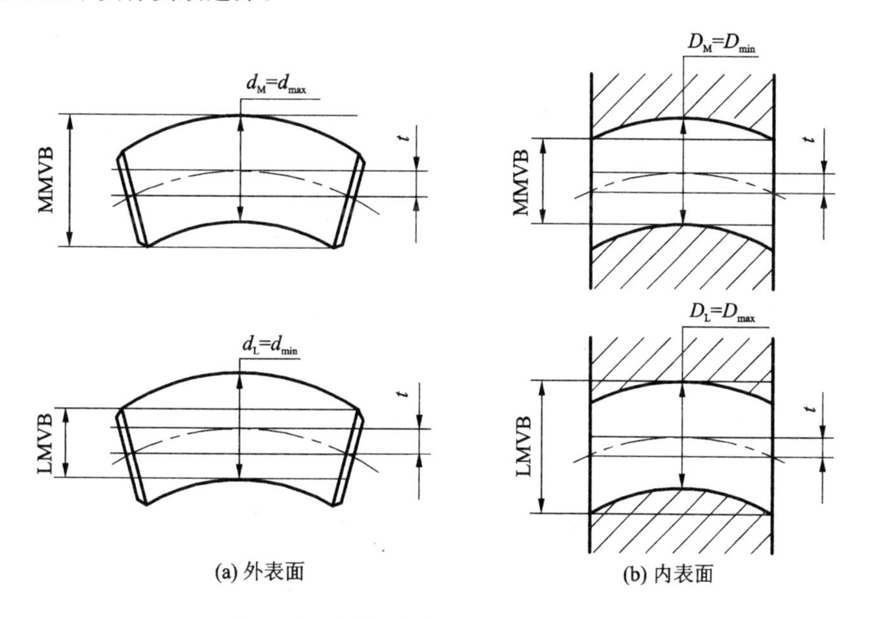

图 3-28　单一要素的最大实体实效边界和最小实体实效边界

同理，对于关联要素，最大和最小实体实效边界的中心要素必须与基准保持图样上给定的几何关系。

2. 独立原则

独立原则是指图样上给定的每一个尺寸和形状、位置要求均是独立的，应分别满足要求。如果对尺寸与形状、尺寸与位置之间的相互关系有特定的要求应在图样上规定。

独立原则是尺寸公差和形位公差相互关系遵循的基本原则。采用独立原则标注时，不需要附加任何表示互相关系的符号。

图3－29所示为独立原则的示例。图中，销轴外圆柱面的实际尺寸和实际轴线必须位于各自的公差范围内，才为合格。根据 $\phi10^{0}_{-0.03}$ mm 标注所确定的尺寸公差带，限制圆柱面的实际尺寸必须在 $\phi9.97$～$\phi10$ mm 之间，而不受轴线的直线度误差的影响。同理，不管销轴外圆柱面的实际尺寸为何值，轴线的直线度误差都不允许大于 $\phi0.015$ mm。

3. 相关要求

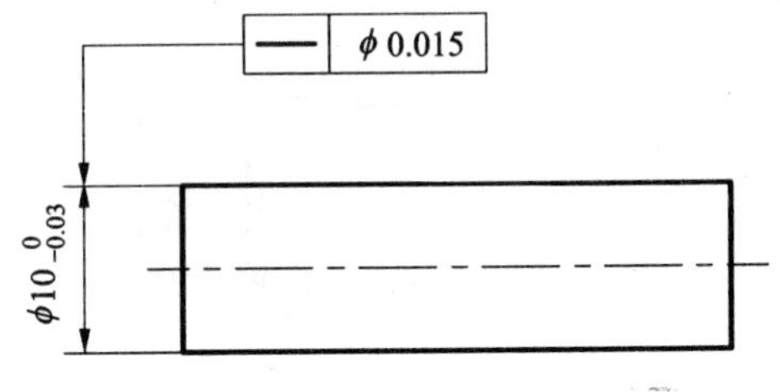

图 3－29　独立原则标注示例

相关要求是指图样上给定的尺寸公差和形位公差相互有关的公差要求，系指包容要求、最大实体要求(包括可逆要求应用于最大实体要求)和最小实体要求(包括可逆要求应用于最小实体要求)。它是用理想边界控制实际要素作用尺寸的设计要求。可逆要求不能单独采用，只能与最大实体要求或最小实体要求联合使用。

(1) 包容要求

包容要求主要适用于单一要素，在图样上标注时，在尺寸极限偏差或公差带代号后面加注符号Ⓔ时，则表示该单一要素遵守包容要求，如图3－30(a)所示。

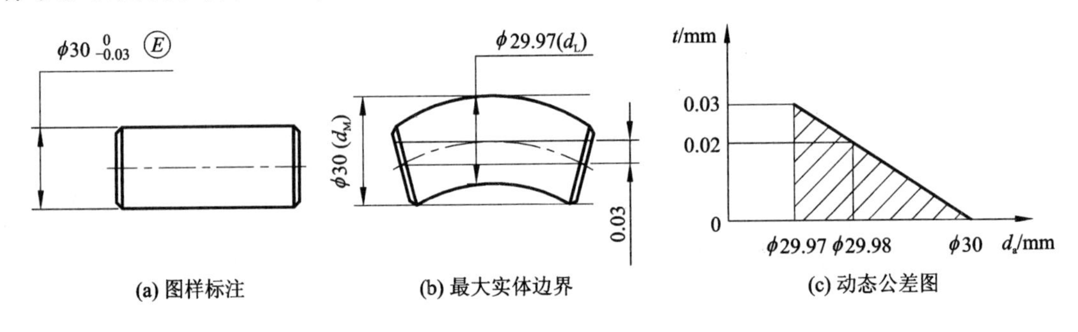

(a) 图样标注　(b) 最大实体边界　(c) 动态公差图

图 3－30　包容要求图例

当被测要素符合要求时，应遵守最大实体边界。被测要素的体外作用尺寸不得超越其最大实体尺寸，它的局部实际尺寸不得超越其最小实体尺寸。用公式表示为

外表面　$d_{fe} \leqslant d_M = d_{max}, d_a \geqslant d_L = d_{min}$

内表面　$D_{fe} \geqslant D_M = D_{min}, D_a \leqslant D_L = D_{max}$

如图3－30(a)所示，要求轴径 $\phi30^{0}_{-0.03}$mm 的尺寸公差和直线度公差之间遵守包容要求。在此条件下，轴径的实际尺寸允许在 $\phi29.97$～$\phi30$ mm 之间变化，而轴线的直线度误差允许值视轴径的实际尺寸而定。如图3－30(b)所示，当轴径的实际尺寸处处为最大实体尺寸时，轴线的直线度公差为零；当轴径的实际尺寸偏离最大实体尺寸时，允许的直线度误差可以相应增大，增加量为最大实体尺寸和实际尺寸的差值(取绝对值)；当轴径的实际尺寸处处为最小实体尺寸时，轴线的直线度误差可为 $\phi0.03$ mm。如图3－30(c)所示为动态公差图，表达了实际尺寸和直线度公差之间变化的关系。例如，当实际尺寸偏离最大实体尺寸 $\phi0.02$ mm，即实际尺寸为 $\phi29.98$ mm 时，允许的直线度误差为 $\phi0.02$ mm。

(2) 最大实体要求及可逆要求

1）最大实体要求用于被测要素

当被测要素采用最大实体要求时，被测要素的形位公差值是在该要素处于最大实体状态时给定的。当被测要素的实际尺寸偏离其最大实体状态时，允许的形位公差值可以相应地增加。在图样上标注时，应在形位公差值后加注符号Ⓜ，如图 3－31(a)所示。

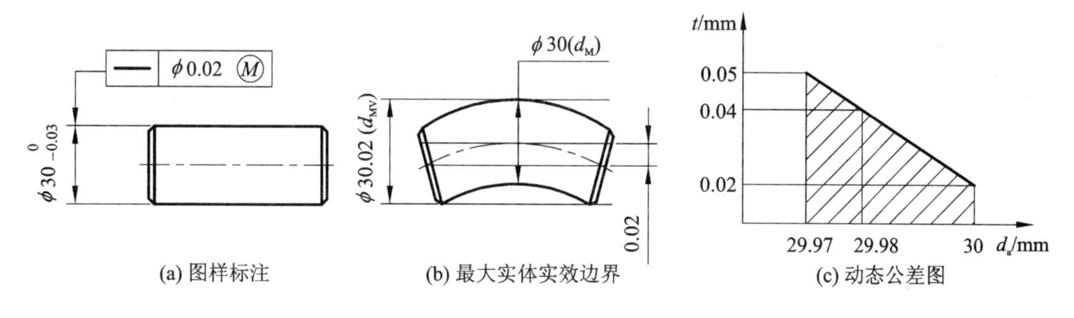

(a) 图样标注　(b) 最大实体实效边界　(c) 动态公差图

图 3－31　最大实体要求图例

当被测要素符合要求时，应遵守最大实体实效边界。被测要素的体外作用尺寸不得超越其最大实体实效尺寸，它的局部实际尺寸不得超越其最大实体尺寸和最小实体尺寸。用公式表示为

外表面　$d_{fe} \leqslant d_{MV} = d_{max} + t, d_{max} \geqslant d_a \geqslant d_{min}$

内表面　$D_{fe} \geqslant D_{MV} = D_{min} - t, D_{max} \geqslant D_a \geqslant D_{min}$

如图 3－31(a)所示，要求轴径 $\phi 30_{-0.03}^{0}$ mm 的尺寸公差和直线度公差之间遵守最大实体要求。如图 3－31(b)所示，当轴处于最大实体状态，即轴径的实际尺寸处处为最大实体尺寸时，轴线的直线度公差为 φ0.02 mm，轴的最大实体实效尺寸为 φ30.02 mm；当轴径尺寸偏离最大实体尺寸时，直线度公差值可以得到一个补偿值，该补偿值等于最大实体尺寸与实际尺寸的差值(取绝对值)；当轴的实际尺寸为最小实体尺寸时，其轴线的直线度公差可达最大值，且等于给出的直线度公差与尺寸公差之和，即 0.02 mm＋0.03 mm＝0.05 mm。图 3－31(c)所示为动态公差图，它表达了实际尺寸和直线度公差之间变化的关系。例如，当实际尺寸偏离最大实体尺寸 φ0.02 mm，即实际尺寸为 φ29.98 mm 时，允许的直线度误差为 0.02 mm＋0.02 mm＝0.04 mm。

2）可逆要求用于最大实体要求

图样上的形位公差框格中，在被测要素形位公差值后面符号Ⓜ之后标注符号Ⓡ时，则表示被测要素遵守最大实体要求的同时也遵守可逆要求，如图 3－32(a)所示。

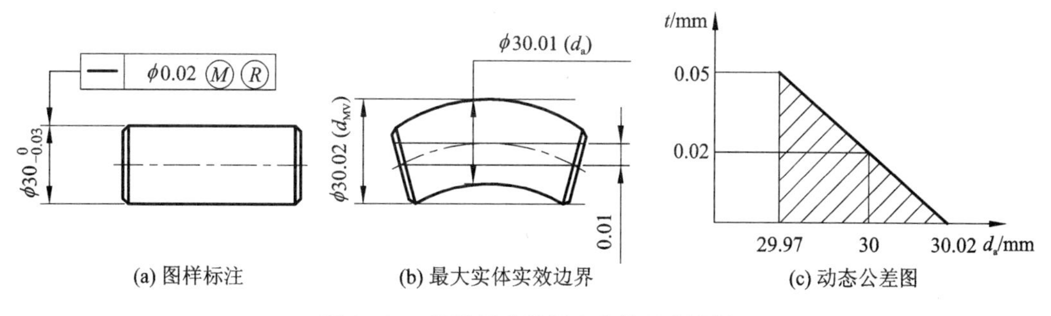

(a) 图样标注　(b) 最大实体实效边界　(c) 动态公差图

图 3－32　可逆要求用最大实体要求图例

可逆要求用于最大实体要求时，除了具有上述最大实体要求用于被测要素时的含义外，还表示当形位误差小于给定的形位公差时，也允许实际尺寸超出最大实体尺寸；当形位误差为零时，允许尺寸的超出值最大，该值为形位公差值，从而实现尺寸公差与形位公差的相互转换。此时，被测要素仍遵守最大实体实效边界。

如图 3－32(a)所示的轴，轴线的直线度公差 ϕ0.02 mm 是在轴的实际尺寸为最大实体尺寸 ϕ30 mm 时给定的。当轴的实际尺寸小于 ϕ30 mm 时，允许轴线的直线度误差值增大；同时，当轴线的直线度误差小于给定的 ϕ0.02 mm 时，也允许轴的直径增大。如图 3－32(b)所示，当轴线的直线度误差为 ϕ0.01 mm 时，轴的实际尺寸可增加到 ϕ30.01 mm；当轴线的直线度误差为零时，轴的实际尺寸可达到最大值，即最大实体实效尺寸为 ϕ30.02 mm。如图 3－32(c)所示为上述关系的动态公差图。

3）最大实体要求用于基准要素

在图样上公差框格中基准字母后面标注符号Ⓜ时，表示最大实体要求用于基准要素，允许基准要素在一定范围内浮动，其浮动范围等于基准要素的体外作用尺寸与其相应边界尺寸之差。此时，基准应遵守相应的边界。

① 基准要素本身采用最大实体要求。

基准应遵守的边界为最大实体实效边界。如图 3－33 所示，被测要素为 $\phi30^{0}_{-0.03}$ mm 轴的轴线，对基准要素 $\phi20^{0}_{-0.02}$ mm 轴的轴线有同轴度要求，同时对基准要素本身轴线的直线度又提出了最大实体要求。注意，当基准要素本身采用最大实体要求时，基准代号只能标注在基准要素公差框格的下端，而不能将基准代号与基准要素的尺寸线对齐。

此时，被测要素的同轴度公差值 ϕ0.05 mm 必须是在基准要素的边界尺寸为最大实体实效尺寸 ϕ20.03 mm 时给定的，而不是处于最大实体尺寸 ϕ20 mm 时给定的。当基准要素的尺寸偏离最大实体尺寸 ϕ20 mm 时，允许基准要素的实际轮廓在尺寸偏离的区域内浮动。基准要素实际轮廓的这种浮动就会引起被测要素的同轴度误差值的变化。这个变化值不同于被测要素采用最大实体要求时的直接补偿，而是根据基准要素的实际影响确定其允许的误差值。

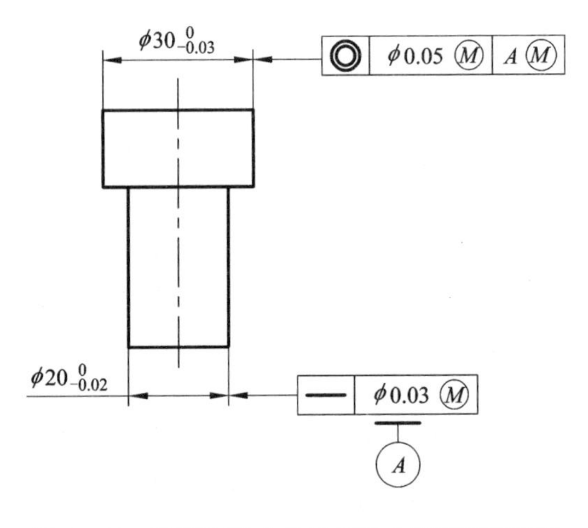

图 3－33　基准要素本身采用最大实体要求图例

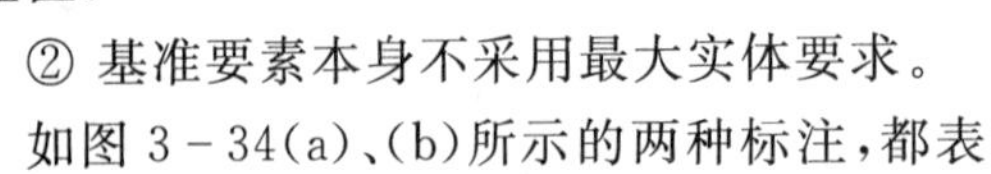

② 基准要素本身不采用最大实体要求。

如图 3－34(a)、(b)所示的两种标注，都表示基准要素本身不采用最大实体要求，而遵守独立原则或包容要求。此时，基准要素应遵守最大实体边界。当基准要素偏离最大实体尺寸 ϕ20 mm 时，其偏移量可作为基准要素的浮动区域。

(3) 最小实体要求

当被测要素采用最小实体要求时，被测要素的形位公差值是在该要素处于最小实体状态时给定的。当被测要素的实际尺寸偏离其最小实体状态时，允许的形位公差值可以相应地增加。在图样上标注时，应在形位公差值后加注符号Ⓛ，如图 3－35(a)所示。

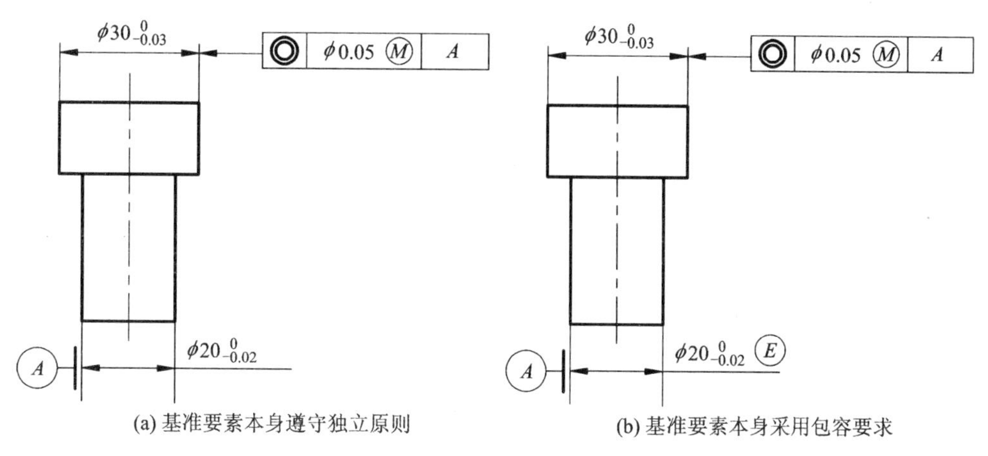

(a) 基准要素本身遵守独立原则　　(b) 基准要素本身采用包容要求

图 3-34　基准要素本身不采用最大实体要求图例

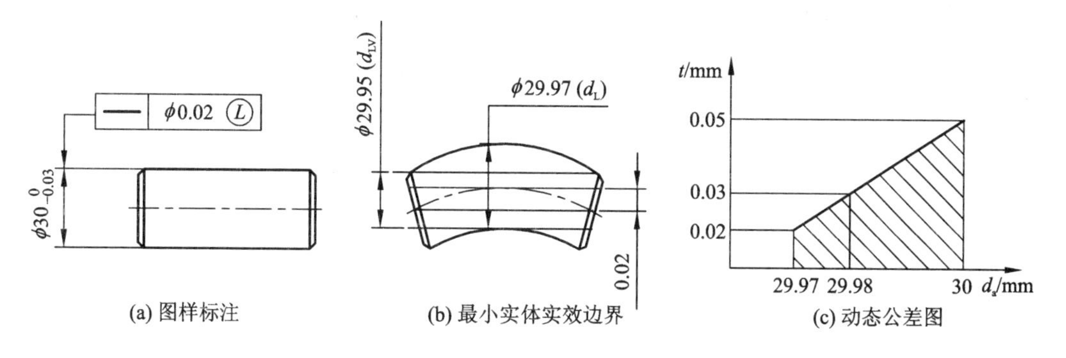

(a) 图样标注　　(b) 最小实体实效边界　　(c) 动态公差图

图 3-35　最小实体要求图例

当被测要素符合最小实体要求的要求时，应遵守最小实体实效边界。被测要素的体内作用尺寸不得超越其最小实体实效尺寸，它的局部实际尺寸不得超过其最大实体尺寸和最小实体尺寸。用公式表示为

外表面　　$d_{fi} \geqslant d_{LV} = d_{min} - t, d_{max} \geqslant d_a \geqslant d_{min}$

内表面　　$D_{fi} \leqslant D_{LV} = D_{max} + t, D_{max} \geqslant D_a \geqslant D_{min}$

如图 3-35(a)所示，要求轴径 $\phi30_{-0.03}^{0}$ mm 的尺寸公差和直线度公差之间遵守最小实体要求。如图 3-35(b)所示，当轴处于最小实体状态，即轴径的实际尺寸处处为最小实体尺寸 $\phi29.97$ mm 时，轴线的直线度公差为 $\phi0.02$ mm，轴的最小实体实效尺寸为 $\phi29.95$ mm；当轴径尺寸偏离最小实体尺寸时，直线度公差值可以得到一个补偿值，该补偿值等于最小实体尺寸和实际尺寸的差值(取绝对值)；当轴的实际尺寸为最大实体尺寸时，其轴线的直线度公差可达最大值，且等于给出的直线度公差与尺寸公差之和，即 0.02 mm+0.03 mm=0.05 mm。如图 3-35(c)所示为动态公差图，它表达了实际尺寸和直线度公差之间变化的关系。例如，当实际尺寸偏离最小实体尺寸 $\phi0.01$ mm，即实际尺寸为 $\phi29.98$ mm 时，允许的直线度误差为 0.02 mm+0.01 mm=0.03 mm。

与最大实体要求类似，可逆要求也可用于最小实体要求，而最小实体要求也可用于基准要素。

3.6 形位公差的选用

形位公差的选择包括三方面内容:公差项目的选择、公差数值的选择和公差原则的选择。

1. 形位公差项目的选择

形位公差项目应根据零件的具体结构和功能要求来选择。基本原则是:在保证零件使用要求的前提下,应该使控制形位公差的方法简便,尽量减少图样上标注的形位公差项目。一般可从以下几个方面考虑。

(1) 零件的几何特征

零件几何特征不同,会产生不同的形位误差。例如阶梯轴零件,它的轮廓要素是圆柱面和端面,中心要素是轴线,所以可选择圆度、圆柱度、轴线直线度及素线直线度等形位公差项目。

(2) 零件的功能要求

根据零件不同的功能要求,可以给出不同的形位公差项目。例如阶梯轴零件,其轴线有位置要求,可选用同轴度或跳动公差项目;又如机床导轨,其直线度误差会影响与其结合的零件的运动精度,可对其规定直线度公差。为保证齿轮的正确啮合,需要提出孔的中心线的平行度要求;为使箱体、端盖等零件上各螺栓孔能顺利装配,应规定孔组的位置度公差等。

(3) 检测的方便性

确定形位公差特征项目时,要考虑到检测的方便性和经济性。例如对阶梯轴零件,由于跳动误差检测方便,又能较好地控制相应的形状和位置误差,所以可用径向全跳动综合控制圆柱度和同轴度,并用端面全跳动代替端面对轴线的垂直度。

在满足功能要求的前提下,应尽量选择具有综合控制功能的形位公差,以减少公差项目,从而获得较好的经济效益。

2. 形位公差值的选择

形位公差值的大小是由形位公差等级确定的,而形位公差等级的大小代表了形位公差精度的高低。国家标准对 14 种形位公差项目,除线、面轮廓度和位置度未规定公差等级外,其余 11 项均有规定。一般划分为 12 个等级,即 1～12 级,精度依次降低。各种形位公差项目的标准公差值,如表 3-11～表 3-14 所列(摘自 GB/T 1184—1996)。

表 3-11　直线度和平面度公差值　μm

主参数 L/mm	公差等级											
	1	2	3	4	5	6	7	8	9	10	11	12
≤10	0.2	0.4	0.8	1.2	2	3	5	8	12	20	30	60
>10～16	0.25	0.5	1	1.5	2.5	4	6	10	15	25	40	80
>16～25	0.3	0.6	1.2	2	3	5	8	12	20	30	50	100
>25～40	0.4	0.8	1.5	2.5	4	6	10	15	25	40	60	120
>40～63	0.5	1	2	3	5	8	12	20	30	50	80	150
>63～100	0.6	1.2	2.5	4	6	10	15	25	40	60	100	200
>100～160	0.8	1.5	3	5	8	12	20	30	50	80	120	250

续表 3-11

主参数 L/mm	公差等级											
	1	2	3	4	5	6	7	8	9	10	11	12
>160～250	1	2	4	6	10	15	25	40	60	100	150	300
>250～400	1.2	2.5	5	8	12	20	30	50	80	120	200	400
>400～630	1.5	3	6	10	15	25	40	60	100	150	250	500
>630～1000	2	4	8	12	20	30	50	80	120	200	300	600

注：主参数 L 是轴、直线和平面的长度。

表 3-12　圆度和圆柱度公差值

μm

主参数 $d(D)$/mm	公差等级												
	0	1	2	3	4	5	6	7	8	9	10	11	12
≤3	0.1	0.2	0.3	0.5	0.8	1.2	2	3	4	6	10	14	25
>3～6	0.1	0.2	0.4	0.6	1	1.5	2.5	4	5	8	12	18	30
>6～10	0.12	0.25	0.4	0.6	1	1.5	2.5	4	6	9	15	22	36
>10～18	0.15	0.25	0.5	0.8	1.2	2	3	5	8	11	18	27	43
>18～30	0.2	0.3	0.6	1	1.5	2.5	4	6	9	13	21	33	52
>30～50	0.25	0.4	0.6	1	1.5	2.5	4	7	11	16	25	39	62
>50～80	0.3	0.5	0.8	1.2	2	3	5	8	13	19	30	46	74
>80～120	0.4	0.6	1	1.5	2.5	4	6	10	15	22	35	54	87
>120～180	0.6	1	1.2	2	3.5	5	8	12	18	25	40	63	100
>180～250	0.8	1.2	2	3	4.5	7	10	14	20	29	46	72	115
>250～315	1.0	1.6	2.5	4	6	8	12	16	23	32	52	81	130
>315～400	1.2	2	3	5	7	9	13	18	25	36	57	89	140
>400～500	1.5	2.5	4	6	8	10	15	20	27	40	63	97	155

注：主参数 $d(D)$是轴(孔)的直径。

表 3-13　平行度、垂直度和倾斜度公差值

μm

主参数 $L,d(D)$/mm	公差等级											
	1	2	3	4	5	6	7	8	9	10	11	12
≤10	0.4	0.8	1.5	3	5	8	12	20	30	50	80	120
>10～16	0.5	1	2	4	6	10	15	25	40	60	100	150
>16～25	0.6	1.2	2.5	5	8	12	20	30	50	80	120	200
>25～40	0.8	1.5	3	6	10	15	25	40	60	100	150	250
>40～63	1	2	4	8	12	20	30	50	80	120	200	300
>63～100	1.2	2.5	5	10	15	25	40	60	100	150	250	400
>100～160	1.5	3	6	12	20	30	50	80	120	200	300	500
>160～250	2	4	8	15	25	40	60	100	150	250	400	600
>250～400	2.5	5	10	20	30	50	80	120	200	300	500	800
>400～630	3	6	12	25	40	60	100	150	250	400	600	1000
>630～1000	4	8	15	30	50	80	120	200	300	500	800	1200

注：1. 主参数 L 为给定平行度时轴线或平面的长度，或给定垂直度、倾斜度时被测要素的长度。

2. 主参数 $d(D)$为给定面对线垂直度时，被测要素的轴(孔)的直径。

表 3-14　同轴度、对称度、圆跳动和全跳动公差值　μm

主参数 $d(D),B,L$/mm	公差等级											
	1	2	3	4	5	6	7	8	9	10	11	12
≤1	0.4	0.6	1.0	1.5	2.5	4	6	10	15	25	40	60
>1～3	0.4	0.6	1.0	1.5	2.5	4	6	10	20	40	60	120
>3～6	0.5	0.8	1.2	2	3	5	8	12	25	50	80	150
>6～10	0.6	1	1.5	2.5	4	6	10	15	30	60	100	200
>10～18	0.8	1.2	2	3	5	8	12	20	40	80	120	250
>18～30	1	1.5	2.5	4	6	10	15	25	50	100	150	300
>30～50	1.2	2	3	5	8	12	20	30	60	120	200	400
>50～120	1.5	2.5	4	6	10	15	25	40	80	150	250	500
>120～250	2	3	5	8	12	20	30	50	100	200	300	600
>250～500	2.5	4	6	10	15	25	40	60	120	250	400	800

注：1. 主参数 $d(D)$ 为给定同轴度时轴的直径，或给定圆跳动、全跳动时轴(孔)的直径。

2. 圆锥体斜向圆跳动公差的主参数为轴(孔)的平均直径。

3. 主参数 B 为给定对称度时槽的宽度。

4. 主参数 L 为给定两孔对称度时的孔心距。

对于位置度，国家标准只规定了公差值数系，而未规定公差等级，如表 3-15 所列。

表 3-15　位置度公差数系表　μm

1	1.2	1.5	2	2.5	3	4	5	6	8
1×10^n	1.2×10^n	1.5×10^n	2×10^n	2.5×10^n	3×10^n	4×10^n	5×10^n	6×10^n	8×10^n

注：n 为正整数。

在实际设计中，零件的形位公差等级常用类比法确定。表 3-16～表 3-19 列出了各种形位公差项目及其常用等级的应用实例，可供类比时参考选用。

表 3-16　直线度和平面度公差常用等级应用

公差等级	应用举例
5	1 级平板，2 级宽平尺，平面磨床的纵导轨、垂直导轨、立柱导轨及工作台，液压龙门刨床和转塔车床床身导轨，柴油机进气、排气阀门导杆
6	普通机床导轨，如普通车床、龙门刨床、滚齿机、自动车床等的床身导轨，立体导轨，柴油机壳体
7	2 级平板，机床主轴箱、摇臂钻床底座和工作台，镗床工作台，液压泵盖，减速器壳体结合面
8	机床传动箱体、交换齿轮箱体，车床溜板箱体，柴油机气缸体，连杆分离面，缸盖结合面，汽车发动机缸盖、曲轴箱结合面，液压管件和法兰连接面
9	3 级平板，自动车床床身底座，摩托车曲轴箱体，汽车变速箱壳体，手动机械的支承面

表 3-17 圆度和圆柱度度公差常用等级应用

公差等级	应用举例
5	一般计量仪器主轴、测杆外圆柱面,陀螺仪轴颈,一般机床主轴轴颈及主轴轴承孔,柴油机、汽油机活塞、活塞销,与6级滚动轴承配合的轴颈
6	仪表端盖外圆柱面,一般机床主轴及前轴承孔,泵、压缩机的活塞、气缸,汽油发动机凸轮轴,纺机锭子,减速器转轴轴颈,高速船用柴油机、拖拉机曲轴主轴颈,与6级滚动轴承配合的外壳孔,与0级滚动轴承配合的轴颈
7	大功率低速柴油机曲轴轴颈、活塞、活塞销、连杆、气缸,高速柴油机箱体轴承孔,千斤顶或压力油缸活塞,机车传动轴,水泵及通用减速器转轴轴颈,与0级滚动轴承配合的外壳孔
8	低速发动机、大功率曲柄轴轴颈、压力机连杆盖、连杆体,拖拉机气缸、活塞、炼胶机冷铸轴辊、印刷机传墨辊、内燃机曲轴轴颈,柴油机凸轮轴轴承孔、凸轮轴,拖拉机、小型船用柴油机气缸套
9	空气压缩机缸体,液压传动筒,通用机械杠杆与拉杆用套筒销子,拖拉机活塞环、套筒孔

表 3-18 平行度、垂直度和倾斜度度公差常用等级应用

公差等级	应用举例
4,5	普通车床导轨、重要支承面,机床主轴轴承孔对基准的平行度,精密机床重要零件,计量仪器、量具、模具的基准面和工作面,机床床头箱重要孔,通用减速器壳体孔,齿轮泵的油孔端面,发动机轴和离合器的凸缘,气缸支承端面,安装精密滚动轴承的壳体孔的凸肩
6,7,8	一般机床的基准面和工作面,压力机和锻锤的工作面,中等精度钻模的工作面,机床一般轴承孔对基准的平行度,变速器的箱体孔,主轴花键对定心表面轴线的平行度,重型机械滚动轴承端盖,卷扬机、手动传动装置中的传动轴,一般导轨,主轴箱体孔,刀架、砂轮架、气缸配合面对基准轴线以及活塞销孔对活塞轴线的垂直度,滚动轴承内、外圈端面对轴线的垂直度
9,10	低精度零件,重型机械滚动轴承端盖,柴油机、煤气发动机箱体曲轴孔,曲轴大轴颈,花键轴和轴肩端面,带式运输机法兰盘等端面对轴线的垂直度,手动卷扬机及传动装置中轴承孔端面,减速器壳体平面

表 3-19 同轴度、对称度和跳动公差常用等级应用

公差等级	应用举例
5,6,7	这是应用范围较广的公差等级。用于形位精度要求较高、尺寸的标准公差等级为IT8及高于IT8的零件。5级常用于机床主轴轴颈,计量仪器的测杆,涡轮机主轴,柱塞油泵转子,高精度滚动轴承外圈,一般精度滚动轴承内圈。7级用于内燃机曲轴、凸轮轴、齿轮轴、水泵轴、汽车后轮输出轴,电机转子、印刷机传墨辊的轴颈,键槽
8,9	常用于形位精度要求一般、尺寸的标准公差等级为IT9至IT11的零件。8级用于拖拉机发动机分配轴轴颈,与9级精度以下齿轮相配的轴,水泵叶轮,离心泵体,棉花精梳机前后滚子,键槽等。9级用于内燃机气缸套配合面,自行车中轴

在确定形位公差值或公差等级时，应注意以下几个问题：

① 在同一要素上给出形状公差、定向公差和定位公差时，应注意三者的关系，即定位公差值＞定向公差值＞形状公差值。

② 零件的形状公差(轴线直线度除外)一般应小于其尺寸公差值。

③ 形状公差与表面粗糙度之间的关系。形状公差值 t 与表面粗糙度 R_a 之间应满足：一般情况下，$R_a=(0.2\sim0.3)t$；对于高精度和小尺寸零件，$R_a=(0.5\sim0.7)t$。

④ 对于结构复杂且刚性较差的细长孔或轴及宽度较大(一般大于 1/2 长度)的零件表面，由于加工较困难，易产生较大的形位误差，可适当降低公差等级 1～2 级选用。

⑤ 凡有关标准已对形位公差作出规定的，如与滚动轴承相配合的轴和壳体孔的圆柱度公差、机床导轨的直线度公差等，都应按相应的标准确定。

3. 公差原则和公差要求的选择

(1) 独立原则的应用场合

独立原则适用于以下场合：

① 尺寸精度和形位精度都要求较高，并需要分别满足要求的场合。如齿轮箱体上的孔，为了保证其与轴承的配合和齿轮的正确啮合，必须分别保证孔的尺寸精度和孔的中心线的平行度要求，这时就适用独立原则。

② 尺寸精度与形位精度要求相差较大的场合。如滚筒类零件的尺寸精度要求低，圆柱度要求高；平板类零件的尺寸精度要求低，平面度要求高；连杆的小头孔尺寸精度和形位精度要求均较高。这时应分别满足要求。

③ 尺寸精度与形位精度无关的场合。为保证运动精度、密封性等特殊要求，单独提出与尺寸精度无关的形位公差要求。如机床导轨为保证运动精度，提出直线度要求，与尺寸精度无关；气缸套内孔与活塞配合，为了内、外圆柱面均匀接触，并有良好的密封性能，在保证尺寸精度的同时，还要单独保证很高的圆度和圆柱度要求。

④ 零件上的未注形位公差一律遵循独立原则。

运用独立原则时，需使用计量器具分别检测零件的尺寸和形位误差，检测较不方便。

(2) 包容要求的应用场合

包容要求主要适用于单一要素，它可以同时将尺寸误差和形状误差控制在尺寸公差的范围内。包容要求主要用于必须保证配合性质的场合，特别是要求精密配合的场合，用最大实体边界保证必要的最小间隙或最大过盈，用最小实体尺寸防止间隙过大或过盈过小。

(3) 最大实体要求的应用场合

最大实体要求主要适用于中心要素。最大实体要求常用于对零件配合性质要求不严，但要求顺利保证零件可装配性的场合，例如用于法兰盘上的连接用孔组或轴承端盖上的连接用孔组的位置度公差。

(4) 最小实体要求的应用场合

最小实体要求也主要适用于中心要素。最小实体要求常用于保证零件的最小壁厚，以保证必要的强度要求的场合，例如空心圆柱的凸台、带孔的小垫圈等的位置度公差。

(5) 可逆要求的应用场合

可逆要求常用于对零件配合性质要求不严，但要求顺利保证零件可装配性的场合。

可逆要求与最大实体要求或最小实体要求联用，起到了充分利用公差带，扩大了被测要素实际尺寸范围的作用，使实际尺寸超过了最大实体尺寸或最小实体尺寸，而体外作用尺寸或体内作用尺寸未超过最大实体实效边界或最小实体实效边界的废品变为合格品，从而提高了经济效益。在不影响使用要求的情况下可以选用可逆要求。

4. 未注形位公差的规定

GB/T 1184—1996 规定了未注形位公差的公差值，直线度、平面度、垂直度、对称度和圆跳动的未注公差值，如表 3-20～表 3-23 所列。

表 3-20　直线度和平面度未注公差值　　mm

公差等级	基本长度范围					
	≤10	>10～30	>30～100	>100～300	>300～1000	>1000～3000
H	0.02	0.05	0.1	0.2	0.3	0.4
K	0.05	0.1	0.2	0.4	0.6	0.8
L	0.1	0.2	0.4	0.8	1.2	1.6

表 3-21　垂直度未注公差值　　mm

公差等级	基本长度范围			
	≤100	>100～300	>300～1000	>1000～3000
H	0.2	0.3	0.4	0.5
K	0.4	0.6	0.8	1
L	0.6	1	1.5	2

表 3-22　对称度未注公差值　　mm

公差等级	基本长度范围			
	≤100	>100～300	>300～1000	>1000～3000
H	0.5	0.5	0.5	0.5
K	0.6	0.6	0.8	1
L	0.6	1	1.5	2

表 3-23　圆跳动未注公差值　　mm

公差等级	圆跳动公差值
H	0.1
K	0.2
L	0.5

除以上表中所列的公差项目的未注公差值外，对于其他公差项目的未注公差值，应按以下原则确定：

① 未注圆度公差值等于标准的直径公差值,但不能大于表 3-23 中的径向圆跳动的未注公差值。

② 未注圆柱度公差值未作规定,由该圆柱的圆度公差、素线直线度和相对素线平行度的注出或未注公差控制。

③ 未注平行度公差值等于被测要素与基准要素之间的尺寸公差值;或者在被测要素的直线度或平面度的未注公差值中取较大者,并在两要素中取较长者作为基准。

④ 未注同轴度公差值未作规定。必要时,可以取表 3-23 中的径向圆跳动的未注公差值。

⑤ 未注线轮廓度、面轮廓度、倾斜度和位置度的公差值均由各要素的注出或未注线性尺寸公差或角度公差控制。

⑥ 未注全跳动公差值未作规定。端面全跳动未注公差等于端面对轴线的垂直度未注公差值;径向全跳动可由径向圆跳动公差和相对素线的平行度公差控制。

3.7 形位误差的检测

1. 形位误差的检测原则

形位误差的检测方法很多,对于同一形位误差项目,可以使用不同的检测方法。从检测原理上说,可将形位误差的检测方法归纳为五大类检测原则。

(1) 与理想要素比较原则

与理想要素比较原则是指测量时,将被测实际要素与相应的理想要素作比较,并在比较过程中获得数据,再按这类数据来评定形位误差。该原则应用最广。

应用该检测原则时,理想要素可用不同的方法体现。例如,用模拟法体现理想要素,将被测实际要素与模拟理想直线的刀口尺相比较,以确定其直线度误差,如图 3-36(a)所示;将被测实际要素与模拟理想平面的平板相比较,以确定其平面度误差,如图 3-36(b)所示。

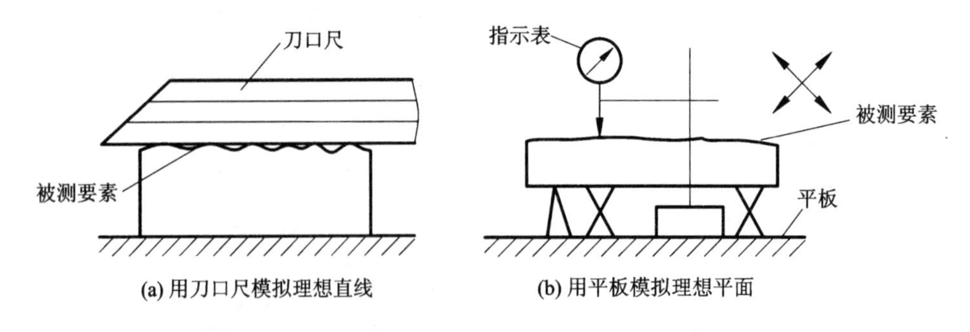

图 3-36 与理想要素比较原则的实例

(2) 测量坐标值原则

由于几何要素的特征总是可以在适当的坐标系中反映出来,因此测量坐标值原则就是测量被测实际要素各点的坐标值后,经过数据处理以获得形位误差的测量原则。

如图 3-37 所示为利用直角坐标系测量孔的中心坐标值以确定其位置度误差的实例。将

被测零件安放在坐标测量仪上，使被测零件的基准与测量系统的 X 轴、Y 轴方向一致。测得孔轴线的实际坐标值(x,y)，然后减去孔轴线的理想位置的理论正确尺寸，得到实际坐标值与理论坐标值的偏差值，再利用下列公式求出孔的位置度误差值为

$$\phi f = 2\sqrt{(\Delta x)^2 + (\Delta y)^2} \tag{3-9}$$

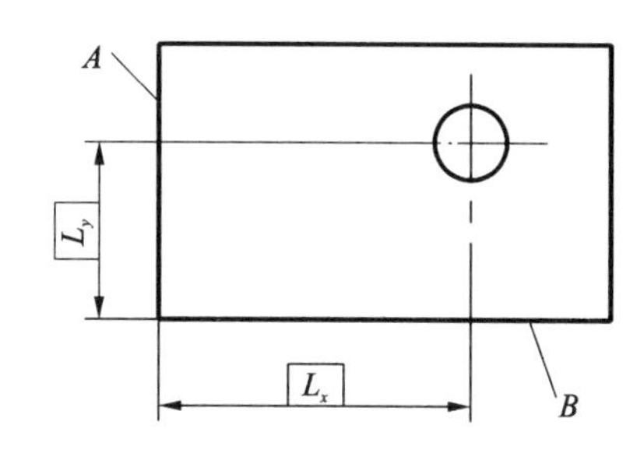

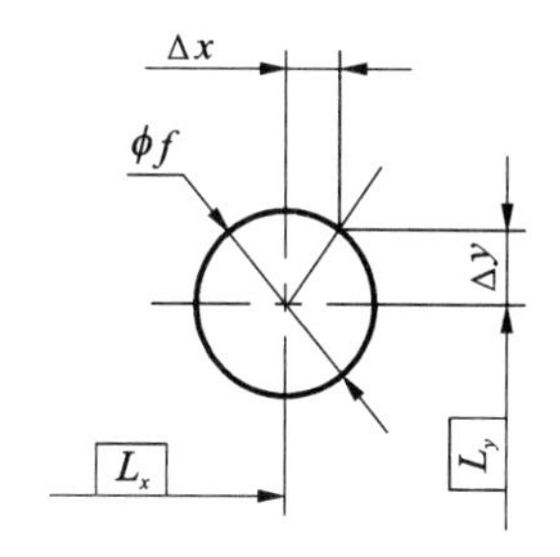

图 3-37　测量坐标值原则的实例

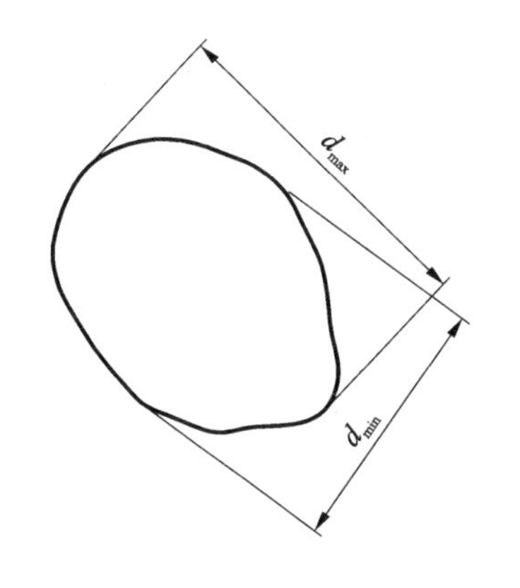

图 3-38　测量特征参数原则的实例

(3) 测量特征参数原则

特征参数是指能够近似反映被测实际要素的形位误差的参数。测量特征参数原则就是测量被测实际要素上具有代表性的参数来表示形位误差值的原则。例如，测量圆度误差时，可用两点法测量旋转体一个横截面内的几个方向上的直径，取最大与最小直径之差的一半作为圆度误差，如图 3-38 所示。

用该原则虽然精度不高，但可以简化测量过程和设备，也不需要复杂的数据处理，所以在满足功能要求的情况下，采用该原则可以取得明显的经济效益。这类方法是在生产现场应用较为普遍的检测原则。

(4) 测量跳动原则

测量跳动原则主要用于测量圆跳动和全跳动误差。它是指在被测实际要素绕基准轴线旋转过程中，沿给定方向测量其某参考点或参考线的变动量。例如，图 3-39 所示为测量径向圆跳动误差的实例，用 V 形架模拟基准轴线，并对零件轴向限位。在被测要素旋转一周的过程中，测量在某横截面内的相对于某一参考点的变化情况，变化值由指示表读出，最大与最小读数之差即为径向圆跳动误差。同理，测量若干横截面，以各横截面上测得的最大值作为该被测要素的径向圆跳动误差。

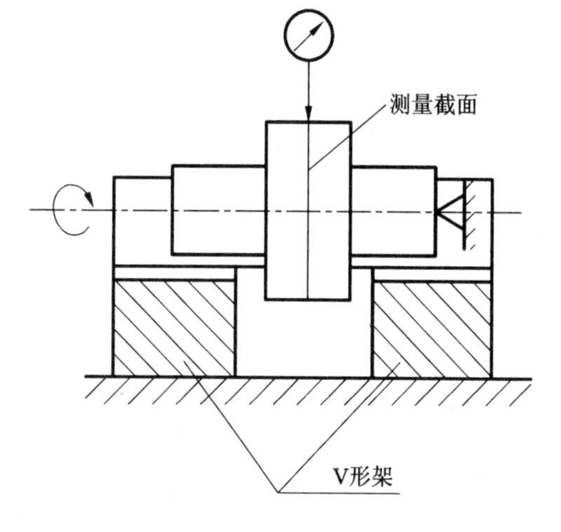

图 3-39　测量跳动原则的实例

(5) 控制实效边界原则

控制实效边界原则只适用于图样上采用最大实体要求(或同时采用最大实体要求

及可逆要求)的场合。它检验被测实际要素是否超出了最大实体实效边界,以判断是否合格。该原则一般用功能量规检验。功能量规是模拟最大实体实效边界的全形量规,若被测实际要素能被功能量规通过,则表示该项形位公差要求合格。

如图 3-40(a)所示零件的同轴度误差可用图 3-40(b)所示的功能量规检测。零件被测要素的最大实体实效尺寸为 ϕ20.05 mm,所以量规测量部分的孔径定形尺寸也为ϕ20.05 mm。零件基准要素的最大实体尺寸为 ϕ30 mm,所以量规定位部分的孔径定形尺寸也为 ϕ30 mm。显然,当零件被测要素的实际轮廓未超过其最大实体实效边界,基准要素未超过其最大实体边界时,零件就能被量规通过。

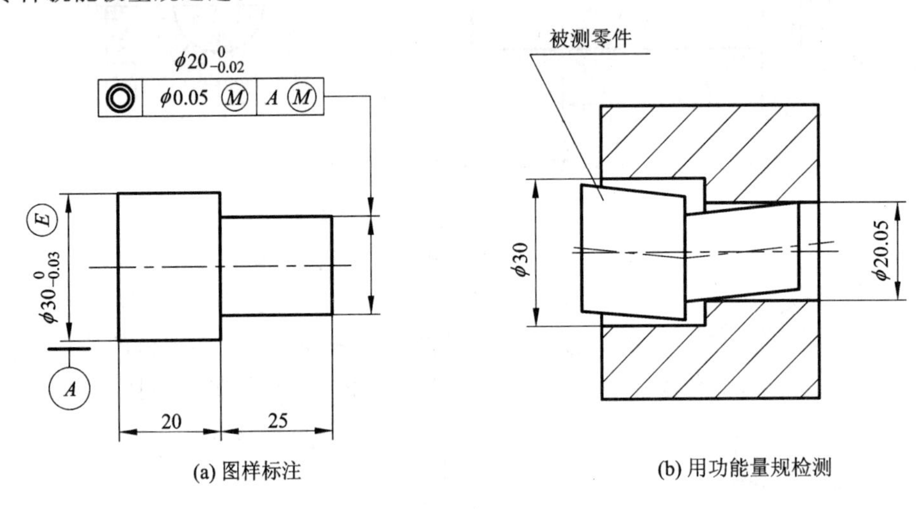

(a) 图样标注　　(b) 用功能量规检测

图 3-40　控制实效边界原则的实例

2. 形位误差的测量

(1) 直线度误差的测量

直线度误差可以用刀口尺、优质钢丝和测量显微镜、水平仪和桥板、自准直仪和反射镜等测量。

1) 用刀口尺测量

将刀口尺与被测要素直接接触,如图 3-36(a)所示,使两者之间的最大空隙为最小,则此最大空隙就是被测要素的直线度误差。当最大空隙较小时,可以用标准光隙估读;当最大空隙较大时,可以用塞尺测量。

2) 用优质钢丝和测量显微镜测量

如图 3-41(a)所示,调整钢丝的两端,使从显微镜中观测到的两端点位置的读数相等。将测量显微镜沿着被测零件移动,在其全长内作等距测量。

3) 用水平仪和桥板测量

如图 3-41(b)所示,将水平仪放在桥板上,先调整零件,使被测要素大致处于水平位置,然后沿着被测要素按节距移动水平仪进行测量。

4) 用自准直仪和反射镜测量

如图 3-41(c)所示,将反射镜通过一定跨距的桥板安置在被测要素上,调整自准直仪使其光轴与被测要素两端点连线大致平行,然后沿着被测要素按节距移动反射镜进行测量。

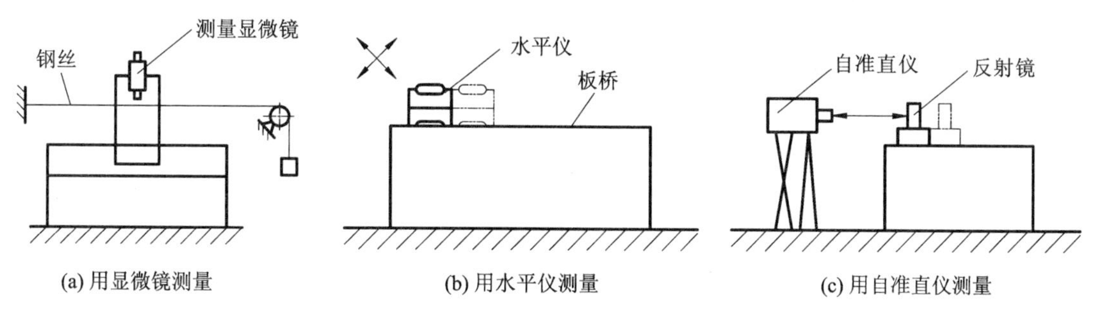

图 3-41　直线度误差的测量

用测量显微镜、水平仪、自准直仪等测量所得到的数据，都可以用计算法或图解法按照最小条件进行处理，以确定被测要素的直线度误差。

(2) 平面度误差的测量

平面度误差可以用平板和带指示表的表架、水平仪、平晶、自准直仪和反射镜等测量。

1) 用平板和带指示表的表架测量

如图 3-36(b)所示，将被测零件支承在平板上，调整被测表面最远三点，使之与平板等高，然后按一定的布点测量被测表面，并用指示表读数，各测点的最大与最小读数之差作为平面度误差。

2) 用水平仪测量

如图 3-42(a)所示，将被测表面调整成水平，用水平仪按照一定的测点和方向逐点测量，记录得数，并换算成选定基准平面上的坐标值，再计算出平面度误差。

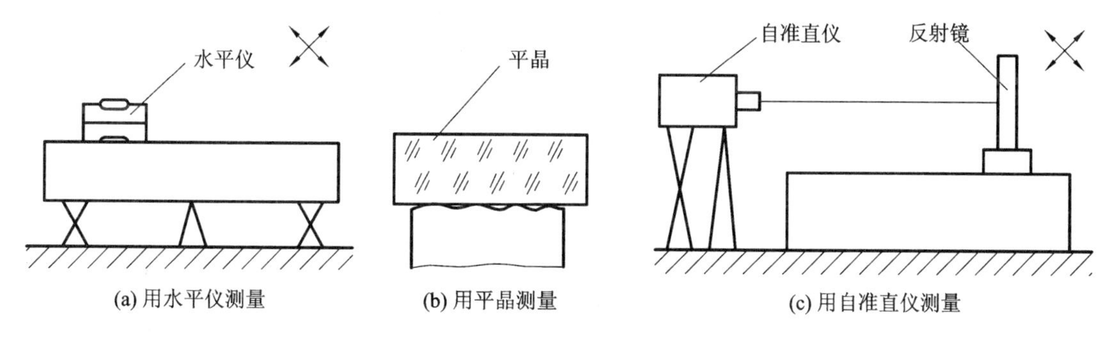

图 3-42　平面度误差的测量

3) 用平晶测量

如图 3-42(b)所示，将平晶贴在被测表面上，观测它们之间的干涉条纹。被测表面的平面度误差等于封闭的干涉条纹数与光波波长之半的乘积；对于不封闭的干涉条纹，平面度误差等于条纹的弯曲度与相邻两条纹间距之比再乘以光波波长之半。这种方法适用于测量高精度的小平面。

4) 用自准直仪和反射镜测量

如图 3-42(c)所示，将反射镜安置在被测表面上，调整自准直仪使其与被测表面平行，然后按照一定的测点和方向逐点测量。

测量平面度误差时，一般是沿着被测表面两对角线及其他直线等距布置测量点，根据测得的读数值用计算法或图解法按照最小条件原则进行处理，以确定被测要素的平面度误差。确定平面度误差时，在空间直角坐标系里，都需要将实际被测要素上各点相对测量平面的坐标值，换算为与评定方法相适应的另一基准平面的坐标值，即须进行坐标变换。

(3) 圆度误差的测量

圆度误差可以用圆度仪、分度头、V 形块和带指示表的表架、千分尺及投影仪等测量。对被测零件的若干个截面进行测量，取其中最大的误差值作为该零件的圆度误差。

1）用圆度仪测量

圆度仪有转台式和转轴式两种，其工作原理如图 3－43 所示。例如，用转轴式圆度仪测量时，将被测零件安置在圆度仪工作台上，调整其轴线，使之与圆度仪的旋转轴线同轴。记录被测零件在旋转一周过程中测量截面各点的半径差，绘制极坐标图，然后按照最小区域法来评定圆度误差。

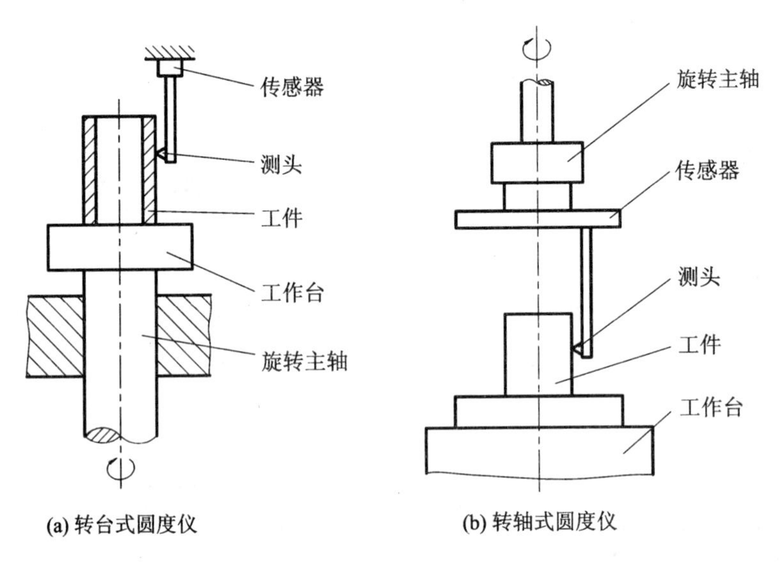

(a) 转台式圆度仪　　(b) 转轴式圆度仪

图 3－43　圆度仪工作原理

2）用分度头测量

如图 3－44 所示，将被测零件安装在两顶尖之间，利用分度头使之每次转过一个等分角，从指示表上读取被测截面上各测点的半径差。将所得读数值按一定比例放大后，绘制极坐标曲线，然后按照最小区域法来评定被测截面的圆度误差。

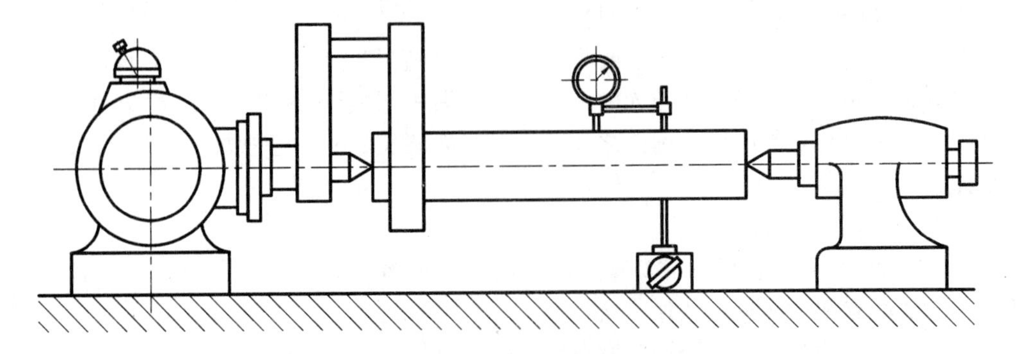

图 3－44　用分度头测量圆度误差

3）用V形块和指示表测量

如图3－45所示，将被测零件放在V形块上，或者将鞍式V形座放在被测零件上，或者将V形架放置于被测零件的孔中，被测零件的轴线应与测量截面垂直，并固定其轴向位置。在被测零件旋转一周过程中，指示表读数的最大差值的一半，就是被测截面的圆度误差。同理，测量若干个截面，取其中最大误差值作为该零件的圆度误差。

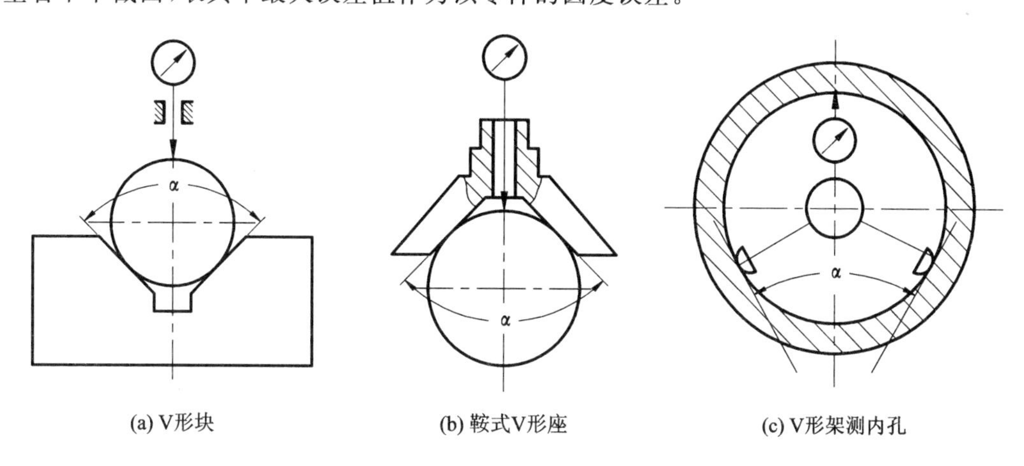

图3－45　用V形块和指示表测量圆度误差

4）用千分尺或用平板和带指示表的表架测量

这种方法是测量被测截面的直径差。测量时转动被测零件或转动量具。在被测零件旋转一周过程中，千分尺或指示表读数的最大差值的一半作为被测截面的圆度误差。同理，测量若干个截面，取其中最大误差值作为该零件的圆度误差。

（4）平行度误差的测量

如图3－46所示，将被测零件放在平板上，用平板的工作面模拟被测零件的基准平面作为测量基准。对实际被测表面上各测点进行测量，指示表的最大与最小读数之差，即作为被测实际表面对基准平面的平行度误差。

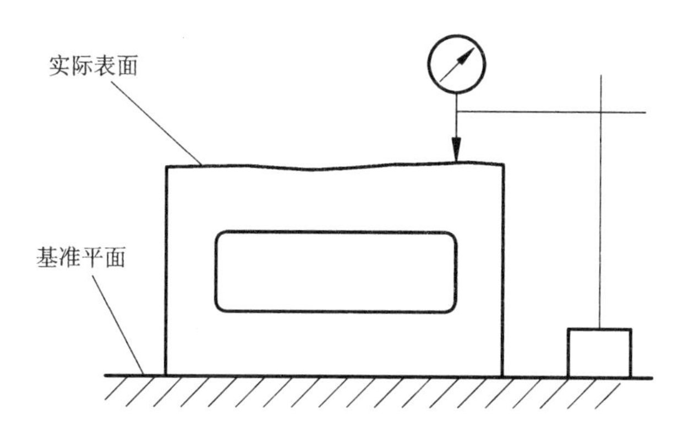

图3－46　平行度误差的测量

（5）垂直度误差的测量

如图3－47(a)所示，先用90°角尺调整指示表，当角尺与固定支点接触时，将指示表的指针对零。然后将零件的被测表面与固定支点接触，指示表的读数即为所测量范围内的垂直度误差。改变指示表在表架上的高度位置，对被测实际表面的不同点进行测量，取指示表的最大读数作为被测实际表面对其基准平面的垂直度误差，如图 3－47(b)所示。

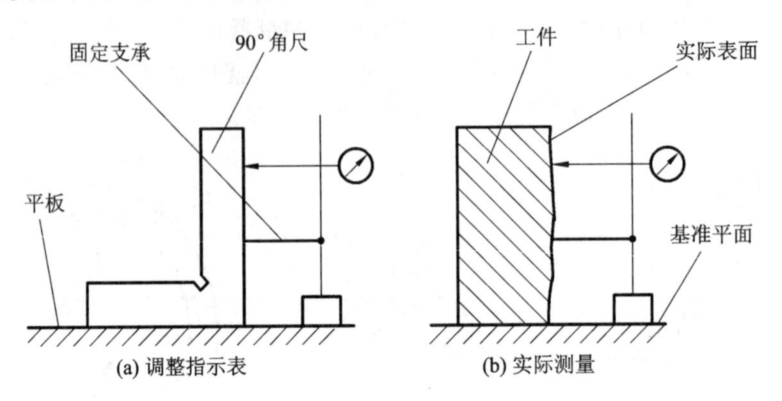

图 3－47　垂直度误差的测量

(6) 同轴度误差的测量

同轴度误差可以用圆度仪、三坐标测量装置、V 形块和带指示表的表架等测量。

如图 3－48 所示是在平板上用刃口状 V 形块和带指示表的表架测量同轴度误差的方法。公共基准轴线由 V 形块体现，被测零件基准轮廓要素的中截面分别安置在两个刃口状 V 形块上，使被测零件处于水平位置。先在被测要素的一个正截面内测量，取指示表在各对应点读数差值 $|M_a - M_b|$ 中的最大值作为该截面轮廓的中心线相对于基准轴线的同轴度误差。同理，在若干个正截面内测量，取其中的最大值作为被测轴线的同轴度误差。

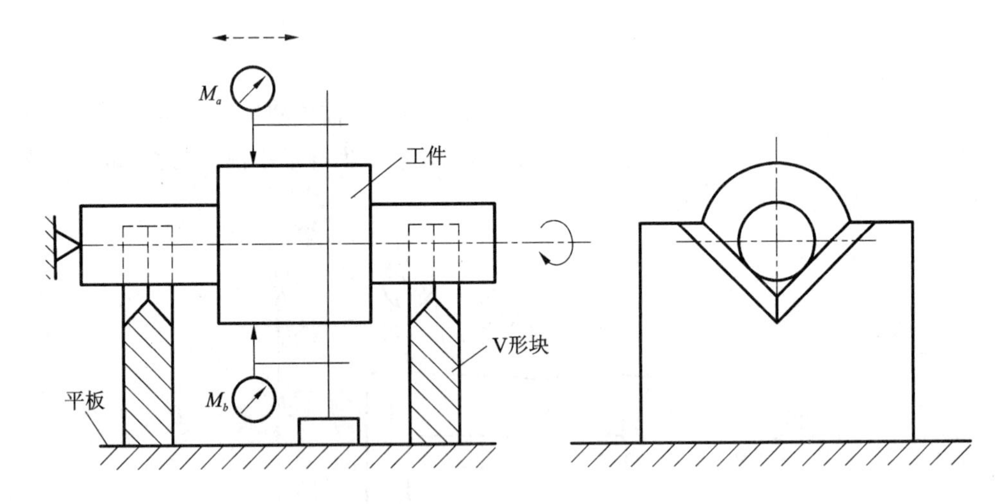

图 3－48　同轴度误差的测量

(7) 位置度误差的测量

位置度误差可以用坐标测量装置或专用测量装置等测量。用坐标测量装置测量孔的位置度误差的方法如图 3－37 所示。

(8) 跳动误差的测量

跳动误差可以用跳动测量仪、分度头和 V 形块等测量。无论是测量圆跳动还是全跳动，在测量过程中都不允许实际被测要素的轴线移动，所以对被测零件有定位要求，特别是测量端

面圆跳动更为重要。

如图 3－49 所示，被测零件——套筒通过心轴放置在两个等高的 V 形架上，心轴模拟体现基准轴线，用心轴的中心孔轴向定位。在垂直于基准轴线的一个测量平面内，被测零件旋转一周，指示表读数的最大差值，即为单个截面的径向圆跳动误差。同理，测量若干个截面，取各截面测得的最大值作为该零件的径向圆跳动误差。

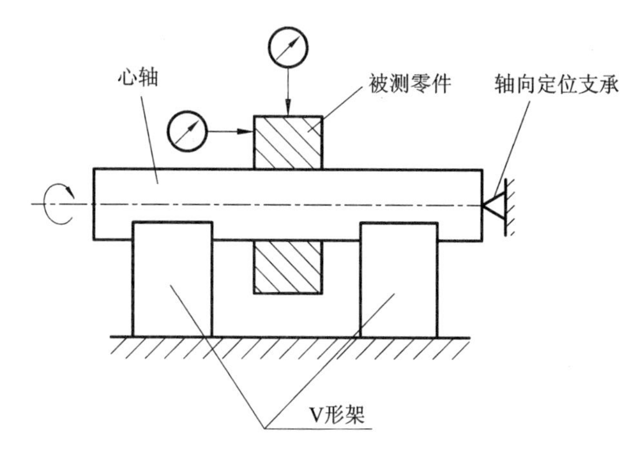

图 3－49　跳动误差的测量

在被测零件绕基准轴线旋转一周的过程中，沿轴线方向指示表读数的最大差值，即为端面上某一直径处的端面圆跳动误差。同理，在若干个不同直径的圆上进行测量，取测得的最大值作为实际被测端面的端面圆跳动误差。

在被测零件绕基准轴线连续旋转过程中，如果指示表沿平行于基准轴线的方向移动，测量径向圆跳动误差，则所得读数的最大差值即为该零件的径向全跳动误差；如果指示表沿垂直于基准轴线的方向移动，测量端面圆跳动误差，则所得读数的最大差值即为该零件的端面全跳动误差。

思考题与习题

1. 形状和位置公差各规定了哪些项目？它们的符号是什么？

2. 形位公差带由哪些要素组成？形位公差带的形状有哪些？

3. 最小包容区域、定向最小包容区域和定位最小包容区域三者有何差异？如果同一要素需要同时规定形状公差、定向公差和定位公差时，三者的关系如何？

4. 基准的种类有哪些？基准如何建立和体现？

5. 理想边界有哪几种？代号各是什么？

6. 什么是体内作用尺寸？什么是体外作用尺寸？它们与实际尺寸的关系如何？

7. 什么是最大实体尺寸？什么是最小实体尺寸？二者有何异同？

8. 在选择形位公差值时，应考虑哪些情况？

9. 试述独立原则、包容要求、最大实体要求和最小实体要求的应用场合。

10. 未注形位公差的公差值应按什么原则确定？

11. 形位误差的检测原则有哪几种？

12. 试解释图 3－50 中注出的各项形位公差，要求说明公差项目名称、被测要素、基准要素及公差带的形状、大小和位置。

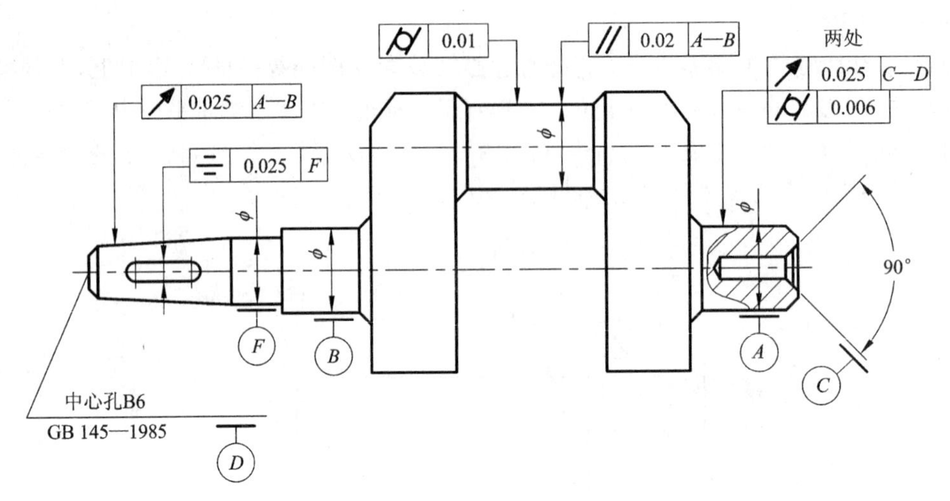

图 3-50　习题 12 用图

13. 如图 3-51 所示为圆锥齿轮毛坯，试将下列形位公差要求标注在图样上。

(1) 圆锥面 a 的圆度公差 0.01 mm。

(2) 圆锥面 a 对基准孔轴线 b 的斜向圆跳动公差 0.02 mm。

(3) 基准孔轴线 b 的直线度公差 0.005 mm。

(4) 孔表面 c 的圆柱度公差 0.01 mm。

(5) 端面 d 对基准孔轴线 b 的端面全跳动公差 0.01 mm。

(6) 端面 e 对端面 d 的平行度公差 0.03 mm。

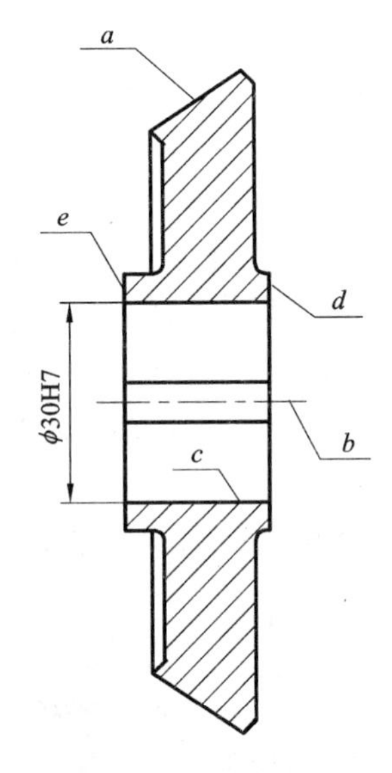

图 3-51　习题 13 用图

14. 指出图 3-52 两图形中的形位公差的标注错误，并改正(注意：不能改变形位公差项目符号)。

15. 用水平测量仪测量某导轨的直线度误差，如图 3-53 所示，依次测得各点的读数列于表 3-24 中，试用最小包容区域法评定其直线度误差值。

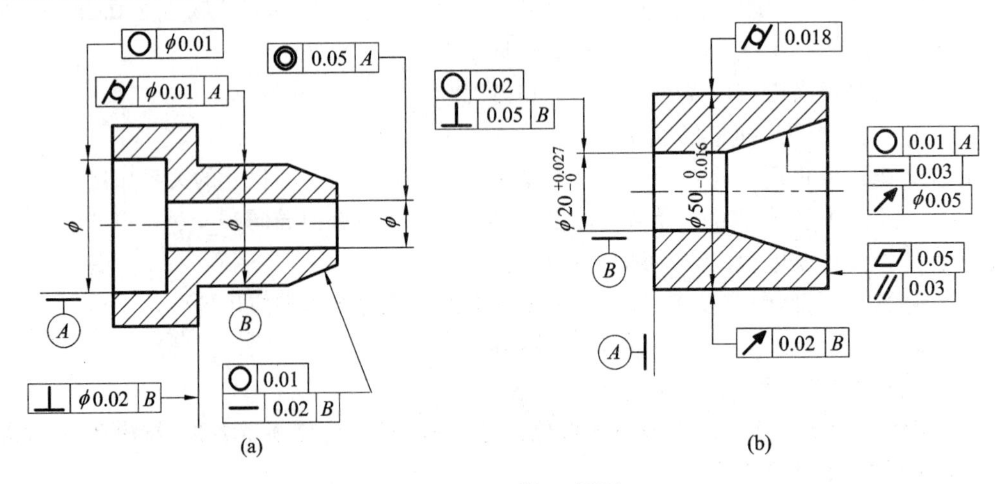

图 3-52　习题 14 用图

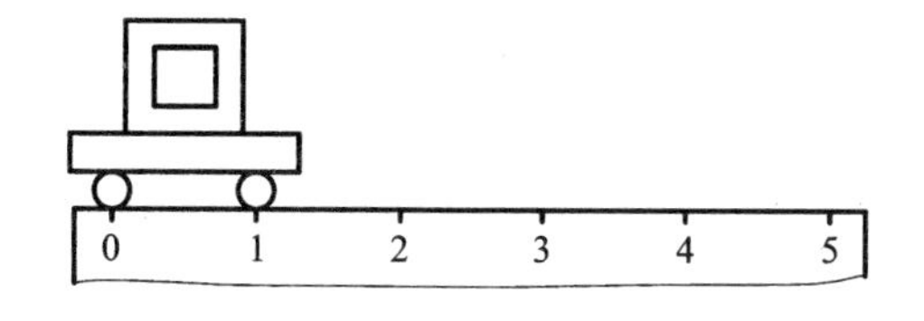

图 3-53　习题 15 用图

表 3-24　习题 15 用表

点序 i	0	1	2	3	4	5
读数 a_i/mm	0	−0.05	+0.12	+0.09	−0.09	+0.06

16. 用坐标法测量如图 3-54 所示零件的位置度误差。测得 4 个孔轴线的实际坐标值列于表 3-25 中。试确定该零件上各孔的位置度误差值,并判断合格与否。

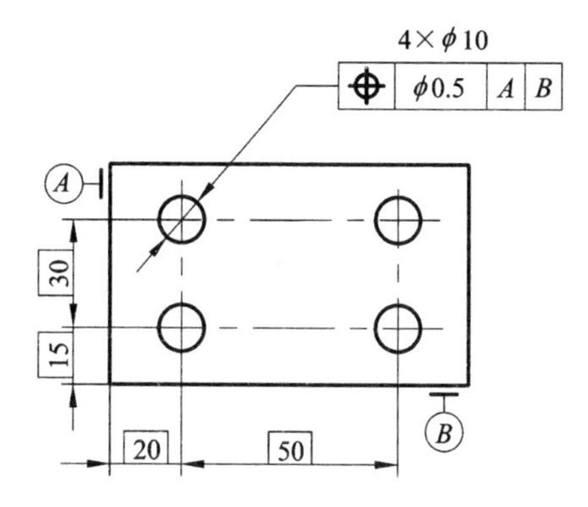

图 3-54　习题 16 用图

表 3-25　习题 16 用表

坐标值	孔序号			
	1	2	3	4
x/mm	20.10	70.10	19.90	69.85
y/mm	15.10	14.85	44.82	45.12

17. 如图 3-55(a)所示零件的同轴度误差可用图 3-55(b)所示的功能量规检测。试确定量规工作部分的基本尺寸 D_1 和 D_2。

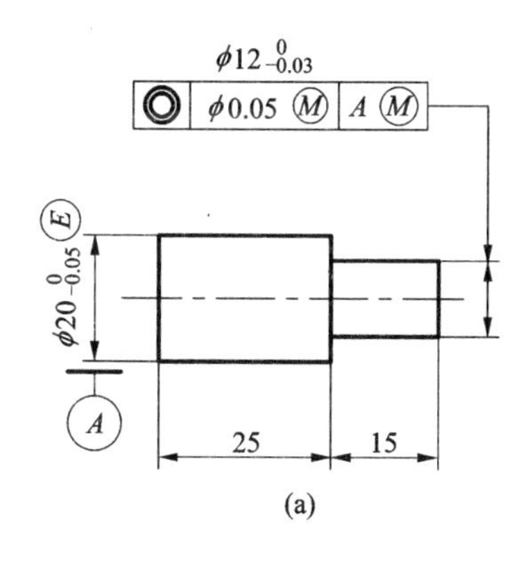

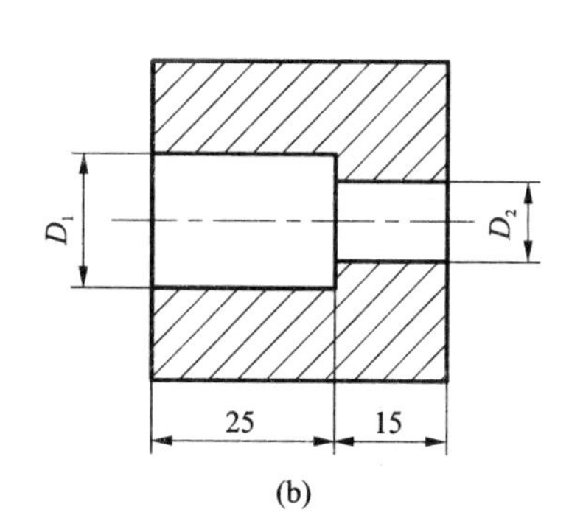

图 3-55　习题 17 用图

18. 按图 3-56 的标注填表 3-26。

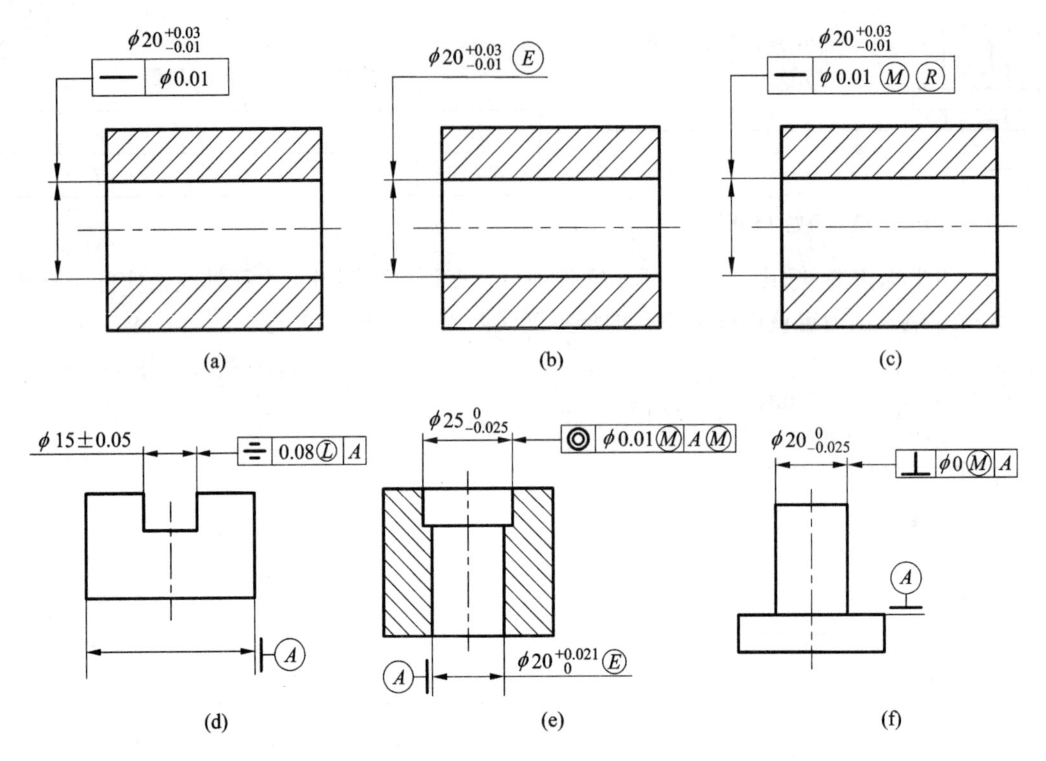

图 3-56　习题 18 用图

表 3-26　习题 18 用表

图样符号	遵守的公差原则或公差要求	遵守的边界及边界尺寸	最大实体尺寸/mm	最小实体尺寸/mm	最大实体状态时的形位公差/μm	最小实体状态时的形位公差/μm	合格尺寸范围/mm
a							
b							
c							
d							
e							
f							

第 4 章　表面粗糙度及测量

在评定工件表面质量时，不仅要求它具有一定的尺寸、形状和位置精度，而且应当有一定的表面粗糙度要求。

我国制定的表面粗糙度国家标准主要有：GB/T 3505—2000《表面粗糙度 术语 表面及其参数》、GB/T 1031—1995《表面粗糙度 参数及其数值》、GB/T 131—1993《机械制图 表面粗糙度符号、代号及其注法》。

4.1　概　述

1. 表面粗糙度的形成

经过加工的零件的表面几何形状误差分为宏观几何形状误差、表面波度和表面粗糙度三类，如图 4－1 所示。

表面粗糙度是加工后的表面存在着较小间距的峰谷组成的微观几何形状误差。它主要是由于切削过程中遗留下的刀痕，切屑分离时的塑性变形以及机床、刀具、工件的工艺系统中的高频振动等因素形成的。

表面波度具有较明显的周期性的波距 B 和波高，只在高速切削（主要是磨削）条件下才时而出现，是由于加工系统振动造成的。

宏观形状误差产生的原因是加工机床和刀具、夹具本身的形状和位置误差，以及加工中的力变形、热变形和较大的振动等。

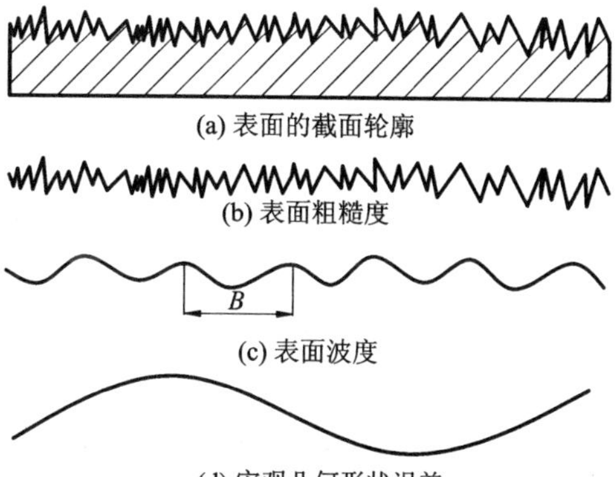

(a) 表面的截面轮廓

(b) 表面粗糙度

(c) 表面波度

(d) 宏观几何形状误差

图 4－1　表面几何形状误差

2. 表面粗糙度对零件使用性能的影响

（1）对摩擦磨损的影响

零件实际表面越粗糙，摩擦因数就越大，表面峰谷之间的阻力所消耗的能量也就愈大。此外，工作表面越粗糙，配合表面的实际有效接触面积就愈小，单位面积压力就愈大，表面更易磨损，从而影响机械的传动效率和使用寿命。但并不是表面越光滑越好，因为表面粗糙度超出了合理值后，不仅增加了制造成本，而且由于表面过于光滑反而会使金属分子之间的吸附力加大，接触表面间的润滑油层将会被挤掉，形成干摩擦而加速磨损。

（2）影响机器和仪器的工作精度

粗糙表面易于磨损，使配合间隙增大，从而使运动件灵敏度下降，影响机器和仪器的工作精度。粗糙表面实际接触面积小，在相同压力下，表面变形大，接触刚度差，影响机器的工作

精度。

(3) 对配合性质的影响

对于间隙配合,相对运动的表面由于粗糙,微小波峰会迅速磨损,致使间隙增大,特别是对尺寸小、公差小的配合,影响更大。

对于过渡配合,如果零件表面粗糙,在重复装拆过程中,使间隙扩大,从而会降低定心精度和导向精度。

对于过盈配合,由于装配时表面轮廓峰顶被挤平,塑性变形减小了实际有效过盈,降低了联接强度。

(4) 对零件强度的影响

零件表面越粗糙,凹谷越深,对应力集中越敏感,特别是在交变应力作用下,容易形成细小裂纹,甚至使零件损坏。交变应力还将引起零件粗糙表面脱落。

(5) 对零件抗腐蚀性的影响

表面越粗糙,则积聚在零件表面上的腐蚀性气体或液体就越多,并且通过表面的微观凹谷向零件表面层深处渗透,使腐蚀加剧。

此外,表面粗糙度对零件密封性、导热性和外表美观性等都会有不同程度的影响。

4.2 表面粗糙度的评定参数

1. 基本术语

(1) 实际轮廓

实际轮廓是指平面与实际表面相交所得轮廓线,如图 4-2 所示,按照相截的方向不同可分为横向轮廓和纵向轮廓。在评定或检测表面粗糙度时,通常都是指横向轮廓,即垂直于表面加工纹理的平面与表面相交所得的轮廓线,如图 4-3 所示。

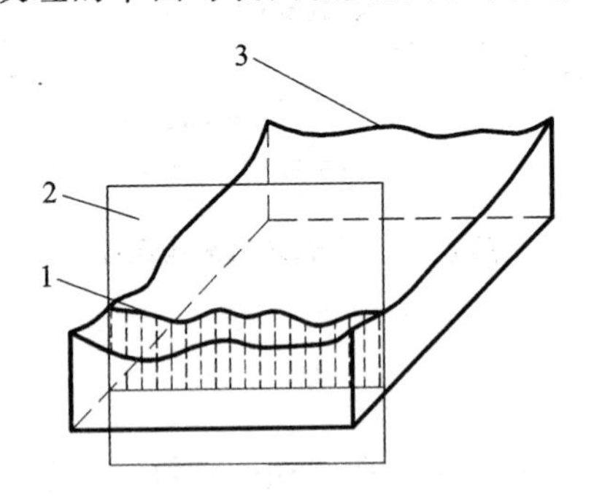

1—实际轮廓;2—平面;
3—实际表面

图 4-2 实际轮廓

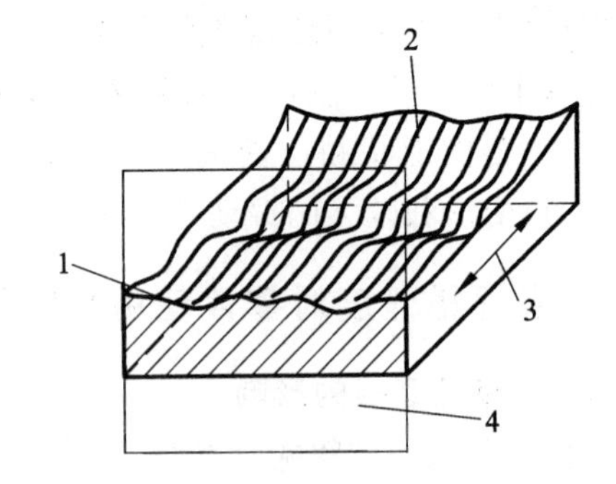

1—横向轮廓;2—实际表面;
3—加工纹理方向;4—平面

图 4-3 横向轮廓

(2) 取样长度

取样长度 l 是指测量或评定表面粗糙程度时,所规定的一段基准线长度,如图 4-4 所示。它的大小要能限制和削弱表面波度对表面粗糙度测量结果的影响。l 取长了,表面波度的影

响将代入测量结果；l 取短了，测得的数值则不能充分反映表面的状况。表面越粗糙，就应取较长的取样长度，如表 4－1 中所规定的数值。在取样长度 l 内一般应有五个以上的峰和谷。

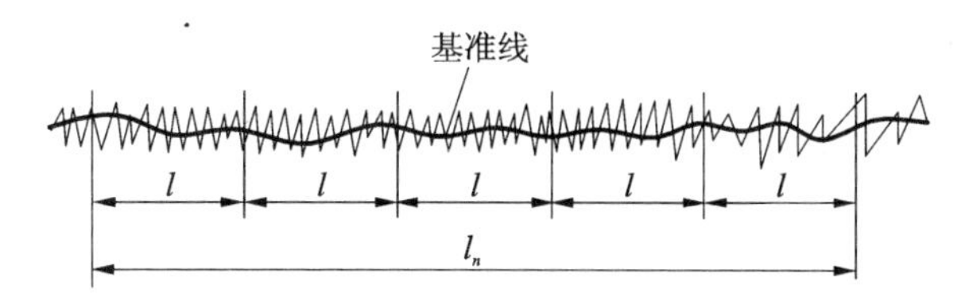

图 4－4　取样长度和评定长度

表 4－1　取样长度和评定长度的选用值(摘自 GB 1031—1995)

$R_a/\mu m$	$R_z,R_y/\mu m$	取样长度 l/mm	评定长度 l_n/mm
≥0.008～0.02	≥0.025～0.10	0.08	0.4
>0.02～0.01	>0.10～0.50	0.25	1.25
>0.1～2.0	>0.50～10.0	0.8	4.0
>2.0～10.0	>10.0～50.0	2.5	12.5
>10.0～80.0	>50.0～320	8.0	40.0

(3) 评定长度 l_n

评定长度 l_n 是指评定表面粗糙度所必需的一段长度，它包括一个或几个取样长度。

由于被测表面上微观起伏的不均匀性，在一个取样长度上测量，不能充分合理地反映实际表面粗糙度特征，所以必须规定评定长度 l_n 值，一般按 $l_n=5l$ 的关系来取值。这样，分别在各个取样长度内所测得的表面粗糙度数值，最后取其平均值作为被测表面的表面粗糙度的测量结果，评定长度 l_n 值参见表 4－1 中数值选取。

(4) 基准线

评定表面粗糙度参数值大小的一条参考线，称为基准线。基准线有下面两种：

① 轮廓的最小二乘中线　具有几何轮廓形状并划分轮廓的基准线。在取样长度内使轮廓上各点的轮廓偏距 y_i 的平方和为最小，即 $\sum_{i=1}^{n} y_i^2=$ 最小，如图 4－5 所示。

② 轮廓的算术平均中线　具有几何轮廓形状，在取样长度内与轮廓走向一致的基准线。在取样长度内由该线划分轮廓使上下两边的面积相等，即 $F_1+F_2+\cdots+F_n=S_1+S_2+\cdots+S_n$，如图 4－6 所示。

规定算术平均中线是为了用图解法近似地确定最小二乘中线。在轮廓图形上确定最小二乘中线的位置比较困难，而轮廓算术平均中线通常可用目测估计确定。

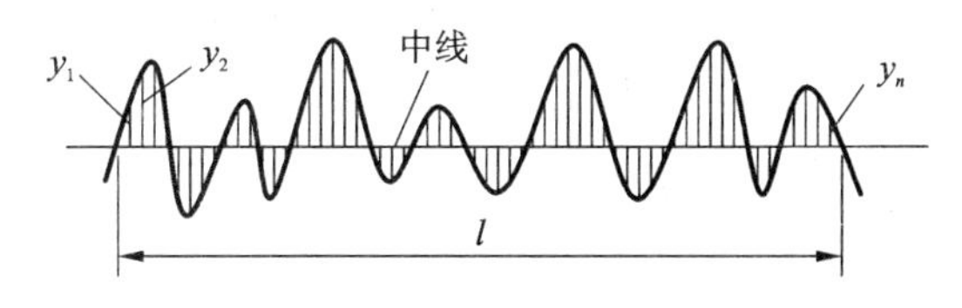

图 4－5　轮廓的最小二乘中线

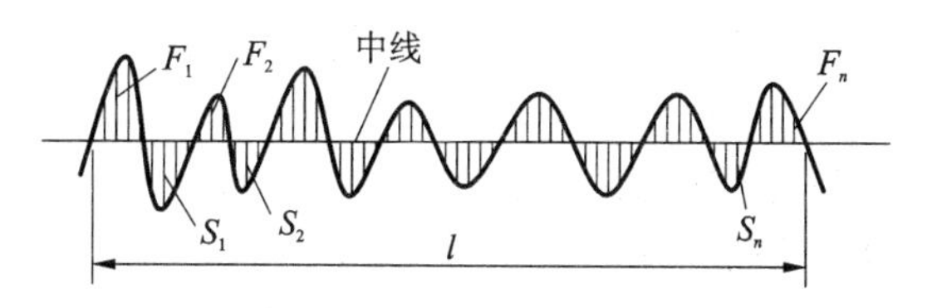

图 4－6　轮廓的算术平均中线

2. 评定表面粗糙度的参数

(1) 高度特征参数

1) 轮廓算术平均偏差 R_a

R_a 是在取样长度 l 内,轮廓上各点至基准线的距离 y_i 的绝对值的算术平均值,如图 4-7 所示。用公式表示为

$$R_a = \frac{1}{l}\int_0^L |\ y(x)\ |\ \mathrm{d}x \tag{4-1}$$

或近似为

$$R_a = \frac{1}{n}\sum_{i=1}^{n} |\ y_i\ | \tag{4-2}$$

式中:n——取样长度内所测点的数目。

参数 R_a 定义直观,用轮廓仪测量,快速方便,且表面起伏的取样较多,能比较客观地反映表面粗糙度,所以世界各国一般用 R_a 作为表面粗糙度的主要评定参数。

2) 微观不平度十点高度 R_z

R_z 是在取样长度 l 内,五个最大轮廓峰高(y_{pi})的平均值与五个最大轮廓谷深(y_{vi})的平均值之和,如图 4-8 所示。

$$R_z = \frac{\sum\limits_{l=1}^{5} y_{pi} + \sum\limits_{i=1}^{5} y_{vi}}{5} \tag{4-3}$$

式中:y_{pi}——第 i 个最大轮廓峰高;

y_{vi}——第 i 个最大轮廓谷深。

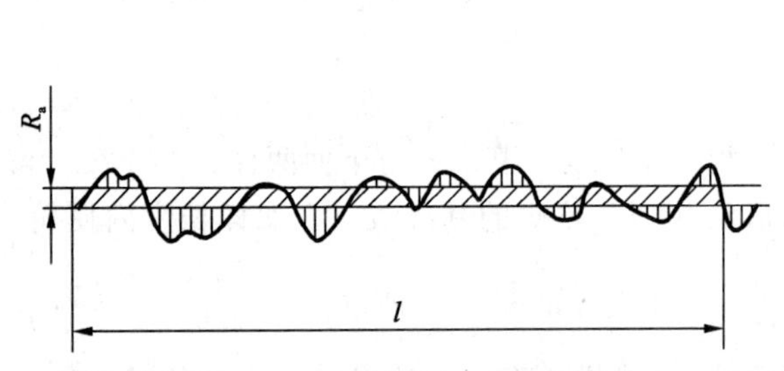

图 4-7 轮廓算术平均偏差 R_a

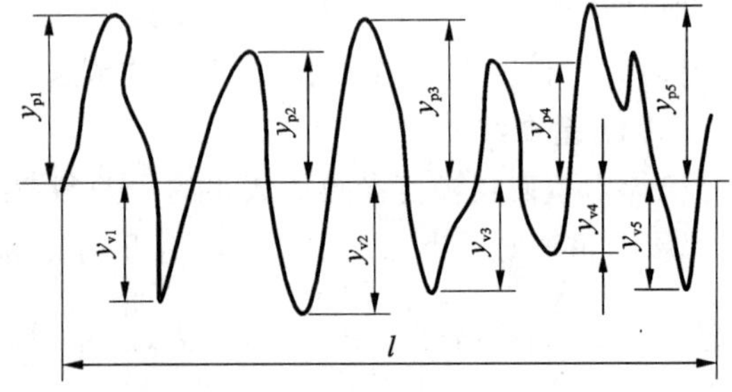

图 4-8 微观不平度十点高度 R_z

参数 R_z 值一般是用专门的显微镜仪器来测量,但它只能反映峰顶和谷底 10 个突出点值的平均值,而不能反映轮廓的总体几何特征,所以反映出来的轮廓信息还有局限性。

3) 轮廓最大高度 R_y

R_y 是在取样长度 l 内,轮廓峰顶线和轮廓谷底线之间的距离。平行于基准线并通过轮廓最高点(最低点)的线,称峰顶线(谷底线),如图 4-9 所示。

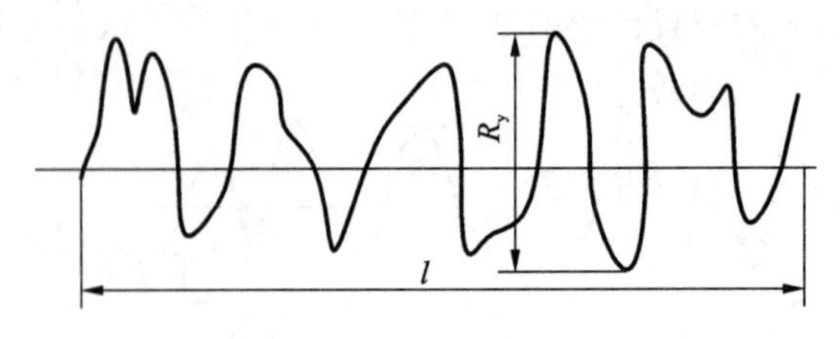

图 4-9 轮廓最大高度 R_y

参数 R_y 不如参数 R_a、R_z 反映的几何特性准确,但 R_y 值测量最为简单,对

于较小的表面或需控制应力集中而导致疲劳破坏的表面，可选取 R_y 作为评定参数。

(2) 间距特征参数

1) 轮廓单峰平均间距 S

S 是在取样长度 l 内，轮廓的单峰间距的平均值。轮廓单峰是指两相邻轮廓最低点之间的轮廓部分，一个轮廓峰可能有一个或几个单峰。轮廓单峰间距 S_i 是指两相邻单峰的最高点在中线上投影之间的距离，如图 4-10 所示。用公式表示为

$$S = \frac{1}{n}\sum_{i=1}^{n} S_i \tag{4-4}$$

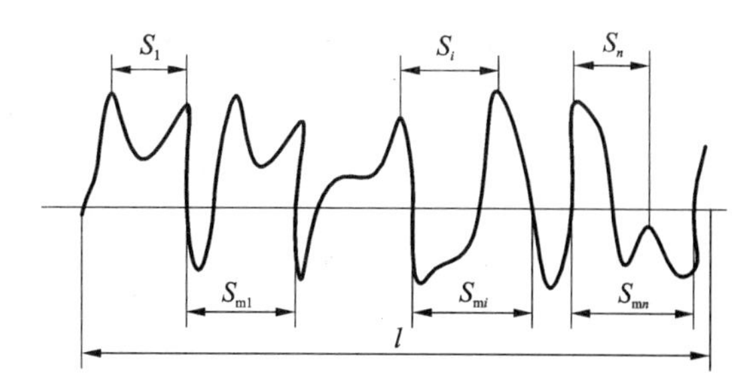

图 4-10　粗糙度评定参数 S 和 S_m

2) 轮廓微观不平度的平均间距 S_m

S_m 在取样长度 l 内，轮廓微观不平度间距的平均值。轮廓微观不平度间距 S_{mi} 是指含有一个轮廓峰和相邻轮廓谷的一段中线长度，如图 4-10 所示。用公式表示为

$$S_m = \frac{1}{n}\sum_{i=1}^{n} S_{mi} \tag{4-5}$$

(3) 形状特征参数——轮廓支承长度率 t_p

t_p 是在取样长度 l 内，一条平行于中线的线与轮廓相截时所得到的各段截线长度 b_i 之和与取样长度 l 之比，如图 4-11 所示。用公式表示为

$$t_p = \frac{1}{l}\sum_{i=1}^{n} b_i \times 100\% \tag{4-6}$$

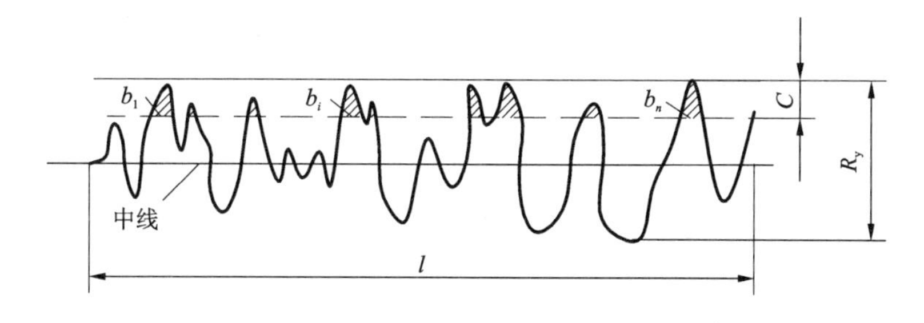

图 4-11　轮廓支承长度

由图 4-11 可以看出，b_i 的大小与水平截距 C 的大小有关，所以在选用 t_p 时应同时给出水平截距 C 值；t_p 与表面轮廓的形状有关，是反映表面耐磨性能的指标，t_p 大，承受负荷的面积大，则接触刚度好，耐磨性好。

4.3　表面粗糙度的符号和代号及其标注方法

GB/T 131—1993 规定了零件表面粗糙度符号、代号及其在图样上的标注。

1. 表面粗糙度的符号与代号

(1) 表面粗糙度的符号

图样上表示零件的表面粗糙度符号如表 4-2 所列。

表 4-2　表面粗糙度符号的画法及意义(摘自 GB/T 131—1993)

符　号	意　义
	基本符号,表示表面可用任何方法获得。当不加注粗糙度参数值或有关说明时仅适用于简化代号标注
	基本符号加一短划,表示表面是用去除材料的方法获得。例如:车、铣、钻、磨、剪切、抛光、腐蚀、电火花加工、气割等
	基本符号加一小圆,表示表面是用不去除材料的方法获得。例如:铸、锻、冲压变形、热轧、冷轧、粉末冶金等。 或是用于保持原供应状况的表面
	在上述三个符号的长边上均可加一横线,用于标注有关参数和说明
	在上述三个符号上均可加一小圆,表示所有表面具有相同的表面粗糙度要求

(2) 表面粗糙度的代号

在表面粗糙度符号的规定位置上标注表面粗糙度的参数值及其他有关要求,即构成表面粗糙度的代号,如图 4-12 所示。

代号中注写的位置分别是:

a_1、a_2——粗糙度高度参数代号及其数值,μm;

b——加工要求、镀覆、涂覆、表面处理或其他说明等;

c——取样长度(mm)或波纹度(μm);

d——加工纹理方向符号,如表 4-3 所列;

e——加工余量,mm;

f——粗糙度间距参数值(mm)或轮廓支承长度率。

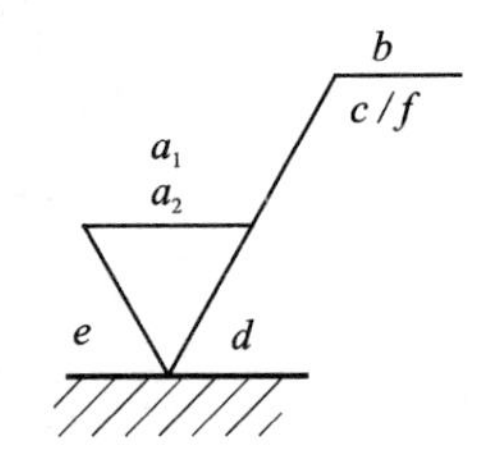

图 4-12　表面粗糙度代号

表 4-3　常见加工纹理方向的符号及加工方法(摘自 GB/T 131—1993)

代表符号	说　明	示意图	加工方法举例
=	纹理平行于标注代号的视图的投影面	纹理方向	纵车、插、磨、刨

续表 4-3

代表符号	说　明	示意图	加工方法举例
⊥	纹理垂直于标注代号的视图的投影面	纹理方向	纵车、插、磨、刨
×	纹理呈两相交的方向	纹理方向	交叉光整加工、镗、磨
M	纹理呈多方向		交叉精整加工、镗、磨、无规律交叉曲线研磨
C	纹理呈近似同心圆		平磨、沉孔加工
R	纹理呈近似放射形		端磨
P	纹理无方向或呈凸起的细粒状		化学表面打毛、未处理铸件表面、颗粒涂层、电火花加工、喷砂喷丸

2. 高度参数的标注

R_a 只需标数值，代号本身不标。R_z、R_y 除标数值外，还需在数值前标注相应的代号，如表 4-4 所列。

表 4-4　表面粗糙度高度特征参数标注示例(摘自 GB/T 131—1993)

代　号	意　义	代　号	意　义
3.2	用任何方法获得的表面粗糙度,R_a 的上限值为 3.2 μm	3.2max	用任何方法获得的表面粗糙度,R_a 的最大值为 3.2 μm
3.2	用去除材料的方法获得的表面粗糙度,R_a 的上限值为 3.2 μm	3.2max	用去除材料方法获得的表面粗糙度,R_a 的最大值为 3.2 μm
3.2	用不去除材料的方法获得的表面粗糙度,R_a 的上限值为 3.2 μm	3.2max	用不去除材料方法获得的表面粗糙度,R_a 的最大值为 3.2 μm
3.2 1.6	用去除材料的方法获得的表面粗糙度,R_a 的上限值为 3.2 μm,R_a 的下限值为 1.6 μm	3.2max 1.6min	用去除材料方法获得的表面粗糙度,R_a 的最大值为 3.2 μm,R_a 的最小值为 1.6 μm
R_y3.2	用任何方法获得的表面粗糙度,R_y 的上限值为 3.2 μm	R_y3.2max	用任何方法获得的表面粗糙度,R_y 的最大值为 3.2 μm
R_z200	用不去除材料方法获得的表面粗糙度,R_z 的上限值为 200 μm	R_z200max	用去除材料方法获得的表面粗糙度,R_z 的最大值为 200 μm
R_z3.2 R_z1.6	用去除材料方法获得的表面粗糙度,R_z 的上限值为 3.2 μm,下限值为 1.6 μm	R_z3.2max R_z1.6min	用去除材料方法获得的表面粗糙度,R_z 的最大值为 3.2 μm,最小值为1.6 μm
3.2 R_y12.5	用去除材料方法获得的表面粗糙度,R_a 的上限值为 3.2 μm,R_y 的上限值为 12.5 μm	3.2max R_y12.5max	用去除材料方法获得的表面粗糙度,R_a 的最大值为 3.2 μm,R_y 的最大值为 12.5 μm

当允许表面粗糙度参数的所有实测值中超过规定值的个数少于总数的 16%时,应在图样上标注表面粗糙度参数的上限值或下限值;当要求在表面粗糙度参数的所有实测值都不得超过规定值时,应在图样上标注表面粗糙度参数的最大值或最小值。

表面粗糙度代号在图样上标注方法如图 4-13 和图 4-14 所示(摘自 GB/T 131—1993)。

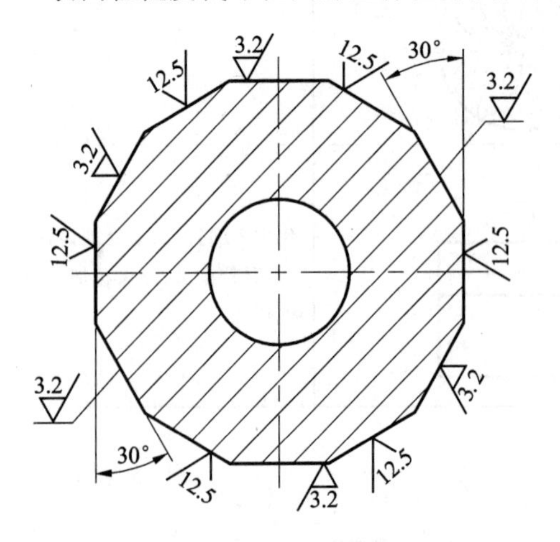

图 4-13　表面粗糙度标注示例 1

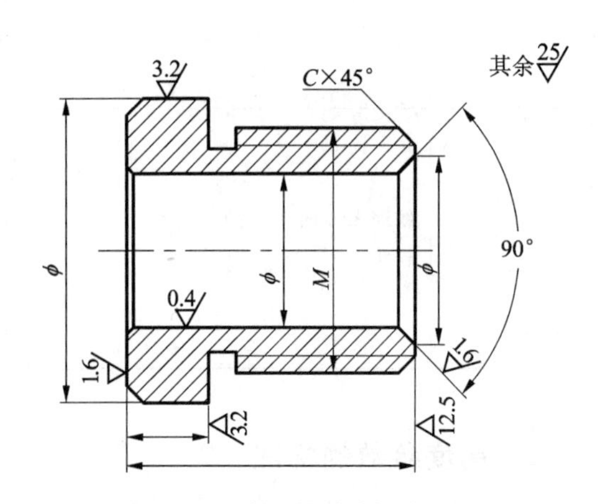

图 4-14　表面粗糙度标注示例 2

4.4　表面粗糙度的选用

零件表面粗糙度的正确选择，具有重要的技术和经济意义。它主要是根据零件的工作条件和使用要求，同时还要考虑到实际工艺的可能性和经济性。选择时一般包括评定参数和参数大小的确定。

1. 评定参数的选用

高度参数对间距参数和形状特征参数来说是基本参数。对表面粗糙度有要求的表面必须给出两项基本要求，即给出表面粗糙度的高度参数和取样长度值。

标准中规定表面粗糙度在 R_a 为 0.025～6.3 μm 或 R_z 为 0.100～25 μm 范围内，推荐优先选用 R_a 参数；当表面粗糙度要求特别高（$R_a<0.025$ μm）或特别低（$R_a>6.3$ μm）时，可选用 R_z，因为这些范围便于选择用于测量 R_z 的仪器；对测量部位小、峰谷少或有疲劳强度要求的零件表面，可采用 R_y 作为评定参数。

间距参数 S_m、S 和形状特征参数 t_p 在评定表面粗糙度时不能单独使用，当高度参数已不能满足控制表面功能要求时，根据需要可选用 S_m、S 和形状特征参数 t_p 作为补充控制。

2. 表面粗糙度值的选用原则

零件表面粗糙度参数值的选择既要满足零件表面的功能要求，也要考虑到经济性，具体选择时可用类比法确定。一般选择原则如下：

① 在满足零件功能要求的情况下，尽量选用较大的表面粗糙度参数值。

② 同一零件上，工作表面的粗糙度参数值应小于非工作表面的粗糙度参数值。

③ 摩擦表面应比非摩擦表面的粗糙度参数值要小；滚动摩擦表面应比滑动摩擦表面的粗糙度参数值要小；运动速度高、单位压力大的摩擦表面应比运动速度低、单位压力小的摩擦表面粗糙度参数值要小。

④ 受交变载荷的表面和易引起应力集中的部位，表面粗糙度参数值要小。

⑤ 配合性质要求高的结合表面，配合间隙小的配合表面以及要求联接可靠承受重载荷的过盈配合表面等，都应取较小的表面粗糙度参数值。

⑥ 配合性质相同，一般情况下，零件尺寸越小，粗糙度参数值也小；同一精度等级，小尺寸比大尺寸、轴比孔的粗糙度参数值要小。

通常尺寸公差、表面形状公差小时，表面粗糙度参数值也小。但表面粗糙度参数值和尺寸公差、表面形状公差之间并不存在确定的函数关系，如手轮、手柄的尺寸公差较大，但表面粗糙度参数值却较小。一般情况下，它们之间有一定的对应关系。设表面形状公差值为 T，尺寸公差值为 IT，它们之间可参照以下对应关系：

若 $T\approx0.6\text{IT}$，则 $R_a\leqslant0.05\text{IT}$，$R_z\leqslant0.2\text{IT}$。

若 $T\approx0.4\text{IT}$，则 $R_a\leqslant0.025\text{IT}$，$R_z\leqslant0.1\text{IT}$。

若 $T\approx0.25\text{IT}$，则 $R_a\leqslant0.012\text{IT}$，$R_z\leqslant0.05\text{IT}$。

表 4－5 列出了表面粗糙度的表面特征、经济加工方法及应用举例，供类比时参考。

表 4-5 表面粗糙度的表面特征、经济加工方法比较及应用举例

R_a/μm	表面微观特征	主要方法举例	应用举例
>40～80	明显可见刀痕	粗车、粗刨、粗铣、钻、毛锉、粗砂轮加工等	粗糙度最低的加工面，一般很少应用
>20～40	可见刀痕		
>10～20	微见刀痕	粗车、刨、立铣、平铣、钻等	不接触表面、不重要表面，如螺钉、倒角、机座底面等
>5～10	可见加工痕迹	精车、精铣、精刨、铰、镗、粗磨等	没有相对运动的零件接触面，如箱、盖、套筒等要求紧贴的表面、键和键槽工作表面；相对运动速度不高的接触面，如支架孔、衬套、带轮轴孔的工作表面
>2.5～5	微见加工痕迹		
>1.25～2.5	看不见加工痕迹		
>0.63～1.25	可辨加工痕迹方向	精车、精铰、精拉、精镗、精磨等	要求很好密合的接触面，如与滚动轴承配合的表面、销孔等；相对运动速度较高的接触面，如滑动轴承的配合表面、齿轮轮齿的工作表面
>0.32～0.63	微辨加工痕迹方向		
>0.16～0.32	不可辨加工痕迹方向		
>0.08～0.16	暗光泽面	研磨、抛光、超级精细研磨等	精密量具表面、极重要零件的摩擦面，如气缸的内表面、精密机床的主轴轴颈、坐标镗床的主轴轴颈
>0.04～0.08	亮光泽面		
>0.02～0.04	镜状光泽面		
>0.01～0.02	雾光泽面		
>0.01	镜面		

4.5 表面粗糙度的测量

目前表面粗糙度常用的检测方法有比较法、光切法、干涉法和针描法。

1. 比较法

比较法是将被测工件表面与标有一定评定参数值的粗糙度样板，借助视觉、触觉或放大镜进行比较，以获得被检表面粗糙度的一种方法。比较法虽然不能得出具体的粗糙度数值，但由于它简单方便，效率高，对中、低精度的工件表面能作出表面粗糙度是否合格的可靠判断，故在生产中应用广泛。

触觉比较法，是用手指甲以适当速度分别沿比较样块和工件表面划过时，凭主观触觉比较评估工件的表面粗糙度。当表面微观不平的波纹距为 0.1 mm 左右时，手指在比较样块和被检表面上移动的速度以 25 mm/s 左右为宜。触觉比较法可评估的 R_a 值为 1～10 μm。

视觉比较法，是将比较样块和被检工件表面放置在一起，在相同的照明条件下，用肉眼直接观察评定。这种比较方法的评定范围是 R_a 值为 3.2～60 μm。对 R_a 值为 0.4～1.6 μm 的表面，可用 5 倍或 10 倍的放大镜进行目测评估；对 R_a 值为 0.1～0.4 μm 的表面，需用比较显微镜作目测评估；对 R_a 值小于 0.1 μm 的表面，不宜用比较样块检验。

为使比较判断准确，粗糙度样板的材料、形状和加工方法应尽可能与被检验工件相同，现已由专业厂按车、铣、刨、磨、钻、镗等复制成套标准样板供应，也可以从生产的零件中挑选样

品，经精密仪器检定后，作标准样板使用。如图 4－15 所示为车削加工的比较样块，可与轴表面进行比较。样块（共 4 块）是圆柱形或半圆柱形的车削加工金属制件。

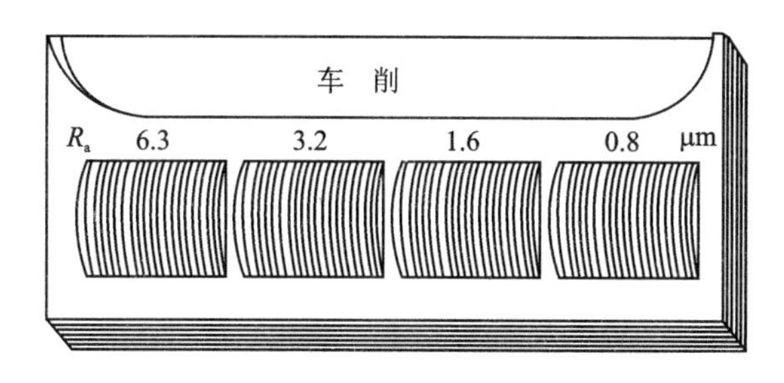

图 4－15　车削加工的比较样块

2. 光切法

光切法是利用一条狭窄的扁平光束，以一定的倾斜角投射到被测表面上，光束与工件表面的交线即为工件表面微观不平的轮廓图形，如图 4－16 所示，用显微镜从 A 方向观察测量，从而得到被测表面粗糙度值的方法。光切法主要用来测量微观不平度十点高度 R_z 值。

光切法的基本原理可从双管显微镜的结构系统及测量方法中了解，如图 4－17 所示。

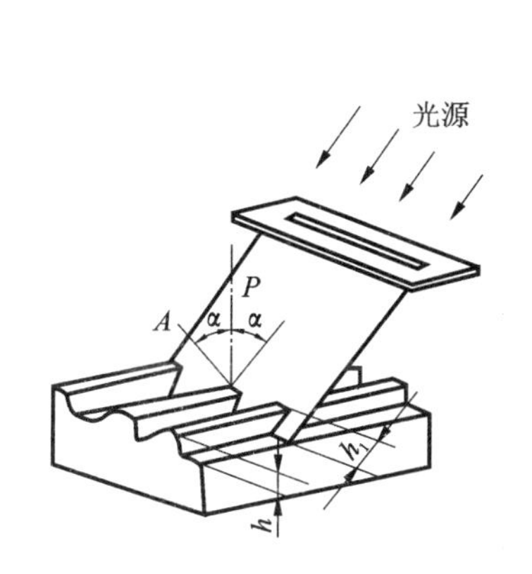

图 4－16　光切法原理图

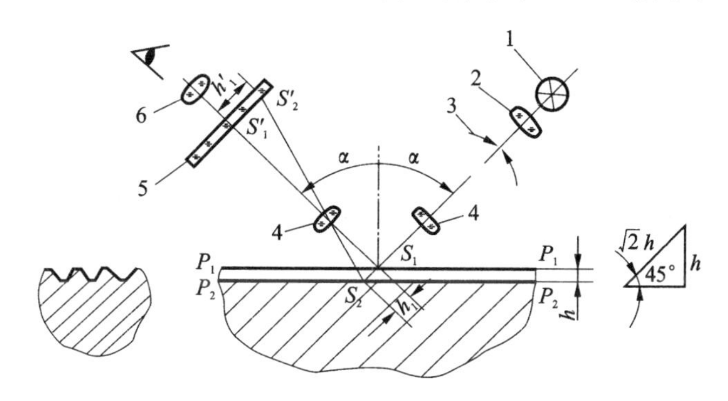

1—光源；2—聚光镜；3—照明狭缝；4—物镜；5—分划板；6—目镜

图 4－17　双管光切显微镜的结构原理图

图 4－17 所示的 P_1P_1 和 P_2P_2 分别为被测表面轮廓的峰顶线和谷底线，它们之间的距离 h 为被测表面粗糙度轮廓的垂直深度。双管显微镜由两个镜管组成，一个为投射照明镜管，另一个为观测镜管，两镜管轴线互成 90°。在照明镜管中，从光源 1 射出光线经聚光镜 2、照明狭缝 3，通过物镜 4 后，形成一条狭长细光束，以 45°角投射到被测工件表面上，好似一把"光刀"以 45°方向与被测表面相截。在波峰 S_1 和波谷 S_2 点分别反射，通过观测目镜 6 各自成像在分划板 5 上的 S'_1 和 S'_2 点，其峰谷影像高度差为 h'_1。图 4－17 中，

$$h_1 = S_1S_2 = h/\cos 45° = \sqrt{2}h$$

$$h'_1 = Kh_1 = \sqrt{2}Kh$$

式中：K——为物镜放大倍数。

为了消除 $\sqrt{2}$ 给计算带来的不便，仪器设计时，使目镜的可动分划板（上有标尺指标双线及瞄对轮廓像峰谷的十字线）在测量时十字线及双线的运动方向与被测影像的峰谷高度 h'_1 的方

向成45°角,即按图4-18中的箭头方向运动。这样,分划板移动距离的读数值H比峰谷影像高度h_1'又放大了$\sqrt{2}$倍。故$h=H/2K$。

测量时转动测微器,可使视场中的十字线的水平线与轮廓峰相切,记下第一次读数a_1,然后转动测微器,使十字线的水平线再与轮廓谷相切,记下第二次读数a_2;两次读数之差a再乘以仪器常数,则得一组峰、谷高度差。按评定参数的定义进行测量和数据处理即可确定R_z值。光切法可测R_z值的范围为0.8~80 μm。

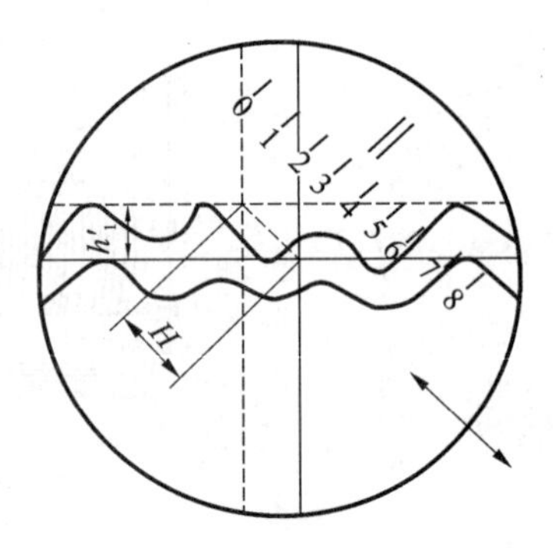

图4-18　光切微显镜的视场图

3. 干涉法

对R_z值小于0.8 μm的工件,光切显微镜已不能分辨表面的峰谷,可用干涉显微镜,其测量范围一般为R_z在0.025~0.8 μm之间。

干涉法是利用光波干涉原理来测量表面粗糙度的方法,所用仪器是干涉显微镜。由光波干涉原理可知,两列相干光波同时作用于某一点上,该点的振动等于每列波单独作用时所引起的振动的代数和。根据光波的叠加特性,若波峰与波峰相遇,波谷与波谷相遇,其结果是振幅加强;若波峰与波谷相遇,则振幅相抵消。

然而,光波叠加,产生干涉现象的两列光波必须具备下述条件,即频率相同,振动方向相同,相位相同或有固定的相位差。普通白炽灯发出的光波并不具备这些条件,因而无法产生干涉现象,而干涉显微镜中的分光镜能够将普通光源的光束分为两个相干光束。这样的两束相干光波经过不同的路程再相遇,叠加时便可产生干涉现象。两相干光波从分离点到相遇点,若光程差为半波长的奇数倍,则干涉后产生暗带;若光程差为零或是半波长的偶数倍时,则干涉后产生亮带。干涉显微镜就是利用这一光波干涉原理来测量工件表面粗糙度的。

国产6JA型干涉显微镜的光学系统如图4-19(a)所示。光源21发出的光线经聚光镜20、18和反射镜17投射到孔径光阑16的平面上,照明了位于物镜14前面的视场光阑15。通过物镜1射向标准反射镜2,再由标准反射镜反射重新通过物镜,透过分光板6射向目镜9;从分光板透射出来的光线经补偿板5和物镜4射向工件表面3,再由工件表面反射后按原路返回至分光板,再在其上反射向目镜,与第一束光在目镜焦平面上相遇,产生明暗相间的干涉条纹;若被测表面不平,则会造成干涉条纹弯曲,如图4-19(b)所示。弯曲的大小与相应部位峰、谷高度差h按下式计算:

$$h=\frac{a}{b}\times\frac{\lambda}{2}$$

式中:a——干涉条纹弯曲量;

b——相邻两干涉条纹的距离;

λ——光波波长($\lambda_{白光}\approx 0.54$ μm)。

按评定参数的定义测出数据,并经数据处理后可得粗糙度值。

4. 针描法

针描法又称感触法或触针法,是利用金刚石触针直接垂直于被测表面,并以恒定的速度轻

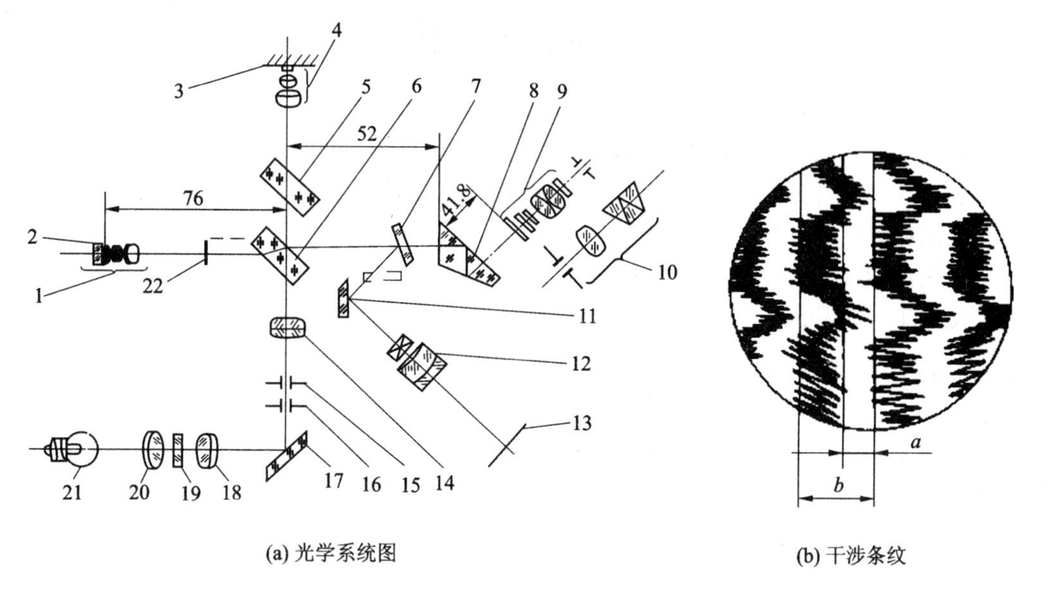

(a) 光学系统图　　(b) 干涉条纹

1,4,14—物镜;2—标准反射镜;3—工件表面;5—补偿板;6—分光板;

7,11,17—反射镜;8—转像棱镜;9—目镜;10—狭缝目镜;12—投射物镜;13—照相底片;

15—视场光阑;16—孔径光阑;18,20—聚光镜;19—滤光片;21—光源;22—遮光板

图 4－19　6JA 型干涉显微镜的光学系统图

轻划过。由于表面粗糙不平,使触针在垂直于被测轮廓表面方向产生上下移动。这种移动经变换形成电信号,通过电子装置加以放大,然后通过指示表直接读出被测表面轮廓的算术平均偏差 R_a 值;或通过记录纸自动描绘出图形,而后进行数据处理,得到微观不平度十点高度 R_z 值。

电感式轮廓仪就是利用针描法来测量表面粗糙度的仪器,电感传感器是其主要部件。它的工作原理如图 4－20 所示。测量时触针与被测表面垂直接触,轮廓仪的驱动箱以一定速度拖动传感器,从而使触针在被测表面上缓缓滑行。由于被测表面轮廓峰谷起伏,触针将随被测表面轮廓上的峰谷起伏作上下运动,并通过杠杆使铁芯作上下运动,从而使感应线圈内的电量发生变化。其电量变化的大小与触针的上下运动量成正比。再经过电子装置将电量放大和数据处理,即可把触针所经过的被测表面轮廓形状用图形记录下来或由电表直接指示出被测参数 R_a 值。

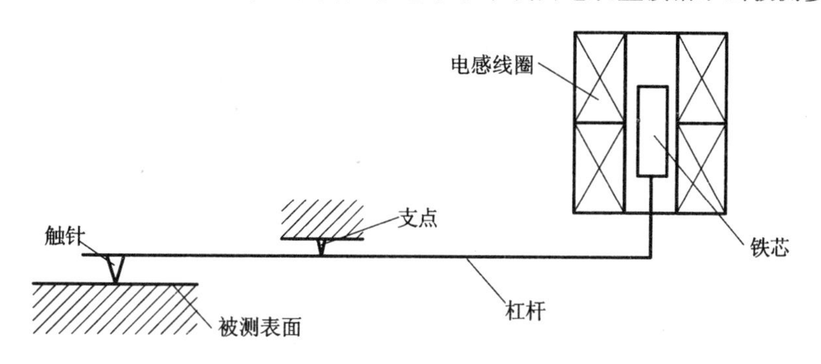

图 4－20　电感式轮廓仪工作原理图

电感式轮廓仪的测量参数 R_a 的范围一般为 0.01～5 μm。它具有性能稳定,测量迅速,数字显示,放大倍数高,使用方便等优点,因此在计量室和生产现场都被广泛应用。

思考题与习题

1. 什么是表面粗糙度？它对零件使用性能有何影响？

2. 评定表面粗糙度时，为什么要规定取样长度、评定长度和轮廓中线？

3. 表征高度特性的参数有哪些？试述 R_a、R_z 和 R_y 的含义。

4. 表面粗糙度的选用原则是什么？

5. 常用的表面粗糙度测量方法有哪几种？各适用于测量哪些参数？

6. 说明下列代号的含义：

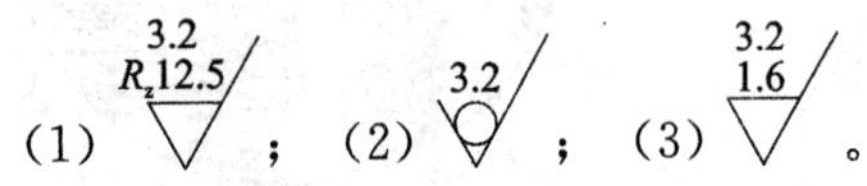

7. 在一般情况下，ϕ40H7 与 ϕ10H7 相比，ϕ40H6/f5 与 ϕ40H6/s5 相比，哪个应选用较高的表面粗糙度参数值？

第5章　光滑极限量规

光滑极限量规是指被检测工件为光滑孔或光滑轴所用的极限量规的总称，简称量规。它是一种没有刻度的专用量具，广泛应用于成批量生产中。

5.1　概　述

1. 量规的作用

量规有塞规和卡规两种，如图5-1所示。它们通常成对使用，各自又分为通规和止规。通规控制作用尺寸，止规控制实际尺寸。

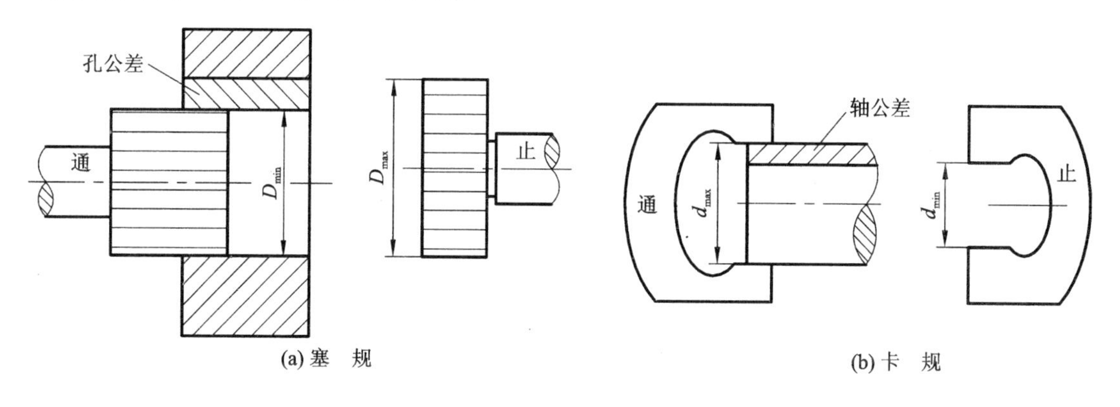

图5-1　光滑极限量规

(1) 塞　规

塞规是孔用光滑极限量规，如图5-1(a)所示。它的通规是根据孔的最大实体尺寸(即孔的最小极限尺寸)制造的，作用是防止孔的作用尺寸小于孔的最小极限尺寸；止规是按孔的最小实体尺寸(即孔的最大极限尺寸)制造的，作用是防止孔的实际尺寸大于孔的最大极限尺寸。检验孔时，塞规的通规能通过被检验的孔，而止规不能通过，说明被检验的孔是合格的；反之，则为不合格。

(2) 卡　规

卡规是轴用光滑极限量规，也称为环规，如图5-1(b)所示。它的通规是按轴的最大实体尺寸(即轴的最大极限尺寸)制造的，作用是防止轴的作用尺寸大于轴的最大极限尺寸；止规是按轴的最小实体尺寸(即轴的最小极限尺寸)制造的，作用是防止轴的实际尺寸小于轴的最小极限尺寸。检验轴时，卡规的通规能通过被检测的轴，而止规不能通过，说明被检验的轴是合格的；反之，则为不合格。

用量规来检验工件时，只能判断工件是否在允许的极限尺寸范围内，而不能测出工件的实际尺寸。当图样上被测要素的尺寸公差和形位公差按独立原则标注时，一般使用通用计量器具分别测量。当单一要素的孔和轴采用包容要求标注时,则应使用量规来检验,把尺寸误差和形状误差都控制在尺寸公差范围内。

2. 量规的种类

量规按其用途不同分为工作量规、验收量规和校对量规。

(1) 工作量规

工作量规是生产过程中操作者检验工件时所使用的量规,分为通规和止规。通规用代号"T"表示,止规用代号"Z"表示。

(2) 验收量规

验收量规是检验部门或用户验收产品时所使用的量规。验收量规一般不需要另行制造,它是从磨损较多,但未超过磨损极限的工作量规中挑选出来的。验收量规的止规应接近工件最小实体尺寸。这样,操作者用工作量规自检合格的工件,当检验员用验收量规验收时也一定合格。

(3) 校对量规

校对量规是检验轴用工作量规的量规。因为孔用工作量规便于用精密量仪测量,故国家标准未规定校对量规,只对轴用量规规定了校对量规。

轴用校对量规有以下三种。

① "校通—通"量规(代号为 TT):是检验轴用量规"通规"的校对量规。能被 TT 通过,则认为该通规制造合格。所以,TT 的作用是防止通规尺寸过小,以保证工件应有的生产公差。

② "校止—通"量规(代号为 ZT):是检验轴用量规"止规"的校对量规。能被 ZT 通过,则认为该止规制造合格。所以,ZT 的作用是防止止规尺寸过小,以保证产品质量。

③ "校通—损"量规(代号为 TS):是检验轴用量规"通规磨损极限"的校对量规。通规在使用过程中不应该被 TS 通过;如果被 TS 通过,则认为该通规已超过极限尺寸,应予报废,否则会影响产品质量。

5.2 量规尺寸公差带

量规在制造过程中,不可避免地产生误差,因此对量规也必须规定制造公差。

由于通规在使用过程中经常通过被检零件,因而会逐渐磨损以至报废。为了使通规具有一定的使用寿命,应留出适当的磨损储量,因此通规公差由制造公差(T)和磨损公差两部分组成。

止规通常不通过工件,磨损极少,所以不需要留磨损量,只规定了制造公差。

1. 工作量规的公差带

量规设计时,以被检零件的极限尺寸为量规的基本尺寸。量规的公差带不得超越工件的公差带,实质是缩小了工件公差范围,提高了工件的制造精度,防止出现误收。

工作量规的公差带图如图 5-2 所示。图中 T 为量规制造公差,Z 为位置要素(即通规制造公差带中心到工件最大实体尺寸之间的距离),T 和 Z 值取决于工件的基本尺寸和公差等级。通规的公差带对称于 Z 值(位置要素),其允许磨损量以工件的最大实体尺寸为极限;止

规的制造公差带是从工件的最小实体尺寸算起，分布在尺寸公差带之内。T 和 Z 的具体数值如表 5-1 所列。

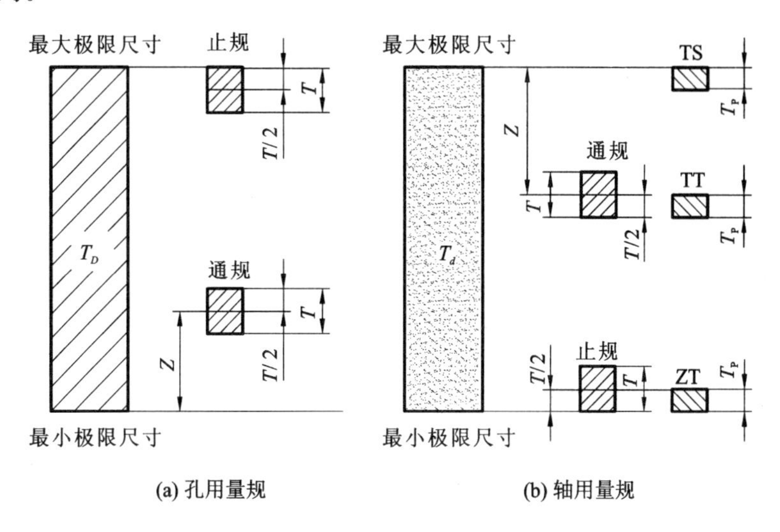

(a) 孔用量规　　　　(b) 轴用量规

图 5-2　光滑极限量规的公差带

表 5-1　量规制造公差 T 和位置要素值 Z（摘自 GB/T 1957—2006）　　μm

工件基本尺寸 mm	IT6			IT7			IT8			IT9			IT10			IT11			IT12		
	IT6	T	Z	IT7	T	Z	IT8	T	Z	IT9	T	Z	IT10	T	Z	IT11	T	Z	IT12	T	Z
～3	6	1	1	10	1.2	1.6	14	1.6	2	25	2	3	40	2.4	4	60	3	6	100	4	9
>3～6	8	1.2	1.4	12	1.4	2	18	2	2.6	30	2.4	4	48	3	5	75	4	8	120	5	11
>6～10	9	1.4	1.6	15	1.8	2.4	22	2.4	3.2	36	2.8	5	58	3.6	6	90	5	9	150	6	13
>10～18	11	1.6	2	18	2	2.8	27	2.8	4	43	3.4	6	70	4	8	110	6	11	180	7	15
>18～30	13	2	2.4	21	2.4	3.4	33	3.4	5	52	4	7	84	5	9	130	7	13	210	8	18
>30～50	16	2.4	2.8	25	3	4	39	4	6	62	5	8	100	6	11	160	8	16	250	10	22
>50～80	19	2.8	3.4	30	3.6	4.6	46	4.6	7	74	6	9	120	7	13	190	9	19	300	12	26
>80～120	22	3.2	3.8	35	4.2	5.4	54	5.4	8	87	7	10	140	8	15	220	10	22	350	14	30
>120～180	25	3.8	4.4	40	4.8	6	63	6	9	100	8	12	160	9	18	250	12	25	400	16	35
>180～250	29	4.4	5	46	5.4	7	72	7	10	115	9	14	185	10	20	290	14	29	460	18	40
>250～315	32	4.8	5.6	52	6	8	81	8	11	130	10	16	210	12	22	320	16	32	520	20	45
>315～400	36	5.4	6.2	57	7	9	89	9	12	140	11	18	230	14	25	360	18	36	570	22	50
>400～500	40	6	7	63	8	10	97	10	14	155	12	20	250	16	28	400	20	40	630	24	55

2. 验收量规的公差带

在量规国家标准中，没有单独规定验收量规公差，但规定了验收部门应使用磨损较多的通规，用户代表应使用接近工件最大实体尺寸的通规，以及接近工件最小实体尺寸的止规。

3. 校对量规的公差带

三种校对量规的尺寸公差均为被校对轴用量规尺寸公差的50%,如图5-2(b)所示。由于校对量规精度高,制造困难,而目前测量技术又有了提高,因此,在生产中逐步用量块或计量仪器代替校对量规。

5.3 量规设计

量规设计包括选择量规结构形式、确定量规结构尺寸、计算量规工作尺寸以及绘制量规工作图。

1. 量规的设计原则及其结构

设计量规应遵守泰勒原则(极限尺寸判断原则),即孔或轴的作用尺寸不允许超过最大实体尺寸,且在任何位置上的实际尺寸不允许超过最小实体尺寸。

(1) 量规尺寸要求

通规的基本尺寸应等于工件的最大实体尺寸;止规的基本尺寸应等于工件的最小实体尺寸。

(2) 量规的形状要求

通规用来控制工件的作用尺寸,所以通规应设计成全形量规,即其测量面应是与孔或轴形状相对应的完整表面,且测量长度等于配合长度。止规用来控制工件的实际尺寸,它的测量面应是两点式的(即不全形量规),且测量长度可以短些。

如图5-3所示,当孔存在形状误差时,若将止规制成全形量规,就不能发现孔的这种形状误差,而会将形状误差超出尺寸公差带的工件误收为合格品;若将止规制成非全形规,检验时,它与被测孔是两点接触,只需稍微转动,就可能发现这种过大的形状误差。

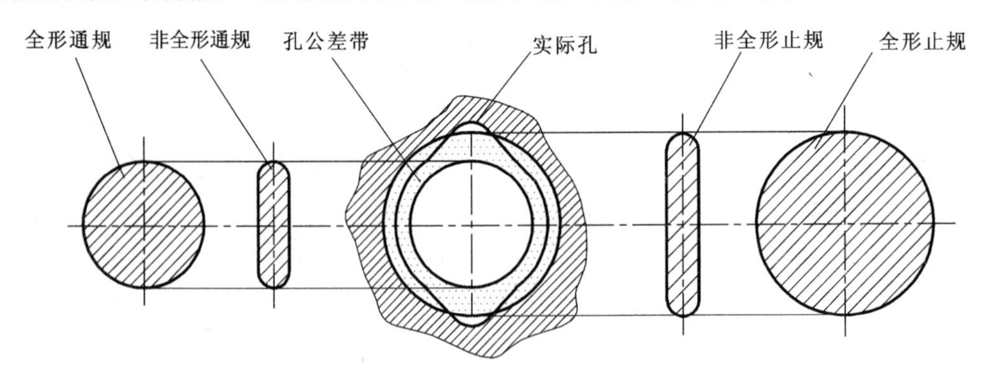

图5-3 量规形状对检验结果的影响

用符合泰勒原则的量规检验工件时,若通规能通过而止规不能通过,则表示工件合格;反之,则工件不合格。

严格遵守泰勒原则设计的量规,具有既能控制工件尺寸,同时又能控制工件形状误差的优点。但在量规的实际应用中,由于量规制造和使用方法的原因,要求量规形状完全符合泰勒原则是有困难的。因此,国家标准规定,在被检验工件的形状误差不影响配合性质的条件下,允

许使用偏离泰勒原则的量规。例如，对于尺寸大于 $\phi 100$ mm 的孔，为了不使量规过于笨重，允许采用非全形塞规。同样，为了提高检验效率，检验大尺寸轴的通规也很少制成全形环规。此外，全形环规不能检验正在顶尖上装夹加工的工件及曲轴等，只能用卡规。当采用不符合泰勒原则的量规检验工件时，应在工件的多方位上作多次检验，并从工艺上采取措施以限制工件的形状误差。

2. 量规工作尺寸的计算

量规工作尺寸计算的步骤如下：

① 确定被检验工件的极限偏差。

② 确定工作量规的制造公差 T 和位置要素 Z 值，并确定量规的形位公差。

③ 确定工作量规的极限偏差。

④ 画出工作量规的公差带图。

例 5-1　设计检验 $\phi 25$H8/f7 孔和轴用工作量规的工作尺寸。

解

1）确定被测孔轴的极限偏差

由表 1-2、表 1-3 和表 1-4 查出孔和轴的极限偏差为

孔的上、下偏差　　ES = +0.033 mm，EI = 0 mm

轴的上、下偏差　　es = -0.020 mm，ei = -0.041 mm

2）确定工作量规的制造公差和位置公差值

查表 5-1 得：

IT8 级，尺寸为 $\phi 25$ 的量规公差为 T = 0.0034 mm，位置要素 Z = 0.005 mm。

IT7 级，尺寸为 $\phi 25$ 的量规公差为 T = 0.0024 mm，位置要素 Z = 0.0034 mm。

3）确定工作量规的极限偏差

① $\phi 25$H8 孔用塞规

通规：上偏差 = EI + $Z+T/2$ =(0+0.005+0.0017) mm = +0.0067 mm

　　　下偏差 = EI+ $Z-T/2$ = (0+0.005-0.0017) mm = +0.0033 mm

　　　磨损极限 = EI = 0

止规：上偏差 = ES = +0.033 mm

　　　下偏差 = ES-T =(+0.033-0.0034) mm = +0.0296 mm

② $\phi 25$f7 轴用环规或卡规

通规：上偏差 = es-$Z+T/2$ =(-0.02-0.0034+0.0012) mm = -0.0222 mm

　　　下偏差 = es-$Z-T/2$ =(-0.02-0.0034-0.0012) mm = -0.0246 mm

　　　磨损极限 = es = -0.020 mm

止规：上偏差 = ei+T = (-0.041+0.0024) mm = -0.0386 mm

　　　下偏差 = ei = -0.041 mm

4）绘制工作量规的公差带图，如图 5-4 所示，量规的标注方法如图 5-5 所示。

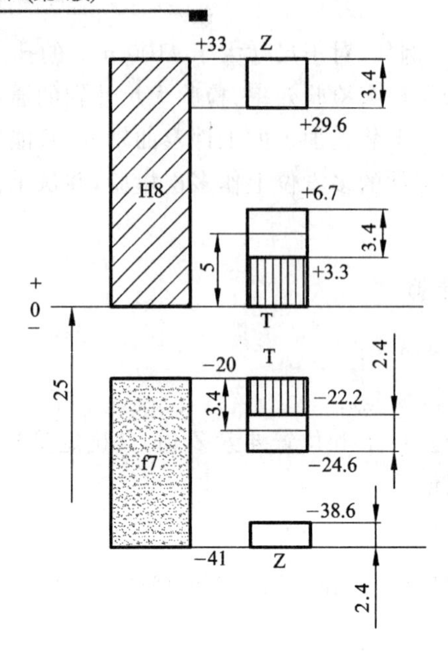

图 5－4　ϕ25H8/f7 孔、轴工作量规公差带图

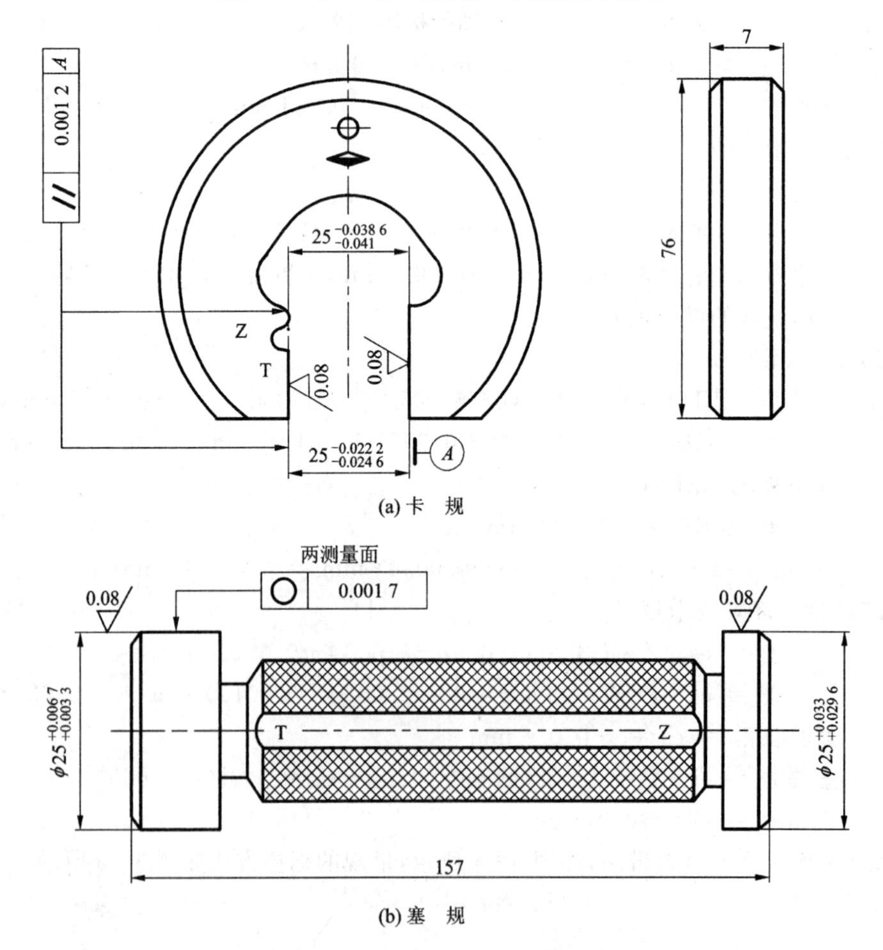

(a) 卡　规

(b) 塞　规

图 5－5　ϕ25H8/f7 孔、轴工作量规工作图

5.4　量规的技术要求

1. 形位公差

工作量规的形位误差应在量规的尺寸公差带内，形状公差一般为量规制造公差的 50%。当量规尺寸公差小于 0.002 mm 时，考虑到制造和测量困难，其形位公差仍取 0.001 mm。

2. 量规材料

量规测量面的材料与硬度对量规的使用寿命有一定的影响。量规可用合金工具钢（如 CrMn、CrMnW、CrMoV)、碳素工具钢（如 T10A、T12A)、渗碳钢（如 15 钢、20 钢）及其他耐磨材料（如硬质合金）等材料制造。手柄一般用 Q235 钢、LY11 铝等材料制造。量规测量面硬度为:58～65HRC。

3. 表面粗糙度

量规测量面的粗糙度，主要从量规使用寿命、工件表面粗糙度以及量规制造的工艺水平考虑。一般量规工作面的粗糙度要求比被检工件的粗糙度要求要严格，不应有锈迹、毛刺、黑斑及划痕等明显影响外观和使用的质量缺陷。量规测量表面的表面粗糙度参数如表 5－2 所列。

表 5－2　量规测量表面粗糙度

工作量规	工作基本尺寸/mm		
	～120	>120～315	>315～500
	最大允许值 $R_a/\mu m$		
	0.04	0.08	0.16
IT6 级孔用量规 IT6～IT9 级轴用量规 IT7～IT9 级孔用量规	0.08	0.16	0.32
IT10～IT12 级孔、轴用量规	0.16	0.32	0.63
IT13～IT14 级孔、轴用量规	0.32	0.63	0.63

思考题与习题

1. 光滑极限量规有何特点？如何判断工件的合格性？
2. 量规的通规和止规按工件的哪个实体尺寸制造？各控制工件的哪个极限尺寸？
3. 光滑极限量规的作用和分类是什么？
4. 孔、轴用工作量规的公差带是如何分布的？其特点是什么？
5. 计算 ϕ50H7/e6 配合的孔和轴工作量规的工作尺寸，并画出公差带图。

第6章　滚动轴承的公差与配合

滚动轴承是一种标准件，具有结构紧凑，摩擦阻力小，消耗功率小，容易启动及更换简便等优点，所以广泛应用于要求传动平稳、转速较高和传动效率要求较高的机床、电动机、汽车、拖拉机，甚至精密仪器等各种连接支撑中。滚动轴承由专业厂家生产，选用时可查阅有关标准。

6.1　概　述

滚动轴承主要由外圈1、滚动体（钢球或滚子）2、内圈3及保持架4等四部分组成，如图6-1所示。滚动轴承外圈与外壳孔结合；轴承的内圈与轴颈结合；滚动体承受载荷，并使轴承形成滚动摩擦；保持架将滚动体均匀分开，使每个滚动体轮流承载并在内、外滚道上滚动。

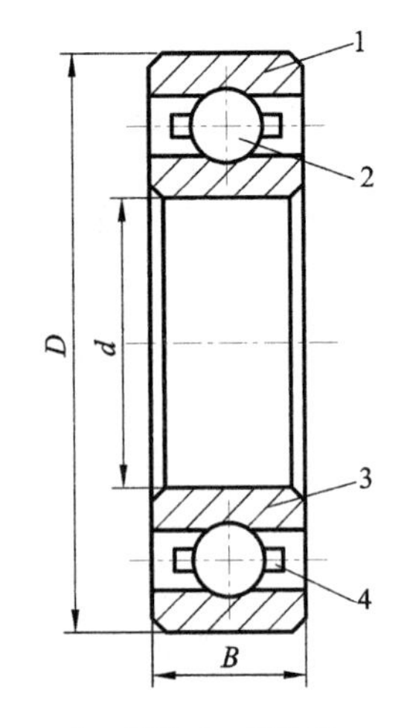

1—外圈；2—滚动体；
3—内圈；4—保持架

图6-1　滚动轴承

滚动轴承按照承受载荷的方向不同，可分为承受轴向载荷的推力轴承和主要承受径向载荷的向心轴承，以及同时承受径向和轴向载荷的向心推力轴承。

滚动轴承外径 D 和内径 d 分别与外壳孔和轴颈相配合，所以常将 D 和 d 称为滚动轴承的配合尺寸。

为了实现滚动轴承的互换性要求，我国制定了滚动轴承的公差标准。它不仅规定了滚动轴承的尺寸精度、旋转精度和测量方法，还规定了与滚动轴承相配合的外壳孔和轴颈的尺寸精度、配合、形位公差和表面粗糙度等。

6.2　滚动轴承的精度等级及其应用

1. 滚动轴承的精度等级

GB/T 307.3—1996规定，按照滚动轴承的基本精度和旋转精度将其分为0，6(6x)，5，4，2五个等级，分别对应于原标准(GB 307.3—1984)中的G，E(Ex)，D，C，B。其中，0级精度最低，2级精度最高。

2. 滚动轴承各精度等级的应用

0级轴承在机械中应用得最广，常用于转速中等和旋转精度要求不高的场合，如普通机床中的变速机构、进给机构；汽车、拖拉机中的变速机构；普通电机、水泵、压缩空气机、汽轮机等一般通用机械的旋转机构。

6,5,4 级轴承，主要用于转速和旋转精度要求较高的场合，如机床主轴、精密机械、仪器中使用的轴承。

2 级轴承用于转速和旋转精度要求很高的场合，如精密坐标镗床主轴、高精度仪器和各种高精度磨床主轴所用的轴承。

6.3　滚动轴承的公差带

1. 滚动轴承的内、外径公差带及其特点

由于滚动轴承是标准件，所以其外圈与外壳孔的配合应采用基轴制，内圈与轴颈的配合应采用基孔制。

轴承内圈与轴一起旋转时，为了防止内圈与轴颈的配合面相对滑动而使配合面产生磨损，影响轴承的工作性能，所以要求配合面间有少量的过盈。由于轴承内、外圈是薄壁零件，过盈较大会使它们产生变形，影响轴承的内部游隙。如果将其内径的公差带与一般基准孔的公差带位置一样安排，即单向分布在零线上方，则当轴颈采用 GB/T 1800.4—1999 中的 p 至 zc 代号的公差带时，所得过盈量往往过大；而选用 j 至 n 代号公差带时，极限过盈又偏小，不能满足轴承配合的使用要求。所以，GB/T 307.1—1994《滚动轴承公差》规定：内圈基准孔公差带位于以公称内径 d 为零线的下方，且上偏差为零，如图 6-2 所示。这种特殊的基准孔公差带与从 GB/T 1800.4—1999 中选取的基本偏差代号为 k,m,n 等轴颈公差带形成的内圈与轴颈的配合为具有小过盈的配合。这样形成的配合，相应地比 GB/T 1800.4—1999 中基本偏差代号为 k,m,n 等的轴颈公差带与基本偏差代号为 H 的基准孔公差带形成的配合稍紧。

轴承外圈安装在机器外壳中，机器工作时，温度会升高而使轴热胀。若外圈不旋转，可把外圈与外壳孔配合得稍微松一点，使之能补偿轴的热膨胀而引起的微量伸长量，不然轴会弯曲，轴承内、外圈中间的滚动体有可能卡死。GB/T 307.1—1994 规定：轴承外圈外圆柱面公差带位于以公称外径 D 为零线的下方，且上偏差为零，如图 6-2 所示。该公差带的基本偏差与一般基轴制配合的基准轴的公差带的基本偏差（其代号为 h）相同，但这两种公差带的公差数值不相同。所以外壳孔公差带从 GB/T 1800.4—1999 中的常用孔公差带中选取，它们与轴承外圈外圆柱面公差带形成的配合，基本保持 GB/T 1801—1999 中同名配合的配合性质。

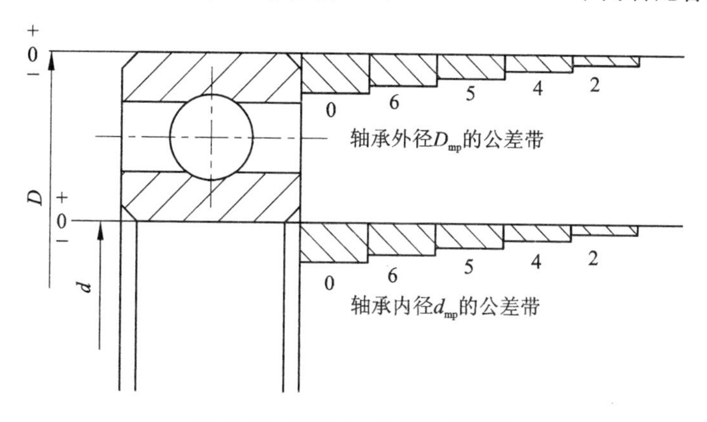

图 6-2　轴承内、外径的公差带

由于是薄壁零件，轴承内、外圈无论在制造过程中或在自由状态下都容易变形，但当轴承与形状正确的轴颈、外壳孔相配合后，这种变形容易得到矫正。因此，GB/T 307.1—1994 规定，在轴承内、外圈任意横截面内测得的最大与最小直径平均值对公称直径的实际偏差，只要在内、外径公差带内，就认为合格。

2. 与滚动轴承配合的轴颈、外壳孔的公差带

由于滚动轴承内圈和外圈的公差带在生产轴承时已经确定，因此轴承在使用时，它与轴颈和外壳孔的配合面间的配合性质由轴颈和外壳孔的公差带确定。为了实现各种松紧程度的配合性质要求，GB/T 275—1993《滚动轴承与轴和外壳的配合》对与 0 级和 6 级轴承配合的轴颈规定了 17 种公差带，对外壳孔规定了 16 种公差带，如图 6－3 所示。

由图 6－3 可见，轴承内圈与轴颈的配合比 GB/T 1801—1999 中基孔制同名配合偏紧一些，g5，g6，h7，h8 轴颈与轴承内圈的配合已成为过渡配合；k5，k6，m5，m6 轴颈与轴承内圈的配合已成为过盈较小的过盈配合。

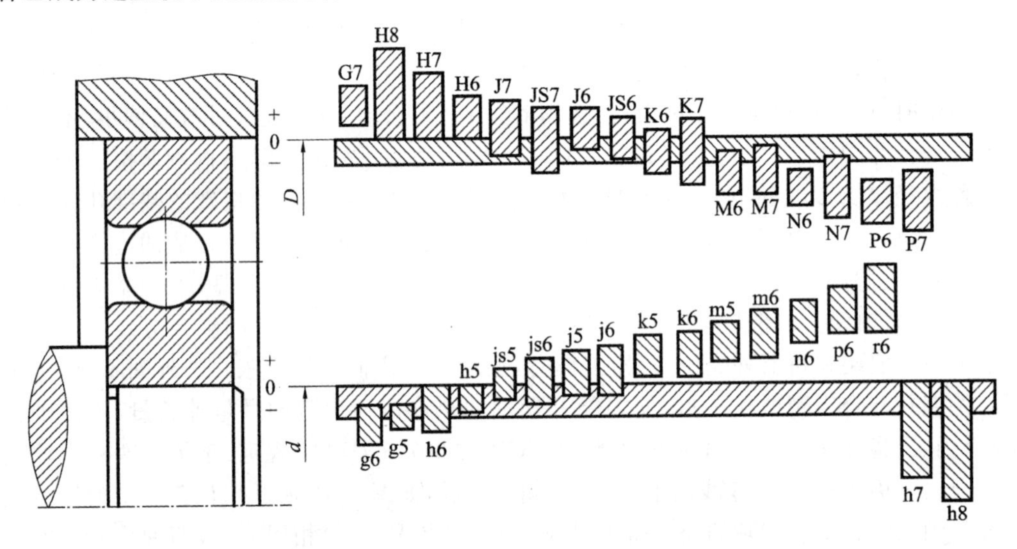

图 6－3　与滚动轴承配合轴颈、外壳孔的常用公差带

从图 6－3 可看出，轴承外圈与外壳孔的配合与 GB/T 1801—1999 中基轴制同名配合相比较，配合性质基本一致。

6.4　滚动轴承与轴和外壳孔的配合

1. 配合选择的基本原则

正确地选择配合对保证轴承正常运转关系很大，通常防止轴与内圈相对滑动的简单有效的方法是选择合适的配合，从而使轴承的承载能力得到充分发挥。

选择滚动轴承与轴颈、外壳孔的配合时须考虑轴承承受负荷的状况和其他工作因素。

(1) 套圈与负荷方向之间的关系

机器运转时，根据负荷相对于套圈作用的合成径向负荷的方向关系，可分为三种。

1）套圈相对于负荷方向静止

套圈与作用于轴承上的合成径向负荷相对静止，即负荷方向始终不变地作用在套圈滚道的局部区域上。如在静止套圈上受一个方向不变的径向负荷 F_r 的作用，如图 6－4(a)中的外圈和图 6－4(b)中的内圈。

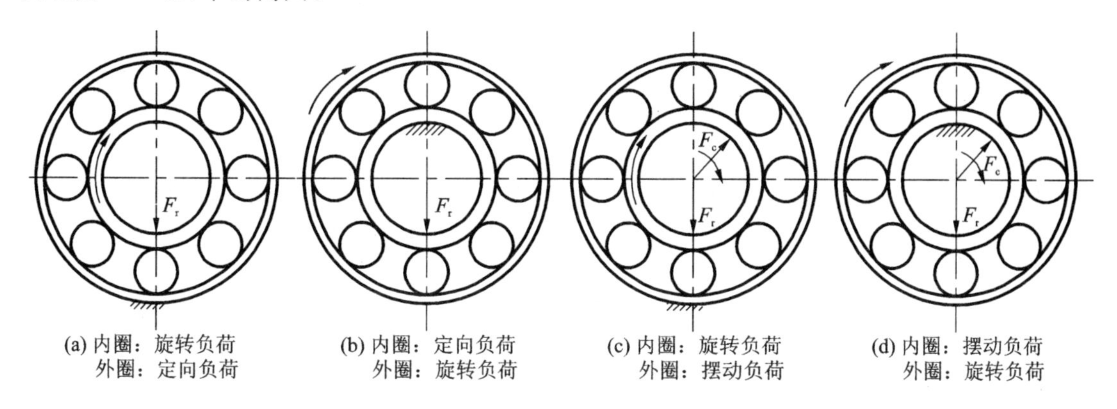

图 6－4　轴承套圈相对于负荷的关系

2）套圈相对于负荷方向旋转

套圈与作用于轴承上的合成径向负荷相对旋转，即径向负荷顺次作用于套圈滚道的整个圆周上，这时负荷方向相对套圈旋转，如图 6－4(a)中的内圈和图 6－4(b)中的外圈。

3）套圈相对于负荷方向摆动

轴承上的合成径向负荷与所承受的套圈在一定区域内相对摆动。当一个固定方向负荷 F_r 与一旋转方向负荷 F_c 合成作用于相对静止的套圈上时，则该套圈在一部分区域内承受大小变化的负荷，如图 6－4(c)中的外圈和图 6－4(d)中的内圈。

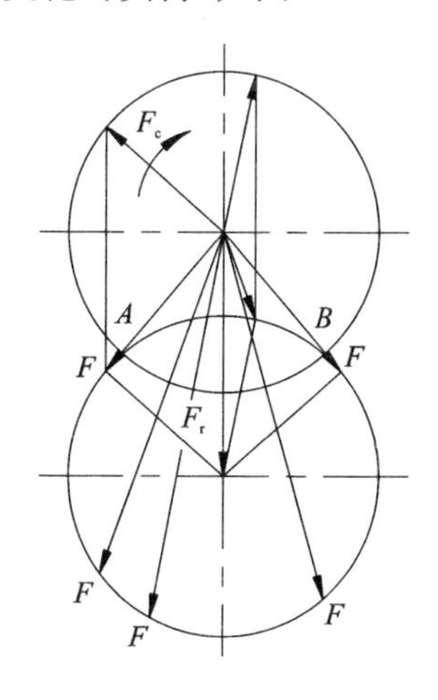

图 6－5　负荷摆动

如图 6－5 所示，当 $F_r > F_c$ 时，按照向量合成的平行四边形法则，F_r 和 F_c 的合成负荷 F 就在 AB 区域内摆动。那么，不旋转的套圈就相对于负荷 F 的方向摆动，而旋转的套圈就相对于负荷 F 的方向旋转。当 $F_r < F_c$ 时，F_r 与 F_c 的合成负荷沿 AB 大圆弧变动，因此不旋转的套圈就相对于合成负荷的方向旋转，而旋转的套圈则相对于合成负荷的方向摆动。

从以上分析可知，轴承套圈相对于负荷方向的运转状态不同，负荷作用的限制就不同，而该套圈与轴颈或外壳孔的配合的松紧程度也应不同。

当套圈相对于负荷方向相对静止时，配合应松些，以便在滚动体的摩擦力带动下，使套圈相对于负荷方向可以游动，从而消除滚道的局部磨损，延长轴承的使用寿命。

当套圈相对于负荷方向旋转时，为了防止套圈相对于轴或外壳孔打滑，引起配合表面发热磨损，套圈与轴或外壳孔的配合应较紧。

当套圈相对于负荷方向摆动时，该套圈与轴颈或外壳孔的配合松紧程度，一般与套圈相对于负荷方向旋转时选用的配合相同或稍松一些。

(2) 负荷的大小

轴承与轴颈、外壳孔配合的松紧程度与负荷的大小有关。对于滚动轴承,GB/T 275—1993 按照其径向当量动负荷 P_r 与径向额定动负荷 C_r 的比值将负荷状态分为轻负荷、正常负荷和重负荷三类,如表 6-1 所列。

表 6-1 滚动轴承负荷状态分类

负荷状态	P_r/C_r
轻负荷	≤0.07
正常负荷	>0.07~0.15
重负荷	>0.15

P_r 和 C_r 数值分别由计算公式求出和轴承产品样本查出。

轴承在重负荷作用下,套圈容易产生变形,使配合面实际过盈减小或实际间隙增大,影响轴承的工作性能。因此,承受轻负荷、正常负荷和重负荷的轴承与轴颈或外壳孔的配合应依次越来越紧。

(3) 径向游隙

游隙是用于补偿因工作温度升高和受力产生的变形以及存储润滑油而设置的。按照 GB/T 4604—1993《滚动轴承 径向游隙》,轴承的径向游隙共分六组,即 1 组、2 组、0 组、3 组、4 组、5 组。游隙的大小依次由小到大。

游隙过大,就会使转轴产生较大的径向跳动和轴向跳动,使轴承产生较大的振动和噪声。游隙过小,如果轴承与轴颈、外壳孔的配合为过盈配合,则会使轴承中滚动体与套圈产生较大的接触应力,并增加轴承摩擦发热,以致降低轴承寿命。所以,游隙的大小应适度。

0 组为基本组。通常,市场上供应的轴承若无游隙标记,则指 0 组游隙。如果轴承具有 0 组游隙,则在常温的一般工作条件下,轴承与轴颈、外壳孔配合的过盈应恰当。如果轴承具有的游隙比 0 组大,则在特别条件下工作时,配合的过盈应较大。如果轴承具有的游隙比 0 组小,则在轻负荷下工作,要求噪声和振动小,或要求旋转精度较高时,配合的过盈应较小。

(4) 轴承的轴向游动

轴承组件在转动时容易受热而使轴微量伸长。为了避免安装不可分离型轴承的轴因受热伸长而产生弯曲,应使轴能够自由地轴向游动,因此轴承外圈与固定的外壳孔的配合应选松些,并在外圈端面与端盖之间留有适当的轴向间隙,以允许轴带动轴承一起作轴向游动。

(5) 轴承配合与旋转精度和旋转速度的关系

当机器要求有较高的旋转精度时,相应地要选择较高公差等级的轴承。此时,为消除弹性变形和振动的影响,应避免采用带间隙的配合,但也不宜太紧。当轴承的旋转速度高,配合应紧,而静止圈的配合要取松一些。

(6) 温度的影响

轴承工作时,由于摩擦发热和其他热源的影响,套圈的温度会高于相配合零件的温度,内圈的热膨胀会引起它与轴颈的配合变松,而外圈的热膨胀则会引起它与外壳孔的配合变紧。因此,轴承工作温度高于 100 ℃时,应对所选择的配合作适当的修正。

2. 轴颈和外壳孔的公差带与表面粗糙度

为了使轴承能够正常工作,还必须限制轴颈和外壳孔的公差带及配合表面的表面粗糙度,确定轴颈和外壳孔的公差带可参考表 6-2 和表 6-3,配合表面的粗糙度选择可参考表 6-4,按照表中所列条件,进行选择。

表 6－2　与滚动轴承配合的轴颈的公差带(摘自 GB/T 275—1993)

运转状态		负荷状态	深沟球轴承、调心球轴承和角接触球轴承	圆柱滚子轴承和圆锥滚子轴承	调心滚子轴承	公差带
说　明	举　例		轴承公称内径/mm			
旋转的内圈负荷及摆动负荷	一般通用机械、电动机、机床主轴、泵、内燃机、直齿轮传动装置、铁路机车车辆轴箱、破碎机等	轻负荷	≤18	—	—	h5
			>18～100	≤40	≤40	j6
			>100～200	>40～140	>40～100	k6
			—	>140～200	>100～200	m6
		正常负荷	≤18	—	—	j5,js5
			>18～100	≤40	≤40	k5
			>100～140	>40～100	>40～65	m5
			>140～200	>100～140	>65～100	m6
			>200～280	>140～200	>100～140	n6
			—	>200～400	>140～280	p6
			—	—	>280～500	r6
		重负荷		>50～140	>50～100	n6
				>140～200	>100～140	p6
				>200	>140～200	r6
				—	>200	r7
固定的内圈负荷	静止轴上的各种轮子、张紧轮、绳轮、振动筛、惯性振动器	所有负荷	所有尺寸			f6
						g6
						h6
						j6
仅有轴向负荷			所有尺寸			j6,js6

注：1. 对精度有较高要求的场合，应该选用 j5,k5,m5,f5，以分别代替 j6,k6,m6,f6。

2. 圆锥滚子轴承、角接触球轴承配合对游隙的影响不大，可以选用 k6 和 m6 分别代替 k5 和 m5。

3. 重负荷下轴承游隙应选用大于 0 组的游隙。

表 6－3　与滚动轴承配合的外壳孔的公差带(摘自 GB/T 275—1993)

运转状态		负荷状态	其他状态		公差带	
说　明	举　例				球轴承	滚子轴承
固定的外圈负荷	一般机械、铁路机车车辆轴箱、电动机、泵、曲轴主轴承	轻、正常、重负荷	轴向容易移动	轴外于高温度下工作	G7	
				采用剖分式外壳	H7	
		冲击负荷	轴向能移动，采用整体式或剖分式外壳		J7,JS7	
摆动负荷		轻、正常负荷				
		正常、重负荷	轴向不移动，采用整体式外壳		K7	
		冲击负荷			M7	
旋转的外圈负荷	张紧滑轮、轮毂轴承	轻负荷			J7	K7
		正常负荷			K7,M7	M7,N7
		重负荷			—	N7,P7

注：并列公差带随尺寸的增大从左至右选择，对旋转精度要求较高时，可相应提高一个标准公差等级。

表6-4 轴颈和外壳孔配合的表面粗糙度参数值(摘自GB/T 275—1993)

<table>
<tr><td rowspan="4">轴颈或外壳孔的直径/mm</td><td colspan="9">轴颈或外壳孔配合表面直径的标准公差等级</td></tr>
<tr><td colspan="3">IT7</td><td colspan="3">IT6</td><td colspan="3">IT5</td></tr>
<tr><td colspan="9">表面粗糙度参数值/μm</td></tr>
<tr><td>R_z</td><td>R_a 磨</td><td>R_a 车</td><td>R_z</td><td>R_a 磨</td><td>R_a 车</td><td>R_z</td><td>R_a 磨</td><td>R_a 车</td></tr>
<tr><td>≤80</td><td>10</td><td>1.6</td><td>3.2</td><td>6.3</td><td>0.8</td><td>1.6</td><td>4</td><td>0.4</td><td>0.8</td></tr>
<tr><td>>80~500</td><td>16</td><td>1.6</td><td>3.2</td><td>10</td><td>1.6</td><td>3.2</td><td>6.3</td><td>0.8</td><td>1.6</td></tr>
<tr><td>端 面</td><td>25</td><td>3.2</td><td>6.3</td><td>25</td><td>3.2</td><td>6.3</td><td>10</td><td>1.6</td><td>3.2</td></tr>
</table>

3. 轴颈和外壳孔的形位公差

确定轴颈和外壳孔的公差带和表面粗糙度后，为保证轴承的正常工作，还应规定它们的形位公差，可参见表6-5选择。当轴颈和外壳孔存在较大的形位误差时，轴承安装后，套圈会产生变形，因而对轴颈和外壳孔的尺寸公差和形位公差应采用包容原则，并给定较小的圆柱度公差值。轴肩和外壳孔肩端面是轴承的轴向定位面，若存在较大的形位误差，则轴承安装后会产生歪斜，因此要相应地规定端面圆跳动公差。

表6-5 轴颈和外壳孔形位公差值(摘自GB/T 275—1993)

<table>
<tr><td rowspan="5">基本尺寸/mm</td><td colspan="4">圆柱度公差</td><td colspan="4">端面圆跳动公差</td></tr>
<tr><td colspan="2">轴 颈</td><td colspan="2">外壳孔</td><td colspan="2">轴 肩</td><td colspan="2">外壳孔肩</td></tr>
<tr><td colspan="8">滚动轴承公差等级</td></tr>
<tr><td>0</td><td>6(6x)</td><td>0</td><td>6(6x)</td><td>0</td><td>6(6x)</td><td>0</td><td>6(6x)</td></tr>
<tr><td colspan="8">公差值/μm</td></tr>
<tr><td>≤6</td><td>2.5</td><td>1.5</td><td>4</td><td>2.5</td><td>5</td><td>3</td><td>8</td><td>5</td></tr>
<tr><td>>6~10</td><td>2.5</td><td>1.5</td><td>4</td><td>2.5</td><td>6</td><td>4</td><td>10</td><td>6</td></tr>
<tr><td>>10~18</td><td>3.0</td><td>2.0</td><td>5</td><td>3.0</td><td>8</td><td>5</td><td>12</td><td>8</td></tr>
<tr><td>>18~30</td><td>4.0</td><td>2.5</td><td>6</td><td>4.0</td><td>10</td><td>6</td><td>15</td><td>10</td></tr>
<tr><td>>30~50</td><td>4.0</td><td>2.5</td><td>7</td><td>4.0</td><td>12</td><td>8</td><td>20</td><td>12</td></tr>
<tr><td>>50~80</td><td>5.0</td><td>3.0</td><td>8</td><td>5.0</td><td>15</td><td>10</td><td>25</td><td>15</td></tr>
<tr><td>>80~120</td><td>6.0</td><td>4.0</td><td>10</td><td>6.0</td><td>15</td><td>10</td><td>25</td><td>15</td></tr>
<tr><td>>120~180</td><td>8.0</td><td>5.0</td><td>12</td><td>8.0</td><td>20</td><td>12</td><td>30</td><td>20</td></tr>
<tr><td>>180~250</td><td>10.0</td><td>7.0</td><td>14</td><td>10.0</td><td>20</td><td>12</td><td>30</td><td>20</td></tr>
<tr><td>>250~315</td><td>12.0</td><td>8.0</td><td>16</td><td>12.0</td><td>25</td><td>15</td><td>40</td><td>25</td></tr>
<tr><td>>315~400</td><td>13.0</td><td>9.0</td><td>18</td><td>13.0</td><td>25</td><td>15</td><td>40</td><td>25</td></tr>
<tr><td>>400~500</td><td>15.0</td><td>10.0</td><td>20</td><td>15.0</td><td>25</td><td>15</td><td>40</td><td>25</td></tr>
</table>

4. 滚动轴承配合选用举例

例6-1 C6132机床主轴后轴承采用了两个深沟球轴承60210(d=50 mm，D=90 mm)，

试分析和选择轴承与轴颈和外壳孔的配合、形位公差值和表面粗糙度，并将它们分别标注在装配图和零件图上。

解 该机床主轴的转速最高为 1980 r/min，最低为 44 r/min。因为是机床主轴，所以旋转精度要求较高，但转速不高。因此，轴承公差等级选用 6 级。

该机床的规格较小，受力不大，轴承内圈与轴一起旋转，径向负荷为固定方向，作用在套圈上。内圈相对于负荷方向是旋转的，内圈承受循环负荷；外圈不转，故外圈相对于负荷是静止的。所以选配合时，轴颈的公差带为 js5，与内圈形成较紧配合，外壳孔公差带选用 K6，见表 6－2 和表 6－3。

按表 6－5 选取形位公差值，圆柱度公差：轴颈为 2.5 μm；外壳孔为 6 μm。端面圆跳动公差：轴肩为 8 μm，外壳孔肩为 15 μm。

按表 6－4 选取轴颈和外壳孔的表面粗糙度参数值：轴颈为 $R_a \leqslant 0.8$ μm，轴肩为 $R_a \leqslant 3.2$ μm，外壳孔为 $R_a \leqslant 1.6$ μm，孔肩为 $R_a \leqslant 3.2$ μm。

将确定好的上述各项公差标注在图样上，如图 6－6 所示。由于滚动轴承是外购的标准部件，因此，在装配图上只需注出轴颈和外壳孔的公差代号。

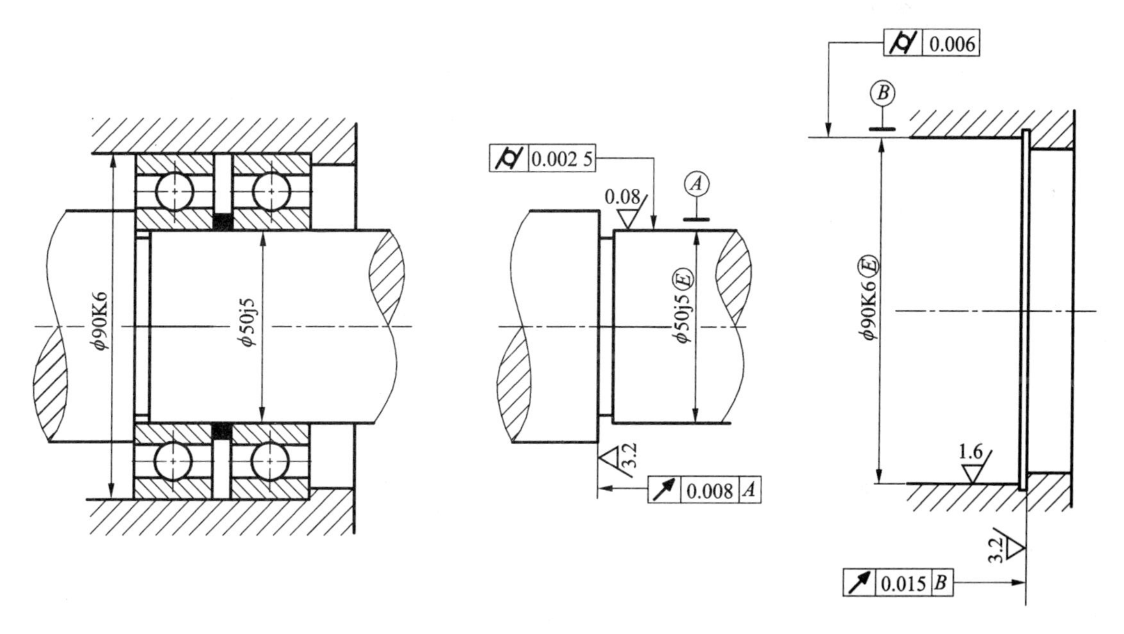

图 6－6 轴颈和外壳孔的公差标注

思考题与习题

1. 简述滚动轴承公差带的特点。

2. 滚动轴承有多少个精度等级及具体应用场合？

3. 滚动轴承与轴颈和外壳孔的配合选择的基本原则是什么？

4. 有一个圆柱齿轮减速器，小齿轮轴要求较高的旋转精度，装有 0 级单列深沟球轴承，轴承尺寸为 50 mm×110 mm×27 mm，正常负荷。试选择轴颈和外壳孔的公差带代号、形位公差值和表面粗糙度，并将它们分别标注在装配图和零件图上。

第 7 章　圆锥的公差及测量

圆锥配合在机器设备中应用非常广泛。与圆柱配合相比较，圆锥配合有独特的优点，但是由于圆锥配合在结构上比较复杂，影响互换性的参数也较多，因此加工和检测也比较困难。为了保证圆锥配合的互换性，我国发布了 GB 157—2001《圆锥的锥度和锥角系列》、GB 11334—2005《圆锥公差》、GB 12360—2005《圆锥配合》、GB 15754—1995《圆锥的尺寸和公差标注》等国家标准。

7.1　概　述

1. 圆锥配合的特点和种类

(1) 圆锥配合的特点

与圆柱配合相比较，圆锥配合有以下特点：

① 对中性好。相配合的内、外圆锥在轴向力的作用下，能够自动对准中心，保证内、外圆锥轴线有较高的同轴度。

② 间隙或过盈可以调整。配合间隙或过盈的大小可以通过内、外圆锥的轴向移动来调整，且装拆方便。

③ 密封性好。内、外圆锥的表面经过研磨后，配合起来就具有良好的密封性。

(2) 圆锥配合的分类

圆锥配合可以分为三类：间隙配合、紧密配合和过盈配合。

① 间隙配合：配合具有间隙，间隙的大小可以调整，相配合的内、外圆锥能相对运动。例如机床顶尖、车床主轴的圆锥轴颈与滑动轴承的配合。

② 紧密配合：配合具有良好的密封性，可以防止漏气、漏水。例如内燃机中阀门和阀门座的配合。但是紧密配合的内、外圆锥的表面需要经过研磨，所以就不再具有互换性。

③ 过盈配合：配合具有良好的自锁性，过盈量大小可以调整，用以传递扭矩。例如铣床主轴锥孔与铣刀锥柄的配合。

2. 圆锥的基本参数及其代号

内、外圆锥的基本参数如图 7 - 1 所示。

(1) 圆锥直径

圆锥直径指与圆锥轴线垂直的截面内的直径。圆锥直径分为以下三部分：

① 外圆锥最大直径和最小直径，用 D_e、d_e表示。

② 内圆锥最大直径和最小直径，用 D_i、d_i表示。

③ 任意给定截面(距端面有一定距离)的圆锥直径，用 d_x表示。

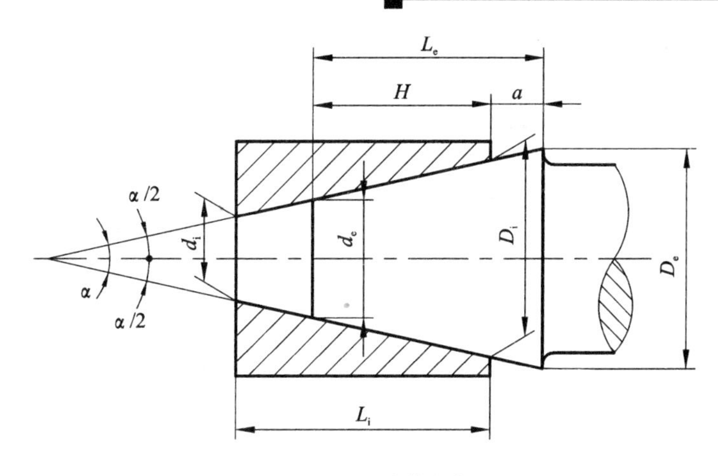

图 7-1　圆锥的基本参数

(2) 圆锥长度

圆锥长度指圆锥最大直径与最小直径之间的距离。内、外圆锥长度分别用 L_i、L_e 表示。

(3) 圆锥配合长度

圆锥配合长度指内、外圆锥配合面的轴向距离，用 H 表示。

(4) 圆锥角

圆锥角指在通过圆锥轴线的截面内，两条素线之间的夹角，用 α 表示。

(5) 圆锥素线角

圆锥素线角指圆锥素线与圆锥轴线之间的夹角，它等于圆锥角的一半，即 $\alpha/2$。

(6) 锥　度

锥度指圆锥最大直径与最小直径之差再与圆锥长度之比，用 C 表示。

$$C = \frac{D-d}{L} = 2\tan\frac{\alpha}{2} \qquad (7-1)$$

锥度常用比例或分数表示，例如 $C=1:20$ 或 $C=1/20$ 等。

(7) 基面距

基面距指相配合的内、外圆锥基准面之间的距离，用 a 表示。基准面可以是圆锥的大端面，也可以是小端面。

3. 圆锥配合的使用要求

圆锥配合的使用要求如下：

① 相配合的内、外圆锥面之间应接触均匀。为此，必须控制内、外圆锥的圆锥角偏差和形状误差。

② 实际基面距应控制在给定的极限范围内。当内、外圆锥长度一定时，基面距太大，会使配合长度减小；基面距太小，会使间隙圆锥配合为补偿磨损的轴向调节范围减小。为此，必须控制内、外圆锥的直径偏差。

4. 锥度与锥角系列

在国家标准 GB 157—2001《圆锥的锥度和锥角系列》中，将锥度和锥角系列分为两类：一类为一般用途的锥度和锥角系列,如表 7-1 所列;另一类为特殊用途的锥度和锥角系列,如表 7-2 所列。

表 7-1　一般用途圆锥的锥度和锥角(摘自 GB 157—2001)

基本值		推算值		
系列 1	系列 2	圆锥角 α		锥度 C
120°		—	—	1∶0.288675
90°		—	—	1∶0.500000
	75°	—	—	1∶0.651613
60°		—	—	1∶0.886025
45°		—	—	1∶1.207107
30°		—	—	1∶1.886025
1∶3		18°55′28.7″	18.924644°	—
	1∶4	14°15′0.1″	14.250033°	—
1∶5		11°25′16.3″	11.421186°	—
	1∶6	9°31′38.2″	9.527283°	—
	1∶7	8°10′16.4″	8.171234°	—
	1∶8	7°9′9.6″	7.152669°	—
1∶10		5°43′29.3″	5.724810°	—
	1∶12	4°46′18.8″	4.771888°	—
	1∶15	3°49′5.9″	3.818305°	—
1∶20		2°51′51.1″	2.864192°	—
1∶30		1°54′34.9″	1.909682°	—
	1∶40	1°25′56.4″	1.432320°	—
1∶50		1°8′45.2″	1.145887°	—
1∶100		0°34′22.6″	0.572953°	—
1∶200		0°17′11.3″	0.286478°	—
1∶500		0°6′52.5″	0.114592°	—

表 7-2　特殊用途圆锥的锥度和锥角(摘自 GB 157—2001)

锥度 C	圆锥角 α		适　用
7∶24(1∶3.429)	16°35′39.4″	16.594290°	机床主轴工具配合
1∶19.002	3°0′53″	3.014554°	莫氏 5 号锥
1∶19.180	2°59′12″	2.986590°	莫氏 6 号锥
1∶19.212	2°58′54″	2.981618°	莫氏 0 号锥
1∶19.254	2°58′31″	2.975117°	莫氏 4 号锥
1∶19.922	2°52′32″	2.875402°	莫氏 3 号锥
1∶20.020	2°51′41″	2.861332°	莫氏 2 号锥
1∶20.0471	2°51′26″	2.857480°	莫氏 1 号锥

7.2 圆锥公差

1. 圆锥公差项目

国家标准 GB 11334—2005《圆锥公差》规定了四种公差：圆锥直径公差、圆锥角公差、圆锥的形状公差和给定截面圆锥直径公差。

(1) 圆锥直径公差 T_D

圆锥直径公差是指圆锥直径的允许变动量，即允许的最大极限圆锥直径和最小极限圆锥直径之差，如图 7-2 所示。该公差在圆锥全长上是等宽的。圆锥直径公差值 T_D，是以基本圆锥直径为基本尺寸(一般取最大极限圆锥直径 D)从尺寸标准公差表中选取。

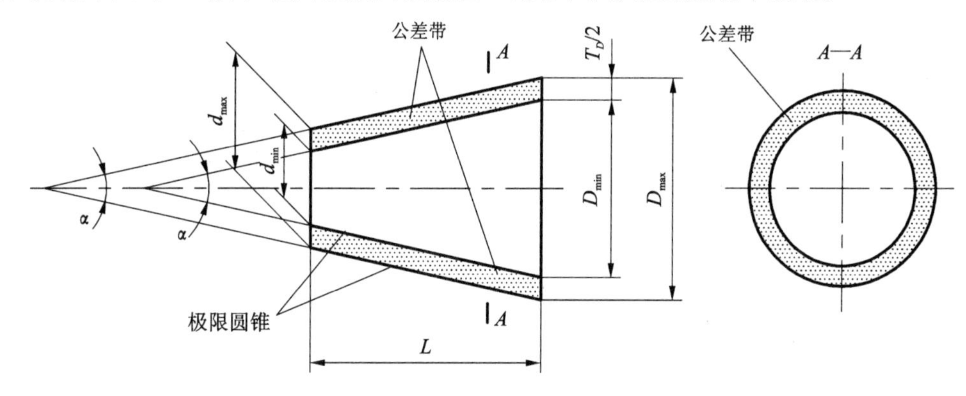

图 7-2 圆锥直径公差带

(2) 圆锥角公差 AT

圆锥角公差是指圆锥角的允许变动量，即允许的最大圆锥角和最小圆锥角之差，如图 7-3 所示。圆锥角公差 AT 以角度表达时，用 AT_α 表示，单位为 μrad；以长度来表达时，用 AT_D 表示，单位为 μm。两者的关系为

$$AT_D = AT_\alpha \times L \times 10^{-3} \tag{7-2}$$

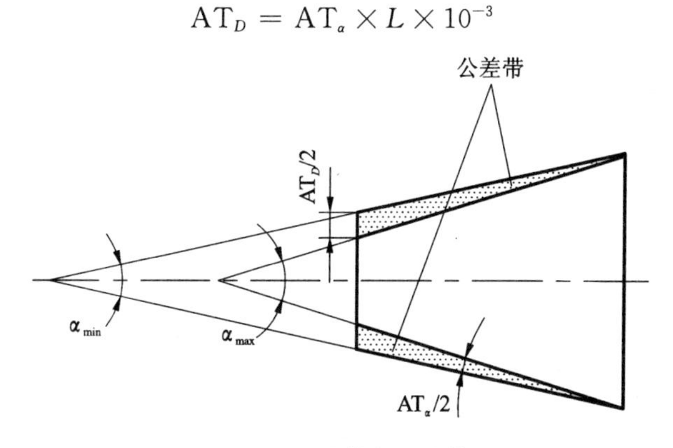

图 7-3 圆锥角公差带

国家标准规定，圆锥角公差 AT 共分为 12 个公差等级，用符号 AT1，AT2，…，AT12 表示。其中，AT1 精度等级最高，精度等级依次降低。部分精度等级的圆锥角公差数值如表 7-3 所列。

表 7-3　圆锥角公差数值(摘自 GB 11334—2005)

基本圆锥长度 L/mm	圆锥角公差等级																	
	AT4			AT5			AT6			AT7			AT8			AT9		
	AT_α		AT_D	AT_α		AT_D	AT_α		AT_D	AT_α		AT_D	AT_α		AT_D	AT_α		AT_D
	μrad	(″)	μm	μrad	(″)	μm	μrad	(′)(″)	μm	μrad	(′)(″)	μm	μrad	(′)(″)	μm	μrad	(′)(″)	μm
>16~25	125	26	>2.0~3.2	200	41	>3.2~5.0	315	1′05″	>5.0~8.0	500	1′43″	>8.0~12.5	800	2′45″	>12.5~20.0	1250	4′18″	>20.0~32.0
>25~40	100	21	>2.5~4.0	160	33	>4.0~6.3	250	52″	>6.3~10.0	400	1′22″	>10.0~16.0	630	2′10″	>16.0~25.0	1000	3′26″	>25.0~40.0
>40~63	80	16	>3.2~5.0	125	26	>5.0~8.0	200	41″	>8.0~12.5	315	1′05″	>12.5~20.0	500	1′43″	>20.0~32.0	800	2′45″	>32.0~50.0
>63~100	63	13	>4.0~6.3	100	21	>6.3~10.0	160	33″	>10.0~16.0	250	52″	>16.0~25.0	400	1′22″	>25.0~40.0	630	2′10″	>40.0~63.0
>100~160	50	10	>5.0~8.0	80	16	>8.0~12.5	125	26″	>12.5~20.0	200	41″	>20.0~32.0	315	1′05″	>32.0~50.0	500	1′43″	>50.0~80.0

(3) 圆锥的形状公差 T_f

圆锥的形状公差包括圆锥素线的直线度公差和横截面圆度公差。对于要求不高的圆锥工件，其形状公差一般也用直径公差 T_D控制。对于要求较高的圆锥工件，应单独按要求给出直线度公差和圆度公差，或者给出面轮廓度公差。面轮廓度公差不仅可以控制直线度误差和圆度误差，而且还可以控制圆锥角偏差。

(4)给定截面圆锥直径公差 T_{DS}

给定截面圆锥直径公差是指在垂直轴线的给定截面内，圆锥直径的允许变动量。其公差带为在给定的圆锥截面内，由两个同心圆所限定的区域，如图 7-4 所示。它的公差值 T_{DS}以给定截面圆锥直径 d_x为基本尺寸，从尺寸标准公差表中选取。

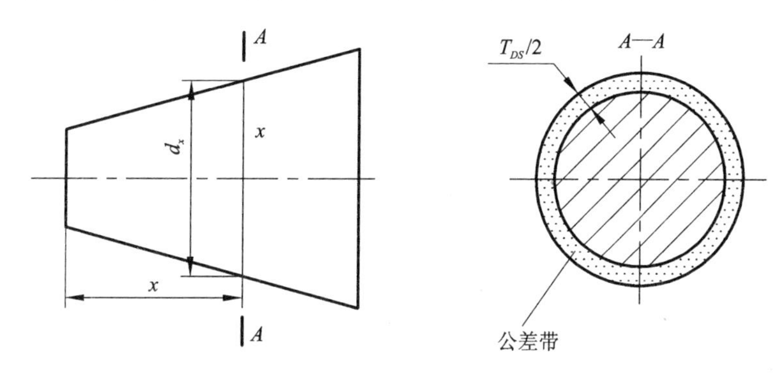

图 7-4　给定截面圆锥直径公差带

2. 圆锥公差给定方法

在实际应用中，对一个具体的圆锥零件，并不都需要同时给定全长上述四项公差，而是根据零件的不同适用要求进行选择。

国家标准 GB 11334—2005《圆锥公差》规定了两种圆锥公差的给定方法。

(1) 给出圆锥的理论正确圆锥角 α(或锥度 C)和圆锥直径公差 T_D

对于一般用途的圆锥零件，常按照这种方法给定圆锥公差。由圆锥直径公差 T_D确定最大和最小极限圆锥的尺寸，圆锥角误差和圆锥的形状公差都应在两个极限圆锥所限定的区域内，如图 7-5 所示。

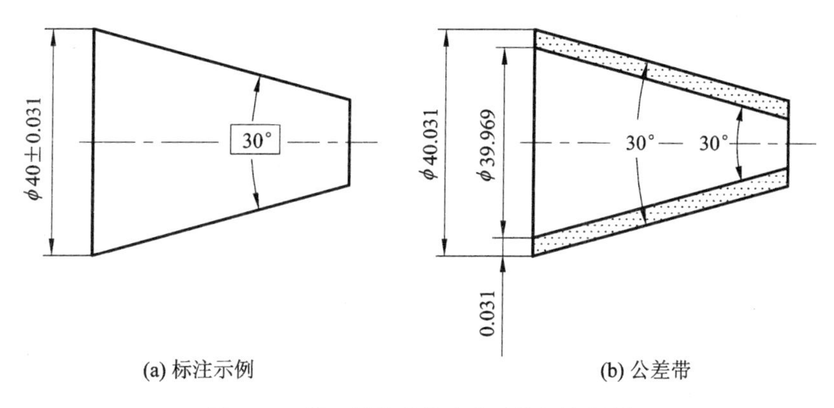

图 7-5　第一种公差给定方法的标注示例

(2) 给出给定截面圆锥直径公差 T_{DS} 和圆锥角公差 AT

对给定截面的直径要求较高的圆锥零件,如要求密封性较高的阀类零件,常按照这种方法给定圆锥公差。此时,给定截面圆锥直径公差 T_{DS} 和圆锥角公差 AT 是各自独立的,由 T_{DS} 限制给定截面的圆锥直径误差,由 AT 限制圆锥的锥角误差,如图 7-6 所示。如果对圆锥的形状精度有更高要求,则可以再给出圆锥的形状公差 T_F。

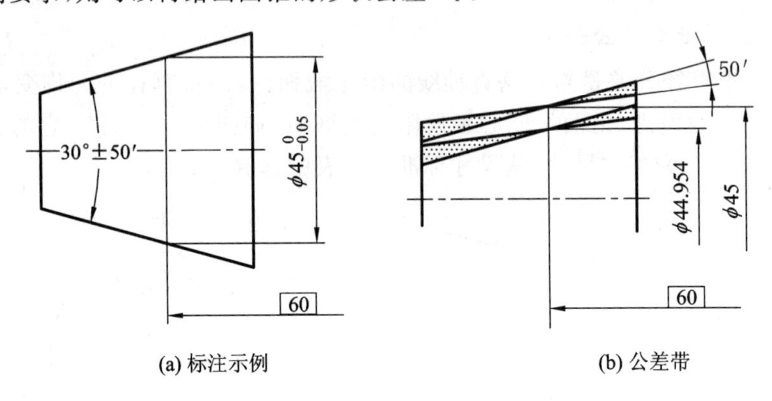

(a) 标注示例　　(b) 公差带

图 7-6　第二种公差给定方法的标注示例

7.3　圆锥的测量

测量圆锥角和锥度的方法有很多,一般可以分为以下三种。

1. 直接测量法

直接测量法就是用角度计量器具直接测量被测圆锥角和锥度。对于精度较低的工件,常用万能角度尺进行测量。万能角度尺的测量和读数原理类似于游标卡尺,其分度值通常为 5′ 和 2′,测量范围为 0°～320°,其结构如图 7-7 所示。万能角度尺由刻有角度刻线的主尺 1 和固定在扇形板 2 上的游标尺 3 组成。扇形板 2 可以在主尺 1 上回转移动,形成与游标卡尺相似的结构。直角尺 5 可用支架 4 固定在扇形板 2 上,直尺 6 可用支架 4 固定在直角尺 5 上。如果拆下直角尺 5,也可将直尺 6 固定在扇形板 2 上。按照不同方式组合游标尺、直角尺和直尺,就能测量不同的角度值。

对于中、高精度圆锥角和锥度的工件,常用光学分度头和测角仪进行测量。

2. 量规检验法

量规检验法就是用圆锥量规检验工件的被测圆锥角和锥度。圆锥量规分为圆锥塞规和圆锥环规,分别用来检验内圆锥和外圆锥,如图 7-8 所示。检验前,要在量规圆锥面的素线的全长上,涂 3～4 条极薄的显示剂,然后量规与被测圆锥面对研(来回旋转角度应小于 180°),根据被测圆锥面上的着色或量规上擦掉的痕迹,来判断被测圆锥角和锥度是否合格。

圆锥量规还可以用来检验圆锥的基面距偏差。在量规的基面端刻有相距为 m 的两条刻线或小台阶,m 相当于圆锥的基面距公差。如果被测圆锥的基面端位于量规的两条刻线之间,则表示合格。

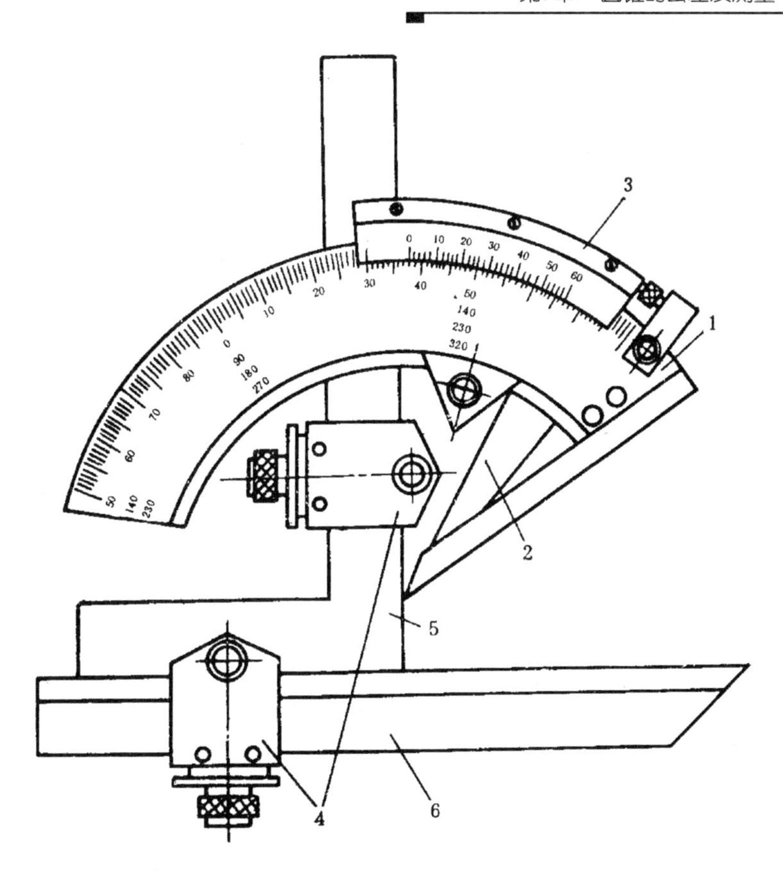

1—主尺；2—扇形板；3—游标尺；4—支架；5—直角尺；6—直尺

图 7－7　万能角度尺

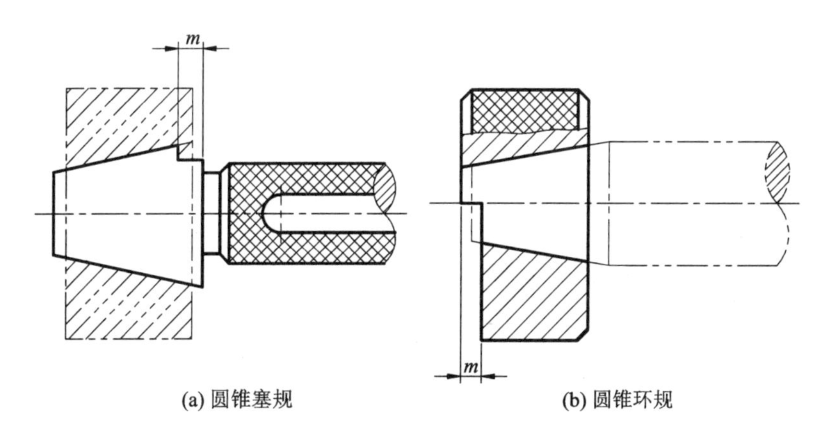

(a) 圆锥塞规　　(b) 圆锥环规

图 7－8　圆锥量规

3. 间接测量法

间接测量法是指测量与被测圆锥角度有关的线性尺寸，然后通过三角函数关系式计算出被测角度。常用的计量器具有正弦规、滚柱或钢球。

(1) 用正弦规测量外圆锥锥角

如图 7-9 所示，将正弦规放在平板上，将被测工件稳固安放在正弦规的工作面上，一个圆柱与平板接触，另一个圆柱下面垫以量块组。垫好量块组以后，用千分表测 a、b 两点，如果 a、b 两点不等高，则改变量块组的尺寸，待到 a、b 两点等高后，则可以按照下式计算圆锥角 α：

$$\alpha = \arcsin \frac{h}{L} \tag{7-3}$$

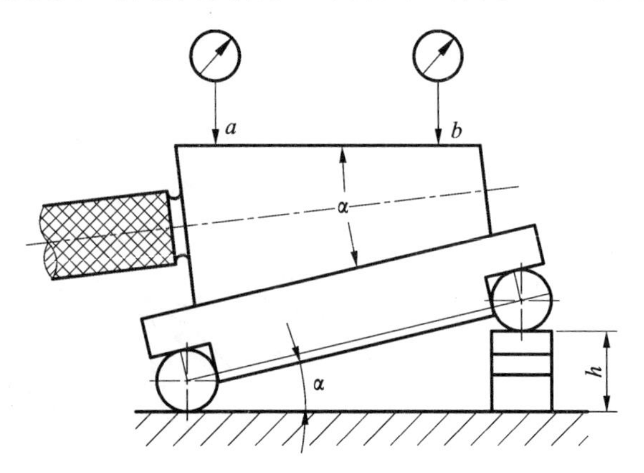

图 7-9　用正弦规测量外圆锥锥角

(2) 用钢球测量内圆锥锥角

如图 7-10 所示，已知大、小钢球的直径分别为 D 和 d，先将小钢球放入锥孔，测得小钢球距孔口平面的距离为 H；再将大钢球放入锥孔，测得大钢球距孔口平面的距离为 h，则可以按照下式计算圆锥角 α：

$$\sin \frac{\alpha}{2} = \frac{D-d}{2(H-h)+d-D} \tag{7-4}$$

(3) 用滚柱和量块组测量外圆锥锥角

如图 7-11 所示，先将两个尺寸相同的滚柱夹在圆锥的小端处，测得 m 值；再将这两个滚柱放在尺寸组合相同的量块上，测得 M 值，则可以按照下式计算圆锥角 α：

$$\tan \frac{\alpha}{2} = \frac{M-m}{2h} \tag{7-5}$$

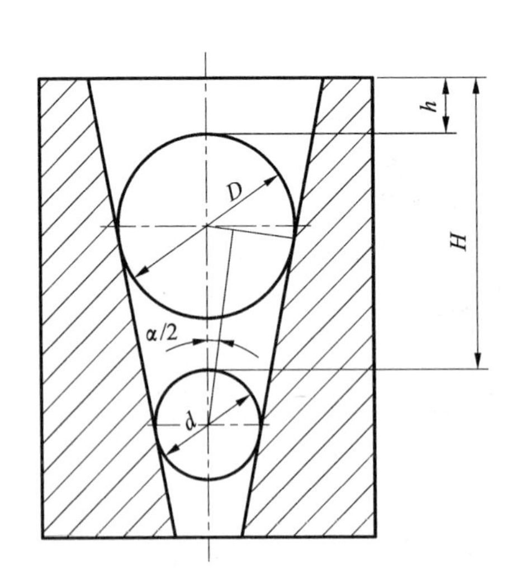

图 7-10　用钢球测量内圆锥锥角

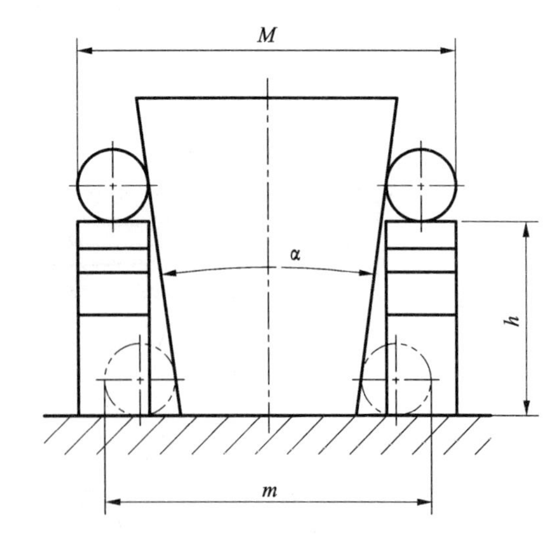

图 7-11　用滚柱和量块组测量外圆锥锥角

思考题与习题

1. 圆锥配合有哪些特点？

2. 圆锥配合有哪些分类？

3. 国家标准规定了哪几项圆锥公差？对于某一圆锥工件，是否需要将这几个公差项目全部注出？

4. 圆锥公差的给定方法有哪几种？各适用于什么场合？

5. 圆锥的检测方法有哪几种？

6. 有一外圆锥，已知大端直径 D_e=20 mm，小端直径 d_e=5 mm，圆锥长度 L=80 mm，试求出锥度 C，并查出基本圆锥角 α。

7. 已知圆锥的 D_e=32 mm，d_e=28 mm，L=80 mm，求出锥度 C。

8. 已知圆锥的 D_e=60 mm，C=1∶10，L=42 mm，求出最小圆锥直径 d_e。

9. 已知圆锥的 D_e=60 mm，d_e=56 mm，C=1∶15，求出圆锥长度 L。

10. 已知圆锥的 d_e=62 mm，C=1∶10，L=96 mm，求出最大圆锥直径 D_e。

11. C6140 车床尾架顶尖套与顶尖配合采用莫氏 4 号锥，顶尖的圆锥长度 L=118 mm，圆锥角公差等级为 AT9。试查出其基本圆锥角 α 和锥度 C，以及锥角公差的数值。

第 8 章　普通螺纹的公差配合及测量

据统计，一台机器上使用数量最多的零件是螺纹零件，比如常见的自行车、收音机、钢笔、机床……都离不开螺纹。螺纹对机器的质量有着重要影响。螺纹常用于紧固联接、密封、传递力与运动等。螺纹按牙型分，有三角形螺纹、梯形螺纹、锯齿形螺纹。不同用途的螺纹，对其几何精度要求也不一样。本章主要介绍普通螺纹及其公差标准。

8.1　概　述

1. 普通螺纹配合的基本要求

普通螺纹分为粗牙和细牙两种，主要用于联接或紧固各种机械零件，如螺栓与螺母的联接。这类螺纹的使用要求如下所述。

① 良好的旋合性：为便于装配和拆换，内、外螺纹在装配时不经过挑选就能在给定的轴向长度内全部旋合。

② 联接的可靠性：在联接和紧固时，要有足够的联接强度和紧固性以保证设备的使用性能。

2. 普通螺纹的基本牙型

下面主要介绍联接用米制普通三角形螺纹牙型。

普通螺纹的基本牙型是指国家标准 GB 192—2003 中所规定的具有螺纹基本尺寸的牙型。它是将原始三角形(等边三角形)的顶部截去 $H/8$ 和底部截去 $H/4$ 所形成的内、外螺纹共有的理论牙型，如图 8－1 所示。它是螺纹设计牙型的基础。所谓设计牙型是指相对于基本牙型规定出功能所需的各种间隙和圆弧半径，如图 8－2 所示。它是内、外螺纹基本偏差的起点。

3. 普通螺纹的主要几何参数

螺纹的几何参数取决于螺纹轴向剖面内的基本牙型。内、外螺纹的大径、中径和小径的基本尺寸都定义在基本牙型上。普通螺纹的主要几何参数有下列几项(如图 8－1 所示)。

(1) 大径(D,d)

大径是指与外螺纹的牙顶或内螺纹的牙底相切的假想圆柱体的直径。内螺纹的大径 D 又称为底径，外螺纹的大径 d 又称为顶径。大径是普通内、外螺纹的公称直径。相配合的内、外螺纹的大径基本尺寸相等，即 $D=d$。

(2) 小径(D_1,d_1)

小径是指与外螺纹的牙底或内螺纹的牙顶相切的假想圆柱体的直径。内螺纹的小径 D_1 又称为顶径，外螺纹的小径 d_1 又称为底径。相配合的内、外螺纹的小径基本尺寸相等，即 $D_1=d_1$。

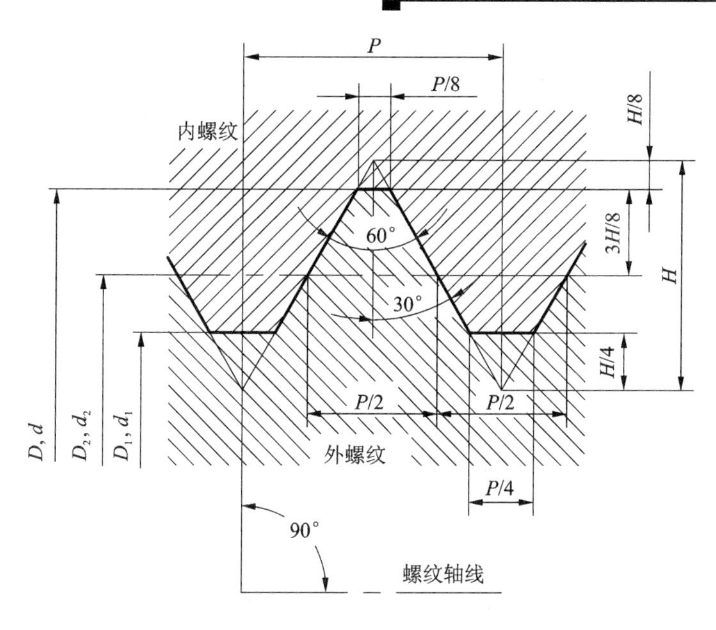

图 8－1　普通螺纹的基本牙形

(3) 中径(D_2, d_2)

中径是一个假想圆柱的直径。该圆柱的母线通过牙型上沟槽和凸起宽度相等的地方。此假想圆柱称为中径圆柱。中径圆柱的母线称为中径线，轴线即为螺纹轴线，相配合的内、外螺纹中径的基本尺寸相等，即 $D_2=d_2$。螺纹配合一般只有螺纹牙侧面接触，而在顶径和底径处应有间隙，因此决定螺纹配合性质的主要参数是中径。

(4) 螺距(P)

螺距是指相邻两牙在中径线上对应两点间的轴向距离。

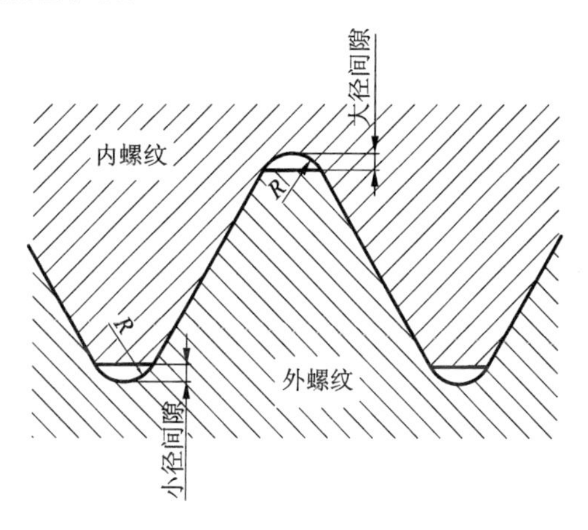

图 8－2　普通螺纹的设计牙型

(5) 牙型半角($\alpha/2$)

牙型半角是指在螺纹牙型上牙侧与螺纹轴线的垂直线间的夹角。普通螺纹的牙型半角为 30°。

(6) 螺纹旋合长度

螺纹旋合长度是指两个相互配合的螺纹沿螺纹轴线方向彼此旋合部分的长度。

(7) 原始三角形高度(H)

原始三角形高度 H 为原始三角形的顶点到底边的距离。H 与 P 的几何关系为

$$H=\sqrt{3}P/2 \tag{8-1}$$

(8) 牙型高度

牙型高度是指在螺纹牙型上，牙顶和牙底之间在垂直于螺纹轴线方向上的距离，大小为 $5H/8$。

普通螺纹的基本尺寸如表 8－1 所列。

表 8-1　普通螺纹基本尺寸(GB/T 196—2003,GB/T 193—2003)　mm

公称直径 D、d 第一系列	第二系列	第三系列	螺距 P	中径 D_2 或 d_2	小径 D_1 或 d_1
10			1.5	9.026	8.376
			1.25	9.188	8.647
			1	9.350	8.917
			0.75	9.513	9.188
		11	1.5	10.026	9.376
			1	10.350	9.917
			0.75	10.513	10.188
12			1.75	10.863	10.106
			1.5	11.026	10.376
			1.25	11.188	10.647
			1	11.350	10.917
	14		2	12.701	11.835
			1.5	13.026	12.375
			1.25	13.188	12.647
			1	13.350	12.917
		15	1.5	14.026	13.376
			1	14.350	13.917
16			2	14.701	13.835
			1.5	15.026	14.376
			1	15.350	14.917
		17	1.5	16.026	15.376
			1	16.350	15.917

公称直径 D、d 第一系列	第二系列	第三系列	螺距 P	中径 D_2 或 d_2	小径 D_1 或 d_1
	18		2.5	16.376	15.294
			2	16.701	15.835
			1.5	17.026	16.376
			1	17.350	16.917
20			2.5	18.376	17.294
			2	18.701	17.335
			1.5	19.026	18.376
			1	19.350	18.917
			0.75	19.513	19.188
	22		2.5	20.376	19.294
			2	20.701	19.835
			1.5	21.026	20.376
			1	21.350	20.917
24			3	22.051	20.752
			2	22.701	21.835
			1.5	23.026	22.376
			1	23.350	22.917
			0.75	23.513	23.188
		25	2	23.701	22.835
			1.5	24.026	23.376
			1	24.350	23.917
		26	1.5	25.026	24.376

8.2　普通螺纹主要参数对互换性的影响

内、外螺纹加工后,外螺纹的大径和小径要分别小于内螺纹的大径和小径,才能保证旋合性,而螺纹的大径和小径处均留有间隙,所以一般不会影响其配合性质。由于螺纹旋合后主要是依靠螺纹牙侧面工作,如果内、外螺纹的牙侧接触不均匀,就会造成负荷分布不均,从而降低螺纹的配合均匀性和联接强度。因此,对螺纹互换性影响较大的参数是中径、螺距和牙型半角。

1. 螺距误差对互换性的影响

普通螺纹的螺距误差可分为：单个螺距误差（ΔP）和螺距累积误差（ΔP_Σ）两种。

① 单个螺距误差是指单个螺距的实际值与其公称值之代数差，它与旋合长度无关。

② 螺距累积误差是指在规定的螺纹长度内，任意两同名牙侧与中径线交点间的实际轴向距离与其公称值的最大差值，它与旋合长度有关。螺距累积误差对互换性的影响更为明显。

如图 8-3 所示，假设内螺纹具有理想基本牙型，与存在螺距误差的外螺纹结合。外螺纹 N 个螺距的累积误差为 ΔP_Σ（μm）。内、外螺纹牙侧产生干涉而不能旋合。为防止干涉，使具有 ΔP_Σ 的外螺纹旋入理想的内螺纹，就必须使外螺纹的中径减小一个数值 f_P（μm）。

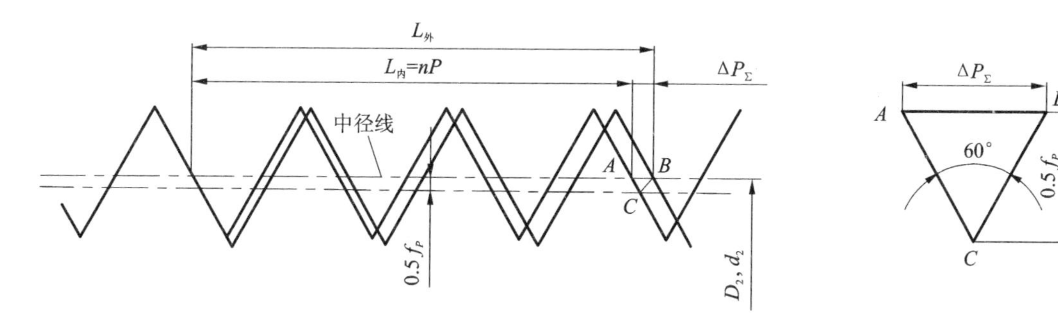

图 8-3　螺距累积偏差对旋合性的影响示例

同理，假设外螺纹具有理想基本牙型，与存在螺距误差的内螺纹旋合。设在 N 个螺距的旋合长度内，内螺纹存在 ΔP_Σ。为保证旋合性，就必须将内螺纹中径增大一个数值 f_P。

所以，f_P 就是为补偿螺距累积误差而折算到中径上的数值，称为螺距累积误差的中径当量。两种情况下的中径当量计算公式为

$$f_P = 1.732 \mid \Delta P_\Sigma \mid \tag{8-2}$$

2. 牙型半角误差对互换性的影响

牙型半角误差指牙型半角的实际值与公称值的代数差，如图 8-4 所示。由于外螺纹存在半角误差，当它与具有理想牙型的内螺纹旋合时，外螺纹左侧牙型半角误差为负值，右侧牙型半角误差为正值，将分别在牙的上半部 $3H/8$ 处和下半部 $2H/8$ 处发生干涉（用阴影表示出），从而影响内、外螺纹的可旋合性。为了让一个有半角误差的外螺纹仍能旋入内螺纹中，须将外螺纹的中径减小一个数值，减小的这个数值称为半角误差的中径当量 $f_{\frac{\alpha}{2}}$。这样，阴影所示的干涉区就会消失，从而保证了螺纹的可旋合性。由图 8-4 中几何关系，可以推导出在一定的半角误差情况下，外螺纹牙型半角误差的中径当量 $f_{\frac{\alpha}{2}}$ 为

$$f_{\frac{\alpha}{2}} = 0.073P\left[K_1\left|\Delta\frac{\alpha_1}{2}\right| + K_2\left|\Delta\frac{\alpha_2}{2}\right|\right] \tag{8-3}$$

式中：P——螺距，mm。

$\Delta\frac{\alpha_1}{2}$，$\Delta\frac{\alpha_2}{2}$——分别为左、右牙型半角误差。

K_1，K_2——分别为左、右牙型半角误差系数。对外螺纹，当牙型半角误差为正值时，K_1 和 K_2 取值为 2；为负值时，K_1 和 K_2 取值为 3。内螺纹左、右牙型半角误差系数的取值正

好相反。

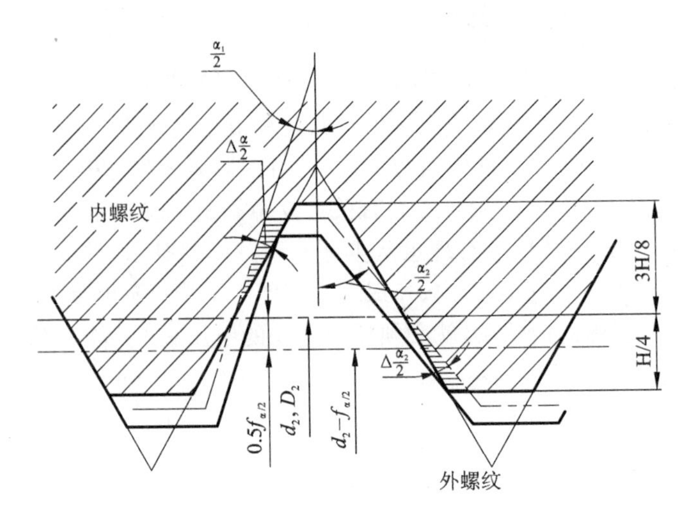

图 8－4　牙型半角偏差对旋合性的影响

式(8－3)是一个通式，是以外螺纹存在半角误差时推导出来的。当假设外螺纹具有理想牙型，而内螺纹存在半角误差时，就需要将内螺纹的中径加大一个 $f_{\frac{\alpha}{2}}$。所以，式(8－3)对内螺纹同样适用。

3. 中径误差对互换性的影响

(1) 单一中径误差的影响

单一中径是指螺纹的牙槽宽度等于基本螺距一半处所在的假想圆柱的直径。当无螺距误差时，单一中径与中径一致。单一中径代表螺纹中径的实际尺寸，单一中径误差是指中径的实际尺寸与基本尺寸之代数差。

当内、外螺纹旋合时，相互作用集中在牙型侧面，单一中径的差异直接影响着牙型侧面的接触状态。若外螺纹的单一中径小于内螺纹的单一中径，就能保证内、外螺纹的旋合性；若外螺纹的单一中径大于内螺纹的单一中径，就难以旋合。但是，如果外螺纹的单一中径过小，或内螺纹单一中径过大，则会使牙侧间的间隙增大，联接强度降低。所以，加工螺纹牙型时，应当对单一中径误差加以控制。

(2) 作用中径和中径综合误差

影响螺纹互换性的参数主要是单一中径、螺距和牙型半角。由于螺距累积误差和牙型半角误差对螺纹互换性的影响可以折算为中径当量，并与单一中径尺寸偏差形成作用中径。这样，可以不单独规定螺距公差和牙型半角公差，而仅规定一项作用中径公差，来控制中径本身的尺寸偏差、螺距偏差和牙型半角偏差的综合影响。

当普通螺纹没有螺距误差和牙型半角误差时，内、外螺纹旋合时起作用的中径便是螺纹的单一中径。对于外螺纹，当存在牙型半角误差时，为保证可旋合性，须将外螺纹单一中径减小一个当量 $f_{\frac{\alpha}{2}}$；否则，外螺纹将旋不进具有理想牙型的内螺纹，即相当于外螺纹在旋合中真正起作用的中径比实际中径增大了一个 $f_{\frac{\alpha}{2}}$ 值。同理，当该外螺纹同时又存在螺距累积误差时，该外螺纹真正起作用的中径又比原来增大了一个 f_P 值，即对于外螺纹，螺纹结合中起作用的

中径(作用中径)为

$$d_{2作用} = d_{2单一} + (f_P + f_{\frac{\alpha}{2}}) \tag{8-4}$$

对于内螺纹,当存在牙型半角误差和螺距累积误差时,相当于内螺纹在旋合中起作用的中径值减小了,即内螺纹的作用中径为

$$D_{2作用} = D_{2单一} - (f_P + f_{\frac{\alpha}{2}}) \tag{8-5}$$

因此,螺纹在旋合时起作用的中径(作用中径)是由单一中径(实际中径)、螺距累积误差、牙型半角误差三者综合作用的结果形成的。

若外螺纹的作用中径过大,内螺纹的作用中径过小,将使螺纹难以旋合;若外螺纹的实际中径过小,内螺纹的实际中径过大,将会影响螺纹的联接强度。所以,从保证螺纹旋合性和联接强度看,螺纹中径合格性判断应遵循泰勒原则:实际螺纹的作用中径不允许超出最大实体牙型的中径,任何部位的单一中径不允许超出最小实体牙型的中径。其表达式为

外螺纹:　$d_{2作用} \leqslant d_{2max}$,　$d_{2单一} \geqslant d_{2min}$

内螺纹:　$D_{2作用} \geqslant D_{2min}$,　$D_{2单一} \leqslant D_{2max}$

所谓最大与最小实体牙型是指在螺纹中径公差范围内,分别具有材料量最多和最少且与基本牙型形状一致的螺纹牙型。

8.3　普通螺纹的公差与配合

为保证螺纹的互换性,国家标准 GB 197—2003《普通螺纹 公差与配合》中,规定了普通螺纹公差带的位置和基本偏差,螺纹公差带的大小和公差等级,螺纹的旋合长度,螺纹公差带及配合的选用,以及螺纹的标记等内容。国家标准中没有对普通螺纹的牙型半角误差和螺距累积误差制定极限偏差或公差,而是用中径公差进行控制。

1. 普通螺纹的公差带

普通螺纹的公差带包括公差等级和基本偏差。普通螺纹公差带以基本牙型为零线,沿着螺纹牙型的牙侧、牙顶和牙底布置,在垂直于螺纹轴线的方向上计量。如图 8-5 所示,ES(es)和 EI(ei)分别为内(外)螺纹的上、下偏差,GB/T 197—2003 规定了普通螺纹的中径(D_2和 d_2)、顶径(外螺纹大径 d 和内螺纹的小径 D_1)公差带,而对螺纹底径(内螺纹的大径 D 和外螺纹的小径 d_1)没有规定公差,只对内螺纹的大径规定了最小极限尺寸,对外螺纹的小径规定了最大极限尺寸。这样,有间隙保证,可避免螺纹旋合时在大径、小径处发生干涉,以保证螺纹的互换性。同时,在外螺纹的小径处由刀具保证圆弧过渡,以提高螺纹受力时的抗疲劳强度。

(1) 公差等级

公差等级决定了普通螺纹公差带的大小(即公差值的大小),国家标准规定的中径、顶径公差等级如表 8-2 所列。一般情况下,螺纹的 6 级公差为常用公差等级。螺纹的公差值除与公差等级有关外,还与基本螺距有关,公差值是由经验公式计算而来,国家标准规定的各公差值如表 8-3 和表 8-4 所列。考虑到内螺纹加工困难,在公差等级和螺距的基本值均一样的情况下,内螺纹的公差值比外螺纹的公差值大 32%。

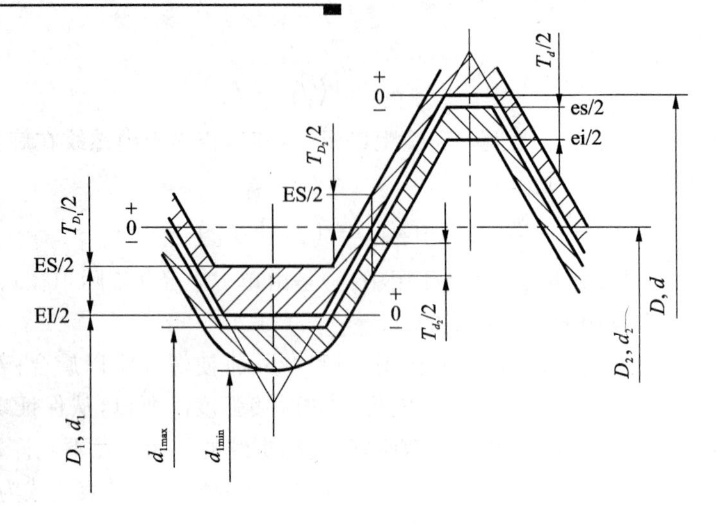

图 8-5　普通螺纹的公差带

表 8-2　螺纹公差等级

螺纹直径		公差等级
内螺纹	中径 D_2	4,5,6,7,8
	顶径(小径)D_1	
外螺纹	中径 d_2	3,4,5,6,7,8,9
	顶径(大径)d	4,6,8

表 8-3　内、外螺纹中径公差(摘自 GB 197—2003)　μm

公称直径 D/mm		螺距 P/mm	内螺纹中径公差 T_{D_2}				外螺纹中径公差 T_{d_2}			
			公差等级				公差等级			
>	≤		5	6	7	8	5	6	7	8
5.6	11.2	0.75	106	132	170	—	80	100	125	—
		1	118	150	190	236	90	112	140	180
		1.25	125	160	200	250	95	118	150	190
		1.5	140	180	224	280	106	132	170	212
11.2	22.4	0.75	112	140	180	—	85	106	132	—
		1	125	160	200	250	95	118	150	190
		1.25	140	180	224	280	106	132	170	212
		1.5	150	190	236	300	112	140	180	224
		1.75	160	200	250	315	118	150	190	236
		2	170	212	265	335	125	160	200	250
		2.5	180	224	280	355	132	170	212	265
22.4	45	1	132	170	212	—	100	125	160	200
		1.5	160	200	250	315	118	150	190	236
		2	180	224	280	355	132	170	212	265
		3	212	265	335	425	160	200	250	315

表 8-4　内、外螺纹顶径公差(摘自 GB 197—2003)　μm

公差项目	内螺纹顶径(小径)公差 T_{D_1}				外螺纹顶径(大径)公差 T_d		
公差等级 螺距 P/mm	5	6	7	8	4	6	8
0.75	150	190	236	—	90	140	—
0.8	160	200	250	315	95	150	236
1	190	236	300	375	112	180	280
1.25	212	265	335	425	132	212	335
1.5	236	300	375	475	150	236	375
1.75	265	335	425	530	170	265	425
2	300	375	475	600	180	280	450
2.5	355	450	560	710	212	335	530
3	400	500	630	800	236	375	600

(2) 基本偏差

基本偏差决定了普通螺纹公差带相对于基本牙型的位置。国家标准对外螺纹规定了四种基本偏差,代号为 e,f,g,h;对内螺纹规定了两种基本偏差,代号为 G 和 H,如图 8-6 所示。内、外螺纹的基本偏差值如表 8-5 所列。

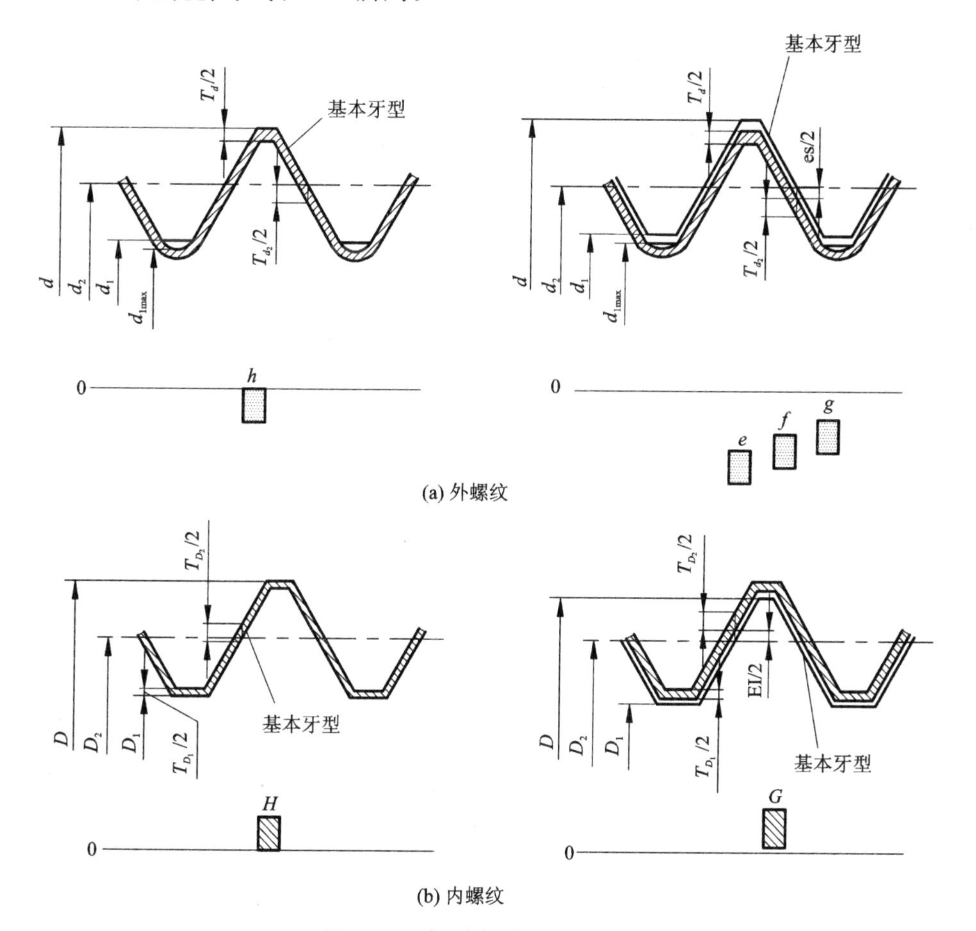

图 8-6　内、外螺纹的基本偏差

表 8-5　内、外螺纹的基本偏差(摘自 GB 197—2003)　μm

基本偏差 / 螺纹 / 螺距 P/mm	内螺纹 D_2、D_1		外螺纹 d_2、d			
	G	H	e	f	g	h
	EI		es			
0.75	+22	0	−56	−38	−22	0
0.8	+24		−60	−38	−24	
1	+26		−60	−40	−26	
1.25	+28		−63	−42	−28	
1.5	+32		−67	−45	−32	
1.75	+34		−71	−48	−34	
2	+38		−71	−52	−38	
2.5	+42		−80	−58	−42	
3	+48		−85	−63	−48	

2. 螺纹精度等级与旋合长度

螺纹精度由螺纹公差带和旋合长度构成,如图 8-7 所示。国家标准按公称直径和螺距的基本尺寸规定了三组旋合长度,分别为短旋合长度 S、中等旋合长度 N 和长旋合长度 L。设计时一般采用中等旋合长度 N,中等旋合长度是螺纹公称直径的 0.5~1.5 倍。螺纹旋合长度如表 8-6 所列。螺纹旋合长度愈长,螺距累积误差越大。因此,当公差等级相同而旋合长度不同时,螺纹精度就有所不同,内、外螺纹精度与旋合长度的关系如图 8-7 所示。根据不同使用场合,国家标准按螺纹公差等级和旋合长度规定了三种类型的公差带,分别是精密级、中等级和粗糙级,代表着不同的加工难度。精密级用于精密联接螺纹;中等级用于一般用途联接;粗糙级用于要求不高及制造困难的螺纹。

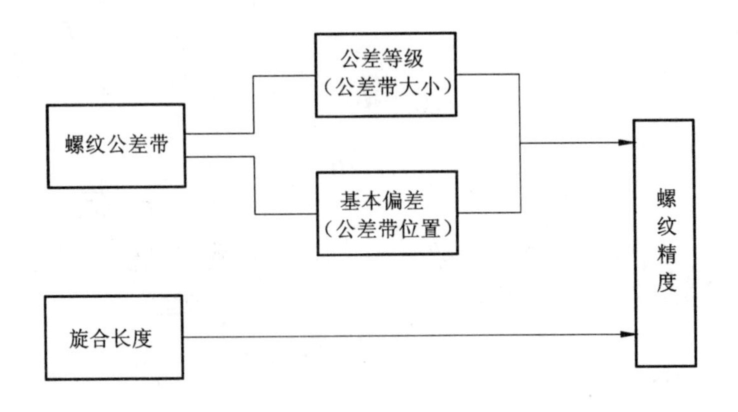

图 8-7　螺纹公差带、旋合长度与螺纹精度的关系

表 8-6　螺纹旋合长度(摘自 GB/T 197—2003)　　mm

公称直径(D,d)		螺距 P	旋合长度 S	旋合长度 N		旋合长度 L
>	≤		≤	>	≤	>
5.6	11.2	0.75	2.4	2.4	7.1	7.1
		1	3	3	9	9
		1.25	4	4	12	12
		1.5	5	5	15	15
11.2	22.4	1	3.8	3.8	11	11
		1.25	4.5	4.5	13	13
		1.5	5.6	5.6	16	16
		1.75	6	6	18	18
		2	8	8	24	24
		2.5	10	10	30	30

基本大径(D,d)		螺距 P	旋合长度 S	旋合长度 N		旋合长度 L
>	≤		≤	>	≤	>
22.4	45	0.75	3.1	3.1	9.4	9.4
		1	4	4	12	12
		1.5	6.3	6.3	19	19
		2	8.5	8.5	25	25
		3	12	12	36	36
		3.5	15	15	45	45
		4	18	18	53	53
		4.5	21	21	63	63

3. 普通螺纹公差带及配合的选用

用螺纹公差等级和基本偏差可以组成各种不同的公差带，它的写法是公差等级在前，偏差代号在后，如 7H,6G,6h,5g 等。在生产中，为了减少螺纹刀具和螺纹量具的规格和数量，同时又能满足各种使用要求，提高经济效益，规定了内、外螺纹的选用公差带，如表 8-7 所列。一般情况下，选用中等精度、中等旋合长度的公差带，即内螺纹公差带 6H、外螺纹公差带 6h、6g 应用较广。表中有些螺纹公差带是由两个公差带代号组成的，前面一个为中径公差带，后面一个为顶径公差带。当顶径与中径公差带相同时，合写为一个公差代号。

表 8-7　普通螺纹的推荐公差带

精度等级	内螺纹公差带 S	内螺纹公差带 N	内螺纹公差带 L	外螺纹公差带 S	外螺纹公差带 N	外螺纹公差带 L
精密级	4H	4H5H	5H6H	(3h4h)	*4h	(5h4h)
中等级	*5H (5G)	*6H (6G)	*7H (7H)	(5h6h) (5g6g)	*6e *6f *6g *6h	(7h6h) (7g6g)
粗糙级	—	7H (7G)	—	—	(8h) 8g	—

注：带"*"的公差带优先选用，括号内的公差带尽量不用，大量生产的精制紧固螺纹，推荐采用带方框的公差带。

表 8-7 中列出的公差带，按照配合规律，可以任意组合成各种配合。为了保证联接强度、接触高度和装拆方便，国家标准推荐优先采用 H/g,H/h 或 G/h 的配合。对于大批量生产的螺纹，为了装拆方便，应选用 H/g 或 G/h 的配合；对单件小批生产的螺纹，可用 H/h 组成配

合，以适应手工拧紧和装配速度不高等使用特性。

4. 螺纹的标注

（1）单个螺纹的标记

螺纹的完整标记由螺纹代号、公称直径、螺距、公差带代号、旋合长度代号（或数值）和旋向组成。

当螺纹是粗牙普通螺纹时，螺距省略标注。

当螺纹为右旋螺纹时，不标注旋向；当螺纹为左旋螺纹时，应加注“LH”字样。

当螺纹中径、顶径公差带相同时，合写为一个公差带。

当螺纹旋合长度为中等时，省略旋合长度标注。

例 8-1 解释螺纹标记 M20×1.5LH—5g6g—S 的含义。

解

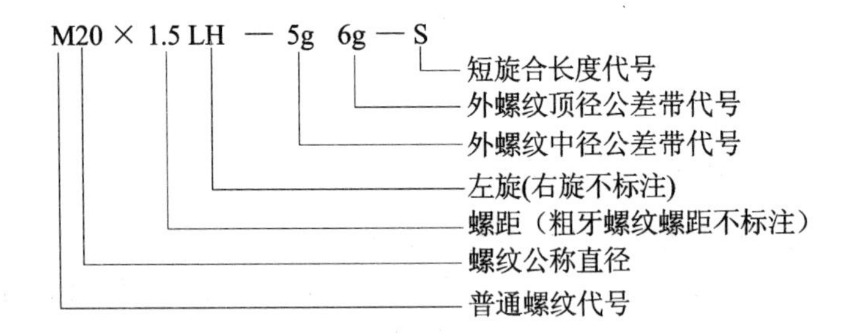

例 8-2 解释螺纹标记 M16—5H6H—18 的含义。

解

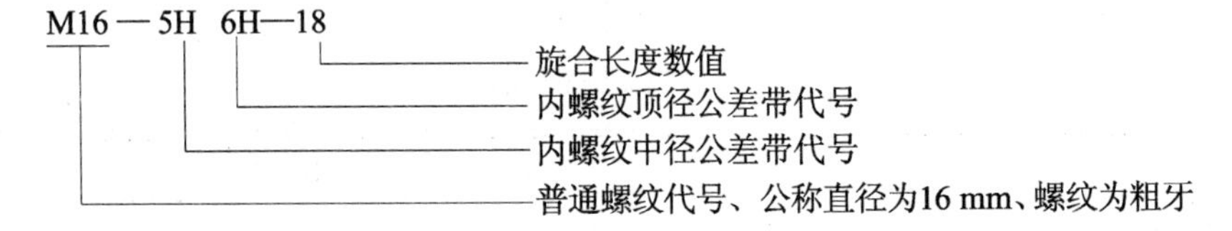

（2）螺纹配合在图样上的标记

标注螺纹配合时，内、外螺纹的公差带代号用斜线分开，左边为内螺纹公差带代号，右边为外螺纹公差带代号。

例 8-3 解释螺纹标记 M20×2—6H/5g6g—S 的含义。

解

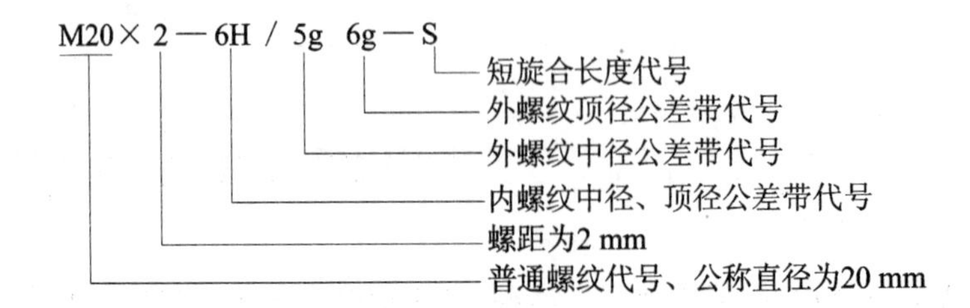

8.4　机床丝杠与螺母公差简介

像机床丝杠、起重机螺杆等各种传动螺纹，其螺纹牙型多采用梯形螺纹。因为梯形螺纹能够满足传动螺纹的使用要求，具有传动效率高、精度高和加工方便等优点。梯形螺纹属于间隙配合，在中径、大径和小径处都有一定的间隙用以储存润滑油。

1. 梯形螺纹基本尺寸

梯形螺纹的牙型与基本尺寸按国家标准 GB/T 5796.3—2005 规定，如图 8－8 所示。其特点是外螺纹的大径(d)、小径(d_3)的基本尺寸分别小于内螺纹的大径(D_4)、小径(D_1)的基本尺寸；而它们的中径尺寸(D_2，d_2)相同。

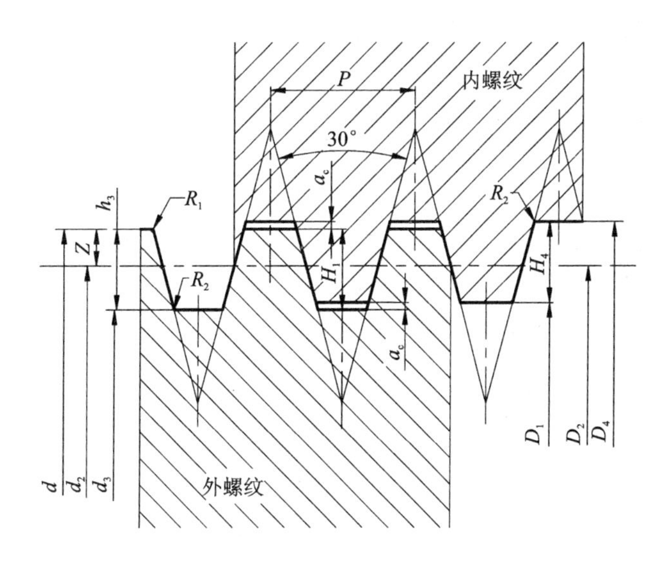

图 8－8　梯形螺纹

2. 梯形螺纹公差

(1) 基本偏差

国家标准 GB/T 5796.4—2005《梯形螺纹公差》规定梯形螺纹外螺纹的上偏差 es 及内螺纹的下偏差 EI 为基本偏差。公差带的位置由基本偏差确定。

对内螺纹的大径 D_4、中径 D_2 及小径 D_1 规定了一种公差带位置 H，其基本偏差为零。

对外螺纹的中径 d_2 规定了三种公差带位置 h、e 和 c；对大径 d 和小径 d_3，只规定了一种公差位置 h。h 的基本偏差为零，e 和 c 的基本偏差为负值。

(2) 公差带等级

内、外螺纹各直径公差带等级如表 8－8 所列。相应的公差数值见 GB/T 5796.4—2005。

表 8-8　梯形螺纹公差等级

直　径	公差等级	直　径	公差等级
内螺纹中径 D_2	7,8,9	外螺纹中径 d_2	6,7,8,9
内螺纹小径 D_1	4	外螺纹小径 d_3	7,8,9
外螺纹大径 d	4		

(3) 旋合长度

梯形螺纹旋合长度按公称直径和螺距的大小分为 N、L 两组。N 为中等旋合长度，L 为长旋合长度。

(4) 螺纹精度与公差带的选用

梯形螺纹标准对内螺纹小径 D_1 和外螺纹大径 d 只规定一种公差带(4H、4h)，对外螺纹小径 d_3 规定其公差位置永远为 h，且公差等级数与中径公差等级数相同。所以，选择中径公差带代表梯形螺纹公差带。

同时，国家标准对梯形螺纹规定了中等和粗糙两种精度，选用原则是：一般用途采用中等精度；对精度要求不高时，采用粗糙精度。

(5) 螺纹标记

梯形螺纹的标记是由梯形螺纹代号、公差带代号及旋合长度代号组成。

当旋合长度为中等旋合长度时，不标注旋合长度代号；当旋合长度为长旋合长度时，应将组别代号 L 写在公差带代号的后面，并用“—”隔开；特殊需要时，可用具体旋合长度数值代替组别代号 L。

如：

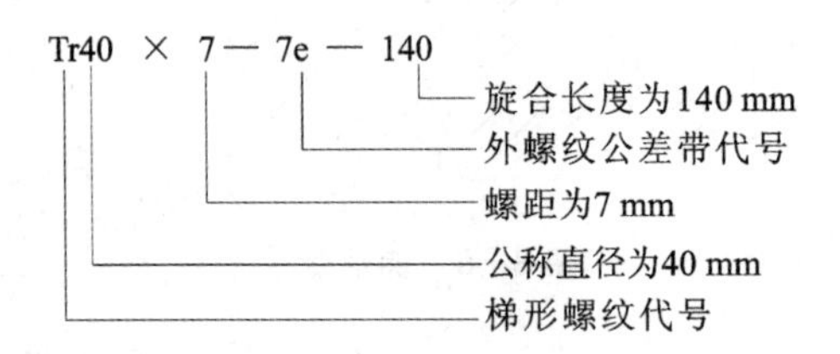

又如：

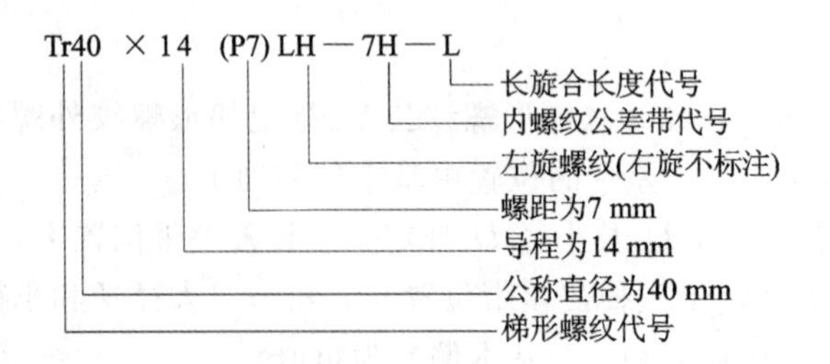

在装配图中，梯形螺纹的公差带要分别注出内、外螺纹的公差带代号。如 Tr40×7H/7e，前面是内螺纹公差带代号，后面是外螺纹公差带代号，中间用斜线分开。

8.5　普通螺纹的测量

本节主要介绍普通公制螺纹的检测。国家标准对普通螺纹的中径和顶径尺寸规定了公差，且螺纹中径是影响螺纹互换性的主要参数。由于影响螺纹配合性质的螺距误差、牙型半角误差可换算成螺纹中径的当量值来处理，所以，在螺纹测量中，螺纹中径误差的检测是重要的。检测方法有两类：综合测量和单项测量。

1. 综合测量

综合测量是指用螺纹极限量规检验螺纹的旋合性（作用中径）与可靠性（单一中径）。其特点是：只能评定内、外螺纹的合格性，不能测出实际参数的具体数值；其操作简便，检测效率高，适用于批量生产的中等精度的螺纹。

(1) 用螺纹工作环规检测外螺纹中径误差

检验外螺纹的螺纹量规称为螺纹工作环规，由通端螺纹工作环规（T）和止端螺纹工作环规（Z）组成，如图 8－9 所示。

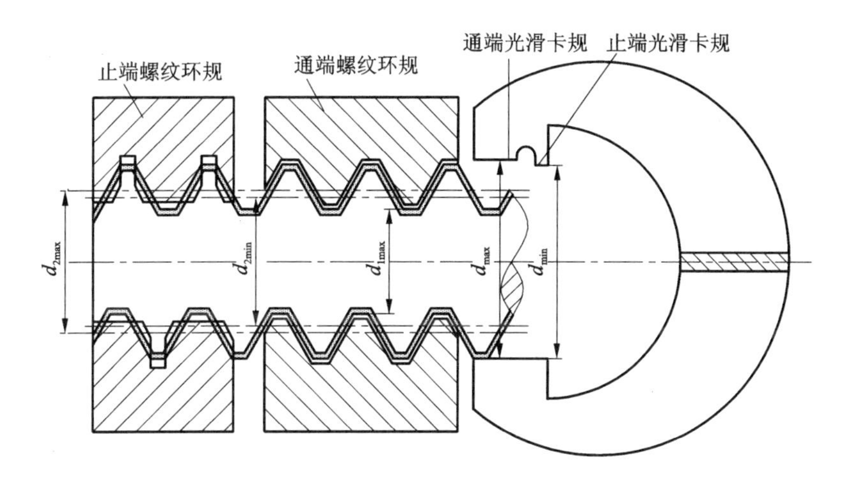

图 8－9　外螺纹的综合测量

1）通端螺纹工作环规 T

通端螺纹工作环规用于检验外螺纹作用中径（$d_{2作用}$），其次可控制螺纹小径的最大极限尺寸（d_{1max}）。T 规应有完整的牙型。合格的外螺纹都应被通端工作环规在全长上旋合，保证外螺纹的作用中径未超出最大实体牙型的中径，即 $d_{2作用}<d_{2max}$，$d_{1a}\leqslant d_{1max}$。

2）止端螺纹工作环规 Z

止端螺纹工作环规 Z 用于检验外螺纹单一中径。止端螺纹环规的牙型为截短的不完整牙型（2～3.5 牙）。检验时，止端螺纹环规不应通过被检验外螺纹，但允许最多的旋合量不得多于 1～2 牙，保证外螺纹的单一中径没有超出最小实体牙型的中径，即 $d_{2单一}>d_{2min}$。

(2) 用螺纹工作塞规检验内螺纹中径误差

检验内螺纹的螺纹量规称为螺纹工作塞规，其由通端螺纹工作塞规（T）和止端螺纹工作塞规（Z）组成，如图 8－10 所示。

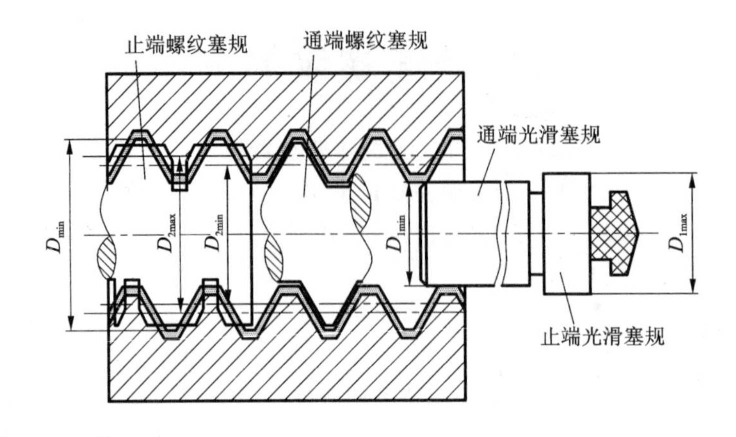

图 8-10　内螺纹的综合测量

1）通端螺纹工作塞规 T

通端螺纹工作塞规 T 主要用于检验内螺纹的作用中径($D_{2作用}$)，还可控制内螺纹大径最小极限尺寸(D_{min})。T 规应有完整的牙型。合格的内螺纹都应被通端螺纹工作塞规在全长上旋合，保证内螺纹的作用中径及内螺纹的大径不小于它们的最小极限尺寸，即 $D_{2作用} > D_{2min}$，$D_a \geqslant D_{min}$。

2）止端工作塞规 Z

止端工作塞规 Z 用于检验内螺纹单一中径。止端螺纹塞规的牙型为截短的不完整牙型(2～3.5 牙)。检验时，止端螺纹塞规不应通过被检验内螺纹，但允许最多的旋合量不得多于 1～2 牙，保证内螺纹的单一中径没有超出最小实体牙型的中径，即 $D_{2单一} < D_{2max}$。

特别指出：上面只介绍了综合测量螺纹中径的方法。螺纹的综合测量还包括顶径公差带的检测。内、外螺纹的顶径尺寸分别由光滑塞规、光滑卡规检测，只有两者全部合格，才能确定内、外螺纹的合格性。

2. 单项测量

螺纹的单项测量是指用量具或量仪测量螺纹每个参数的实际值。单项测量主要用于测量精密螺纹、螺纹量规和螺纹刀具等。螺纹中径单项测量常采用的测量方法有牙型量头法、量针法及用工具显微镜测量。下面主要介绍牙型量头法和量针法。

(1) 牙型量头法

牙型量头法是指用螺纹千分尺测量螺纹中径的方法。如图 8-11 所示，在螺纹轴线两边的牙型上，分别卡入与螺纹牙型角规格相同的 V 形槽和圆锥形头，可以测出外螺纹中径的实际尺寸。此类螺纹千分尺附有一套不同尺寸和牙型的成对可换测量头，每对测头只能用来测量一定螺距范围的螺纹。其规格有 0～25 mm 直至 325～350 mm。

由于螺距、半角误差的影响，测量误差较大，故此法只适用于测量精度较低的螺纹(如工序间测量或粗糙级螺纹工件)，不能用来测量螺纹切削工具和螺纹量具。

(2) 量针法

量针法是指把测量用的刚性圆柱形量针放在被测工件牙型内，然后，用相应的量具测出量针外母线间的跨距 M，再通过计算求出中径实际尺寸的方法。量针法属于精密的间接测量。

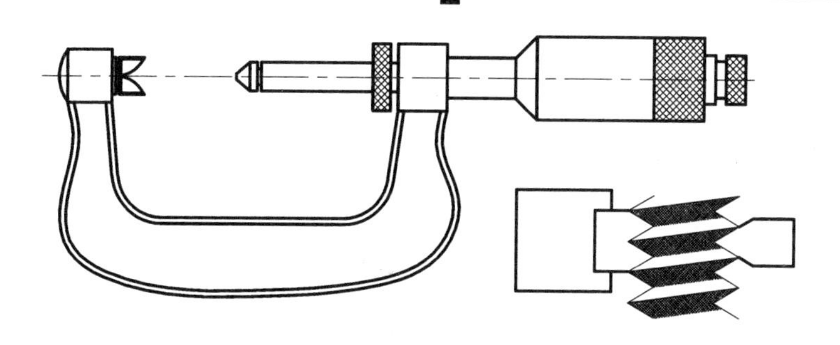

图 8-11　用千分尺测中径

根据针的数量，量针法又分三针、两针及单针三种。三针法测量结果稳定，应用最广；牙数很少时，可用两针代替；当螺纹直径大于 100 mm，宜用单针测量法。

1）用单针法测量螺纹中径

如图 8-12 所示，测量时，以加工好的外螺纹大径 d 作为测量基准，测出单针外母线与外螺纹大径间的跨距 M 值及 $d_{实际}$，通过计算求得螺纹中径 d_2，计算公式如下：

$$d_2 = 2M - d_{实际} - 3d_0 + 0.866P \tag{8-6}$$

（此式仅适用于公制普通螺纹 $\alpha=60°$ 中）

式中：$d_{实际}$——螺纹大径的实际尺寸（使用与测量 M 值同精度的量仪测量）；

d_0——量针直径；

P——螺纹螺距。

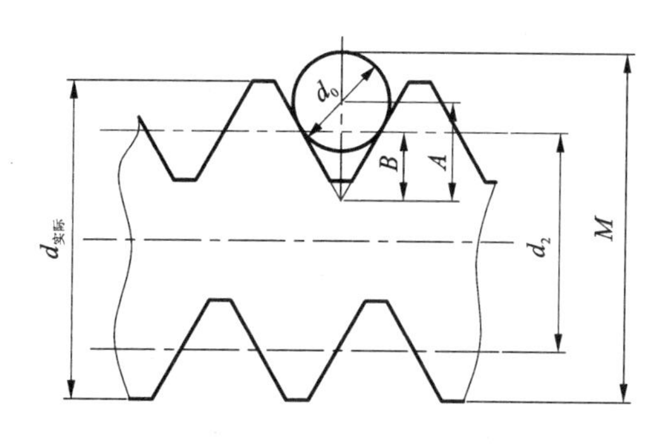

图 8-12　单针法测量

为了提高测量精度，可在 180°方向各测一次 M 值，取算术平均值

$$M = \frac{M_1 + M_2}{2}$$

2）用三针法测量螺纹中径

如图 8-13(a)所示，三针法是将三根直径相同的量针，放入螺纹牙型沟槽中间，用精密量仪测出三根外线之间的跨距 M，通过计算求得螺纹中径 d_2。计算公式如下：

$$d_2 = M - 3d_0 + 0.866P \tag{8-7}$$

（此式仅适于公制普通螺纹 $\alpha=60°$ 中）

为了消除牙型半角，螺距误差对测量结果的影响，应选最佳量针 d_0，使其与螺纹牙型侧面的接触点恰好在中径线上，如图 8-13(b)所示。计算公式如下：

$$d_{0最佳} = \frac{P}{2\cos\frac{\alpha}{2}} = \frac{P}{\sqrt{3}} \tag{8-8}$$

所以式(8－7)可以简化为

$$d_2 = M - 1.5d_{0最佳} \tag{8-9}$$

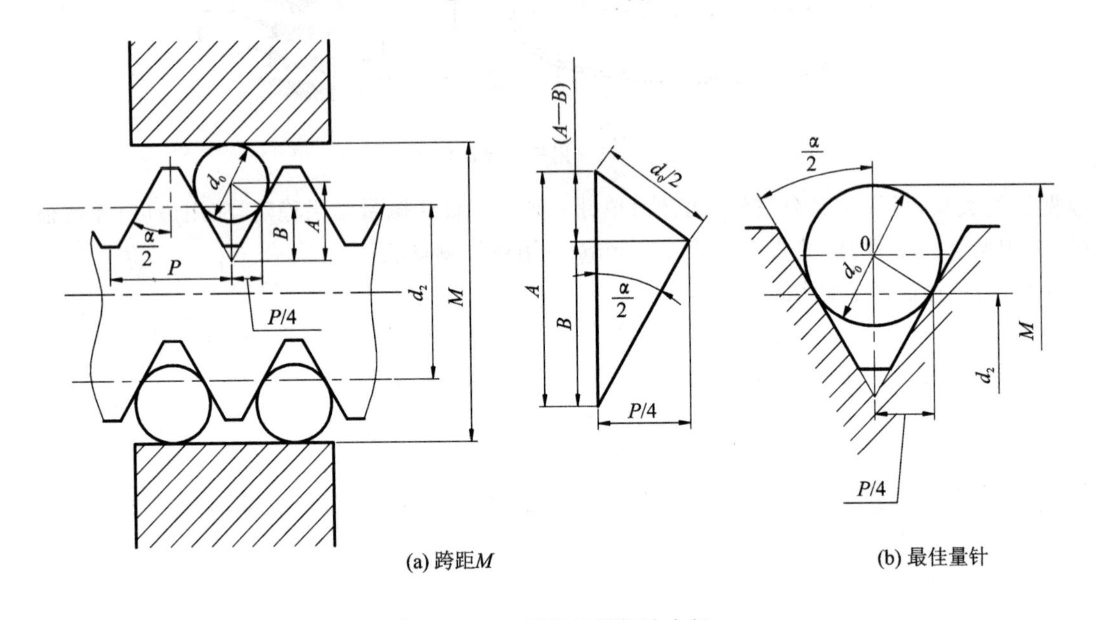

(a) 跨距M　　(b) 最佳量针

图 8－13　三针法测量螺纹中径

实际测量中直接查表选择最佳量针直径，并根据被测螺纹中径的公差大小选择量针精度。常用的测量 M 值的计量器具有：千分尺、机械比较仪、杠杆千分尺、光学计及测长仪等。

螺纹的单项测量还可用工具显微镜测量螺纹各个参数，请参阅相关书籍。

思考题与习题

1. 影响螺纹互换性的主要因素有哪些？

2. 以外螺纹为例，试说明螺纹中径、单一中径和作用中径的含义和区别，三者在什么情况下是相等的？

3. 同一精度级的螺纹，为什么旋合长度不同，中径公差等级也不同？

4. 选择普通螺纹的精度等级，应考虑哪些因素？

5. 圆柱螺纹的综合检验与单项检验各有何特点？

6. 丝杠螺纹与普通螺纹的精度要求有何区别？

7. 查表确定 M24—6H/6h 内、外螺纹的中径、小径和大径的基本偏差，计算内、外螺纹的中径、小径和大径的极限尺寸，绘出内、外螺纹的公差带图。

8. 有一对普通螺纹为 M12×1.5—6G/6h，今测得其主要参数如表 8－9 所列。试计算内、外螺纹的作用中径，问此内、外螺纹中径是否合格？

表 8-9　习题 8 用表

螺纹名称	实际中径/mm	螺距累积误差 ΔP_{Σ}/mm	半角误差	
			$\Delta\frac{\alpha_1}{2}$(左)	$\Delta\frac{\alpha_2}{2}$(右)
内螺纹	11.236	−0.03	$-1°30'$	$+1°$
外螺纹	10.996	+0.06	$+35'$	$-2°5'$

9. 有一螺栓 M20×2—5h，加工后测得结果：单一中径为 18.681 mm，螺距累积误差的中径当量 $f_P=0.018$ mm，牙型半角误差的中径当量 $f_{\frac{\alpha}{2}}=0.022$ mm，已知中径尺寸为 18.701 mm，试判断该螺栓的合格性。

10. 加工 M18×2—6g 的螺纹，已知加工方法所产生的螺距累积误差的中径当量 $f_P=0.018$ mm，牙型半角误差的中径当量 $f_{\frac{\alpha}{2}}=0.022$ mm，问此加工方法允许的中径实际最大、最小尺寸各是多少？

第9章 平键和花键的公差配合及测量

键和花键联接广泛用于轴与齿轮、皮带轮、飞轮、联轴器及手轮等旋转零件的联接，以传递扭矩和运动，实现轴上零件的轴向固定；有时也用做轴上传动件的导向，如变速箱中的变速齿轮。

9.1 平键联接的公差及测量

1. 概　述

键又称为单键，可分为平键、半圆键和楔形键等。其中，平键又可分为普通平键和导向平键两种。平键联接由键、轴键槽和轮毂键槽等三部分组成，通过键的侧面与轴键槽、轮毂键槽的侧面相互接触来传递扭矩。平键和键槽的断面尺寸如图 9-1 所示。图中 b 为键和键槽的宽度，是配合尺寸；t 和 t_1 分别为轴键槽和轮毂键槽的深度；h 为键的高度，它们为非配合尺寸；d 为轴和轮毂的直径。键的上表面和轮毂键槽间留有一定的间隙，以避免影响轴径与轮毂孔径所确定的配合性质。

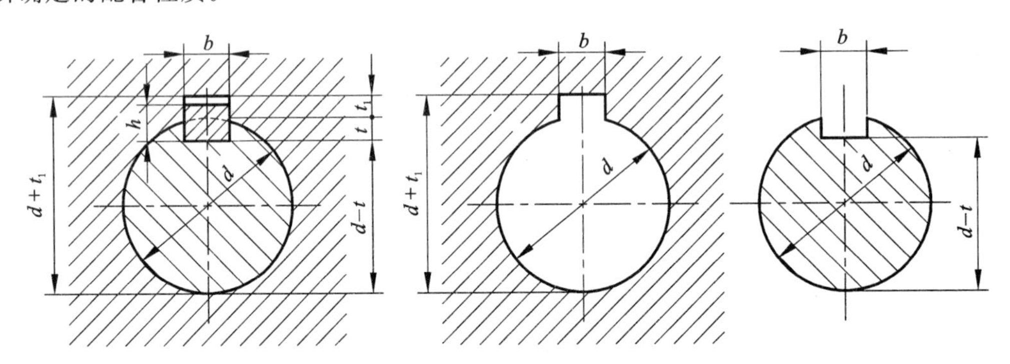

图 9-1　键和键槽的断面尺寸

2. 平键联接的公差带与配合

(1) 平键和键槽配合尺寸的公差带和配合种类

平键联接中，键是标准件，因此键与键槽宽度的配合采用基轴制。GB/T 1095—2003《平键 键和键槽的剖面尺寸》规定按轴径确定键和键槽尺寸，平键和键槽剖面尺寸及键槽极限偏差见表 9-1。它们的公差带则从 GB/T 1801—1999《极限与配合 公差带与配合选择》中选取，对键的宽度规定一种公差带 h9，对轴键槽和轮毂键槽的宽度各规定三种公差带，以满足各种用途的需要。如图 9-2 所示，键宽公差带分别与三种键槽宽度公差带形成三组配合。它们的应用场合如表 9-2 所列。

表 9-1　平键和键槽剖面尺寸及键槽极限偏差(摘自 GB/T 1095—2003)　　mm

轴	键	键槽											
			宽度 b					深度				半径 r	
			极限偏差					轴 t		毂 t_1			
公称尺寸 d	公称尺寸 $b\times h$	公称尺寸 b	松联接		正常联接		紧密联接						
			轴 H9	毂 D10	轴 N9	毂 JS9	轴和毂 P9	公称尺寸	极限偏差	公称尺寸	极限偏差	最大	最小
>22～30	8×7	8	+0.360 0	+0.098 +0.040	0 −0.036	±0.018	−0.015 −0.051	4.0	+0.20 0	3.3	+0.20 0	0.16	0.25
>30～38	10×8	10						5.0		3.3		0.25	0.40
>38～44	12×8	12	+0.043 0	+0.012 +0.050	0 −0.043	±0.021	−0.018 −0.061	5.0		3.3			
>44～50	14×9	14						5.5		3.8			
>50～58	16×10	16						6.0		4.3			
>58～65	18×11	18						7.0		4.4			
>65～75	20×12	20	+0.052 0	+0.149 +0.065	0 −0.052	±0.026	−0.022 −0.074	7.5		4.9		0.40	0.60
>75～85	22×14	22						9.0		5.4			
>85～95	25×14	25						9.0		5.4			
>95 ～110	28×16	28						10.0		6.4			

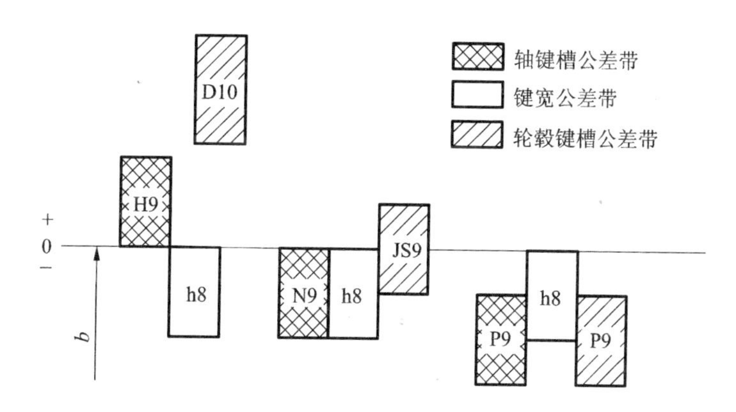

图 9-2　键宽度和键槽宽度 b 的公差带示意图

表 9-2　平键联接的三组配合及其应用

配合种类	尺寸 b 的公差带			应　用
	键	轴键槽	轮毂键槽	
松联接	h8	H9	D10	用于导向平键，轮毂在轴上移动
正常联接		N9	JS9	键在轴键槽中和轮毂键槽中均固定，用于载荷不大的场合
紧密联接		P9	P9	键在轴键槽中和轮毂键槽中均牢固地固定，主要用于载荷较大，载荷具有冲击，以及双向传递转矩的场合

(2) 平键和键槽非配合尺寸的公差带

平键高度 h 的公差带一般采用 h11,平键长度 l 的公差带采用 h14;轴键槽长度 L 的公差带采用 H14,轴键槽深度 t 和轮毂键槽深度 t_1 的极限偏差由 GB/T 1095—2003 专门规定,如表 9-3 所列。为了便于测量,在图样上对轴键槽深度和轮毂键槽深度分别标注"$d-t$"和"$d+t_1$",它们的极限偏差从表 9-3 中查取。

表 9-3 平键联接非配合尺寸的公差带或极限偏差 mm

轴槽深			轮毂槽深			键高 h	平键长度 l	轴槽长度 L
t		$d-t$	t_1		$d+t_1$			
公称尺寸	极限偏差	极限偏差	公称尺寸	极限偏差	极限偏差			
1.2～3.5	+0.1 0	0 −0.1	1～2.8	+0.1 0	+0.1 0	h11	h14	H14
4～11	+0.2 0	0 −0.2	3.3～7.4	+0.2 0	+0.2 0			
12～31	+0.3 0	0 −0.3	8.4～19.6	+0.3 0	+0.3 0			

(3) 键槽的位置公差和表面粗糙度

为保证键的侧面与键槽之间有足够的接触面积和避免装配困难,应分别规定轴键槽和轮毂键槽的对称度公差。对称度公差的公称尺寸是指键宽 b。根据不同要求和键宽 b,按 GB/T 1184—1996 中的对称度公差的 7～9 级选取。

键槽配合面的表面粗糙度 R_a 值一般取 1.6～6.3 μm,非配合表面取 6.3～12.5 μm。

3. 平键的测量

键和键槽尺寸可以用千分尺、游标卡尺等通用长度计量器具来测量。键槽宽度可以用量块或极限量规检验。

如图 9-3(a)所示,轴键槽对称度公差与键槽宽度的尺寸公差的关系采用最大实体要求,而该对称度公差与轴径的尺寸公差的关系采用独立原则。这时,键槽对称误差可用图 9-3(b)所示的量规检验。该量规以其 V 形表面作为定心表面来体现基准轴线(不受轴实际尺寸变化的影响),来检验键槽对称度误差,若 V 形表面与轴表面接触且量杆能够进入被测键槽,则表示合格。

如图 9-4(a)所示,轮毂键槽对称度公差与键槽宽度的尺寸公差及基准孔孔径的尺寸公差的关系皆采用最大实体要求。这时,键槽对称度误差可用图 9-4(b)所示的键槽对称度量规检验。该量规以圆柱面作为定位表面模拟体现基准轴线,来检验键槽对称度误差,若它能够同时自由通过轮毂的基准孔和被测键槽,则表示合格。

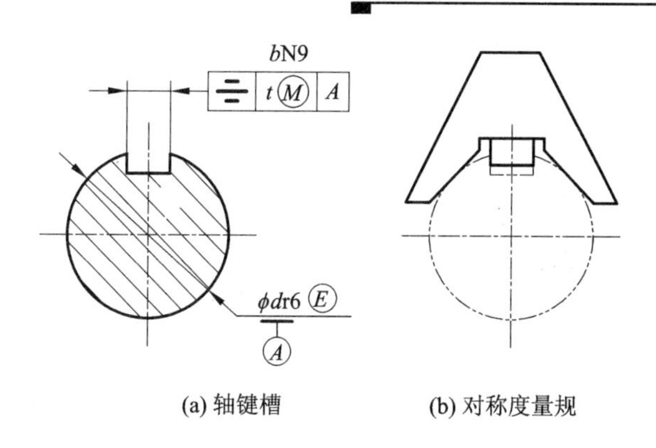

(a) 轴键槽　　(b) 对称度量规

图 9-3　轴键槽对称度量规

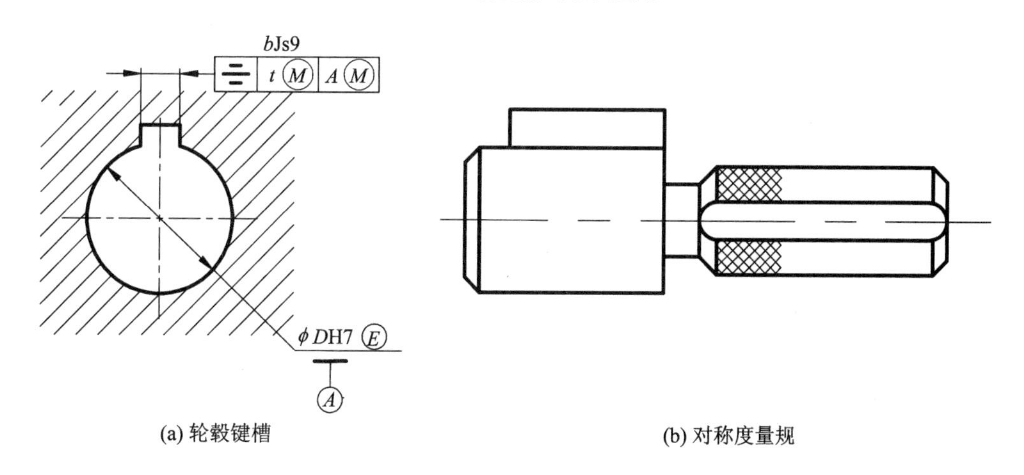

(a) 轮毂键槽　　(b) 对称度量规

图 9-4　轮毂键槽对称度量规

9.2　花键联接的公差及测量

1. 概　述

花键联接由轴和轮毂孔上的多个键齿组成,可以看成是平键联接在数目上的发展。它的用途与单键联接基本相同,但较单键联接有更多的优点。由于花键与轴是一整体,所以它的强度高,承载能力强,轴、孔的定心精度和导向精度也高。

花键联接按其键的侧面轮廓不同,分为矩形花键、渐开线花键及三角形花键等几种。应用最多的是矩形花键。本节重点介绍矩形花键。

2. 矩形花键联接的公差带与配合

(1) 矩形花键的主要尺寸

矩形花键联接的主要几何参数有大径 D、小径 d 和键(槽)宽 B,如图 9-5 所示。对于花键联接的配合尺寸有三个,因此比单键联接要复杂,矩形花键的尺寸系列如表 9-4 所列。

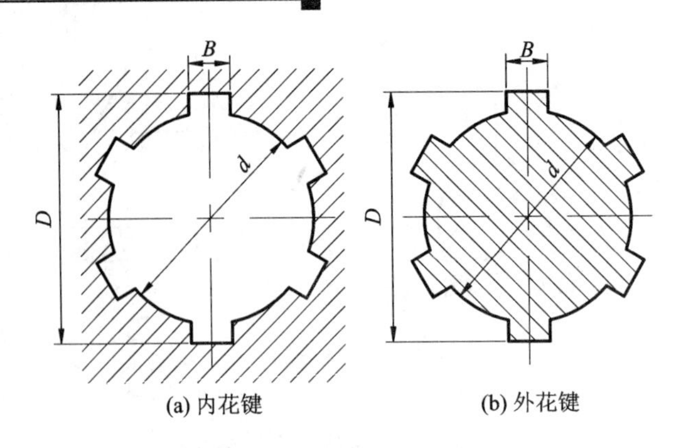

(a) 内花键　　(b) 外花键

图 9-5　矩形花键的主要尺寸

表 9-4　矩形花键尺寸系列(摘自 GB/T 1144—2001)　　mm

小径 d	轻系列				中系列			
	规格 $N\times d\times D\times B$	键数 N	大径 D	键宽 B	规格 $N\times d\times D\times B$	键数 N	大径 D	键宽 B
11					6×11×14×3	6	14	3
13					6×13×16×3.5	6	16	3.5
16					6×16×20×4	6	20	4
18					6×18×22×5	6	22	5
21					6×21×25×5	6	25	5
23	6×23×26×6	6	26	6	6×23×28×6	6	28	6
26	6×26×30×6	6	30	6	6×26×32×6	6	32	6
28	6×28×32×7	6	32	7	6×28×34×7	6	34	7
32	8×32×36×6	8	36	6	8×32×38×6	8	38	6
36	8×36×40×7	8	40	7	8×36×42×7	8	42	7
42	8×42×46×8	8	46	8	8×42×48×8	8	48	8
46	8×46×50×9	8	50	9	8×46×54×9	8	54	9
52	8×52×58×10	8	58	10	8×52×60×10	8	60	10
56	8×56×62×10	8	62	10	8×56×65×10	8	65	10
62	8×62×68×12	8	68	12	8×62×72×12	8	72	12
72	10×72×78×12	10	78	12	10×72×82×12	10	82	12
82	10×82×88×12	10	88	12	10×82×92×12	10	92	12
92	10×92×98×14	10	98	14	10×92×102×14	10	102	14
102	10×101×108×16	10	108	16	10×102×112×16	10	112	16
112	10×112×120×18	10	120	18	10×112×125×18	10	125	18

(2) 矩形花键的定心方式

在矩形花键联接中,若使 d、D 和 B 三个配合尺寸同时配合得很准确,是相当困难的,即使三个尺寸都加工得非常精确,但由于形状和位置误差的影响,也很难达到互换性的目的。在矩形花键联接中,只需将其中一个尺寸作为主要配合尺寸,其他两个尺寸作为次要配合尺寸或非

配合尺寸。国家标准 GB/T 1144—2001 中规定采用小径定心，即对小径 d 选用等级较高的小间隙配合，如图 9-6 所示。由于扭矩靠侧面传递，所以键宽虽然是非定心尺寸，但也要有足够的精度；而大径 D 为非定心尺寸，公差等级应低一点。

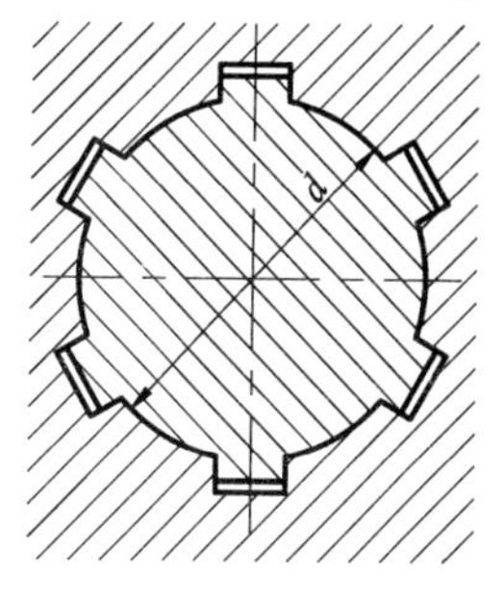

图 9-6 矩形花键连接的定心方式

小径定心的主要优点是：小径较易保证较高的加工精度和表面硬度，能提高花键的耐磨性和使用寿命，定心稳定性好。由于定心表面要求有较高的硬度，因此加工过程中往往需要热处理。在热处理后，内、外花键的小径表面可以用磨削方法进行精加工，而内花键的大径和键槽侧面难于进行磨削加工。

(3) 矩形花键的公差与配合

为了减少加工和检验内花键所用花键拉刀和花键量规的规格及数量，矩形花键联接采用基孔制。GB/T 1144—2001 规定的矩形花键联接的配合尺寸的公差带如表 9-5 所列。一般用途的矩形花键适用于普通机械，可作为 7～8 级精度齿轮的基准孔。精密传动矩形花键适用于精密传动机械，常用做精密齿轮传动基准孔。

表 9-5 内、外花键的尺寸公差带(摘自 GB/T 1144—2001)

用途	内花键				外花键			装配形式
	d	D	B		d	D	B	
			拉削后不热处理	拉削后热处理				
一般用途	H7	H10	H9	H11	f7	a11	d10	滑动
					g7		f9	紧滑动
					h7		h10	固定
精密传动	H5	H10	H7、H9		f5	a11	d8	滑动
					g5		f7	紧滑动
					h5		h8	固定
	H6				f6		d8	滑动
					g6		f7	紧滑动
					h6		h8	固定

注：1. 精密传动用的内花键，当需要控制键侧配合间隙时，槽宽可选用 H7，一般情况下可选用 H9。

2. d 为 H6 和 H7 的内花键，允许与高一级的外花键配合。

定心直径 d 的公差带，在一般情况下，内、外花键取相同的公差等级，这个规定不同于普通光滑孔、轴的配合，主要考虑到矩形花键采用小径定心，使加工难度由内花键变为外花键。但在有些情况下，外花键的公差等级会高于内花键。对于 5 级精度齿轮，其内、外花键的小径公差建议选取 IT5；对于 6 级精度齿轮，其内、外花键的小径公差建议选取 IT6；小径 d 为 H6 和 H7 的内花键，允许与高一级的外花键配合。

(4) 矩形花键的形位公差

由于矩形花键的形位误差会影响可装配性、定心精度和承载的均匀性，因此对其形位误差要加以控制。

① 矩形花键的小径 d 既是配合尺寸,又是定心尺寸,因此小径 d 应遵守包容原则。

② 花键的键宽和键槽宽是花键联接的非定心配合,在工作中起传递转矩作用。花键的位置度公差应遵守最大实体要求,以保证内、外花键的互换装配,位置公差值 t_1 如表 9-6 所列。形位公差标注如图 9-7 所示。此时,位置度公差综合控制各键之间角度位置,并包括各键对轴线的对称度误差及轴线的平行度误差。检验方法采用综合量规检验。

表 9-6 矩形花键位置度公差 t_1 值(摘自 GB/ 1144—2001) mm

键槽宽或键宽 B		3	3.5~6	7~10	12~18
		t_1			
键槽宽		0.010	0.015	0.020	0.025
键 宽	滑动、固定	0.010	0.015	0.020	0.025
	紧滑动	0.006	0.010	0.013	0.016

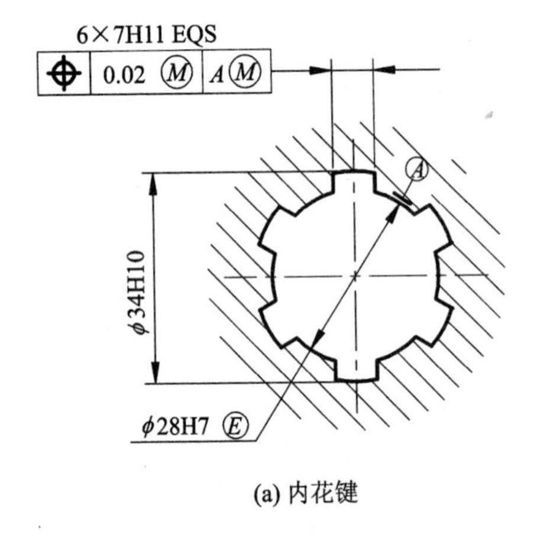

(a) 内花键

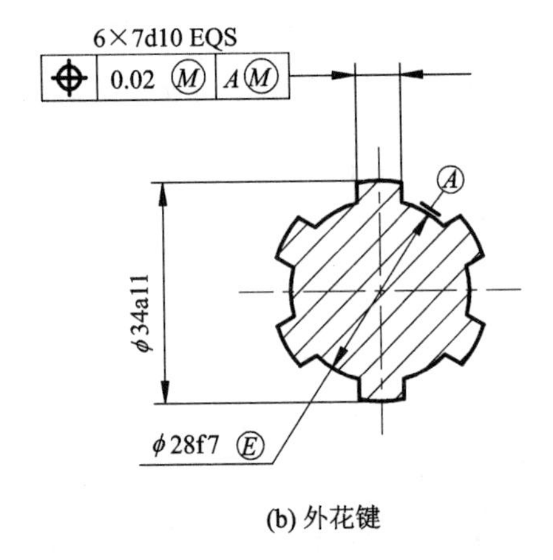

(b) 外花键

图 9-7 内、外矩形花键位置度公差的标注

③ 当花键采用单项检验法时,在图样上应规定花键的对称度和等分度公差。此时,花键的对称度和等分度公差遵守独立原则,对称度公差值 t_2 如表 9-7 所列。花键各键齿(键槽)沿 360°圆周均匀分布为它们的理想位置,允许它们偏离理想位置的最大值为花键的等分度公差,其值等于键宽或键槽宽的对称度公差值,标注方法如图 9-8 所示。

矩形花键的表面粗糙度要求如表 9-8 所列。

表 9-7 矩形花键对称度公差 t_2 值(摘自 GB/T 1144—2001) mm

键槽宽或键宽 B	3	3.5~6	7~10	12~18
	t_2			
一般用	0.010	0.012	0.015	0.018
精度传动用	0.006	0.008	0.009	0.011

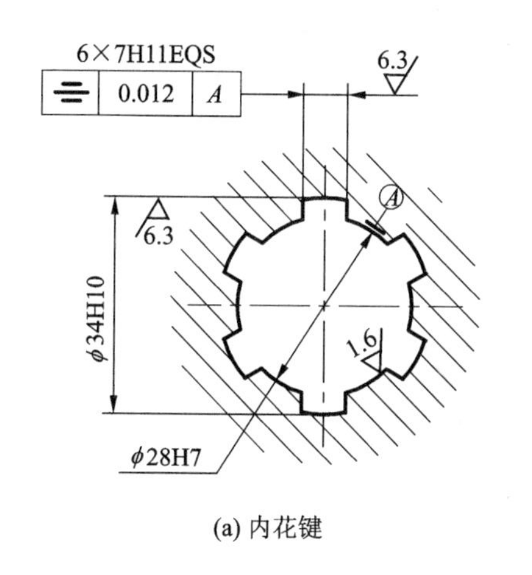

(a) 内花键

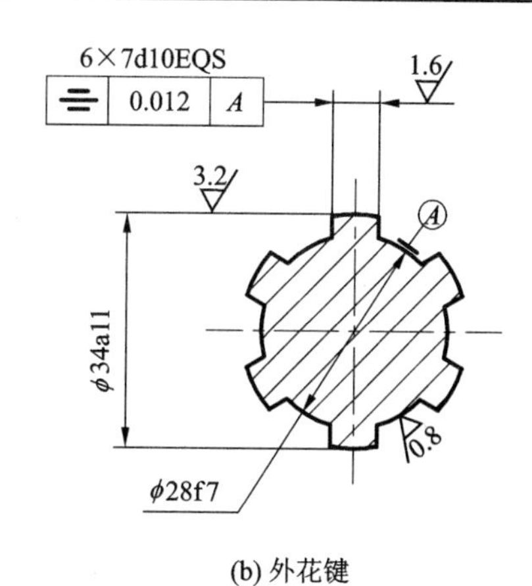

(b) 外花键

图 9-8　内、外矩形花键对称度公差的标注

表 9-8　矩形花键表面粗糙度 R_a 推荐值　　μm

配合表面	内花键	外花键
小　径	1.6	0.8
大　径	6.3	3.2
键　侧	6.3	1.6

(5) 矩形花键规格和配合代号、尺寸公差带代号在图样上的标注方法

矩形花键的规格按下列顺序表示：键数 N×小径 d×大径 D×键宽(键槽宽)B，并说明国家标准代号。按这样的顺序在装配图上标注花键的配合代号和在零件图上标注花键的尺寸公差带代号。例如：花键键数为 8，小径 d 的配合为 52H7/f7、大径 D 的配合为 58H10/a11、键宽 B 的配合为 10H11/d10 的标注方法如下：

花键副，在装配图上标注配合代号为

$$8\times52\frac{\mathrm{H7}}{\mathrm{f7}}\times58\frac{\mathrm{H10}}{\mathrm{a11}}\times10\frac{\mathrm{H11}}{\mathrm{d10}}\quad \mathrm{GB/T\ 1144—2001}$$

内花键，在零件图上标注尺寸公差带代号为

8×52H7×58H10×10H11　　GB/T 1144—2001

外花键，在零件图上标注尺寸公差带代号为

8×52f7×58a11×10d10　　GB/T 1144—2001

3. 矩形花键的测量

矩形花键的检验方法有综合检验法和单项检验法两种。

(1) 综合检验法

用一个形状与被测内花键或外花键相对应的花键综合塞规或环规进行检验。此时，花键综合量规同时检验花键的小径、大径、键槽宽或键宽，大径对小径的同轴度以及键槽的位置度(包括等分度和对称度)，并用单项止规量规(或用其他量规)分别检验小径、大径、键槽宽的最大极限尺寸(内花键)或键宽的最小极限尺寸(外花键)。若综合量规能通过，而单项止规通不过，则该零件为合格品；综合量规通不过，则零件为不合格品。

图 9-9 为花键塞规，其前端的圆柱面用来引导塞规进入内花键，其后端的花键则用来检验内花键各部位。图 9-10 为花键环规，其前端的圆柱形孔用来引导环规进入外花键，其后端的花键则用来检验外花键各部位。

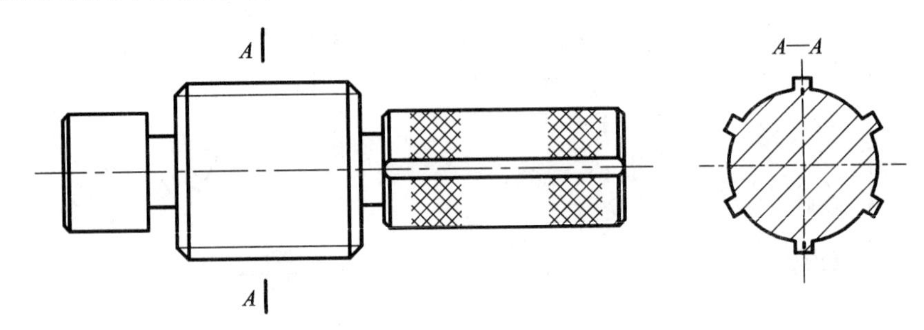

图 9-9　花键塞规

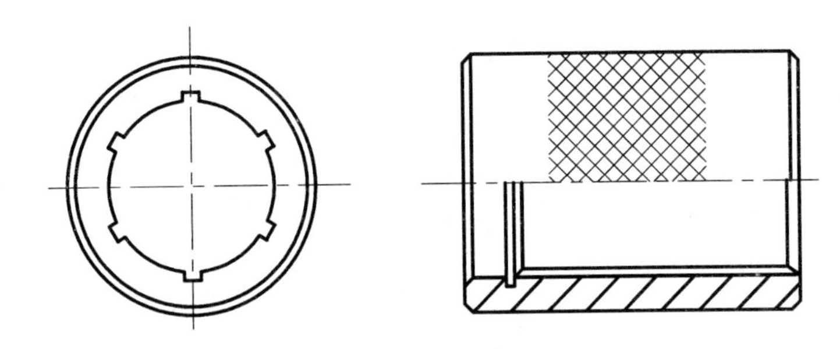

图 9-10　花键环规

(2) 单项检验法

当没有综合量规，或者工件已用综合检验法拒收时，为了寻找是哪个要素超差，可以应用单项检验法。通常单项检验法是用通用计量器具或单项极限量规测出花键的小径、大径、键槽宽或键宽、对称度误差和等分度误差。若这些参数都在图样规定的范围内，则零件为合格。但在一般情况下，用单项检验合格的零件能够保证装配；个别情况也会出现用单项检验合格的零件，不能保证装配。因此在批量生产中，应采用综合检验法检验。

思考题与习题

1. 齿轮减速器的输出轴与齿轮孔采用平键联接，齿轮孔径为 50 mm，试按 GB 1095—1979 确定槽宽和槽深的公称尺寸及其上、下偏差，并确定相应的形位公差值和表面粗糙度参数值，将各参数值标注在图样上。

2. 平键联接的配合尺寸是指哪个参数？采用何种配合制？

3. 为什么 GB/T 1144—2001 对矩形花键联接规定采用小径定心？

4. 试按矩形花键 $8\times32\frac{H7}{f7}\times36\frac{H10}{a11}\times6\frac{H11}{d10}$　GB 1144—1987 确定内、外花键的小径、大径、键槽宽及键宽的极限偏差，以及对称度公差和应遵守的公差原则，并标注在图样上。

5. 矩形花键联接采用何种配合制？为什么？

第10章　圆柱齿轮传动的公差及测量

齿轮传动是机器和仪器中最常见的传动形式之一，广泛地用于传递运动和动力。齿轮传动的质量将影响到机器或仪器的工作性能、承载能力、使用寿命和工作精度。本章主要介绍圆柱齿轮传动的误差、测量方法和有关的公差标准。

10.1　概　述

1. 对齿轮传动的使用要求

现代工业中的各种机器和仪器，对齿轮传动提出了多方面的要求，归纳起来主要有下面几点。

(1) 传递运动的准确性

齿轮传动理论上应按设计规定的传动比来传递运动，即主动轮转过一个角度时，从动轮应按传动比转过一个相应的角度。由于齿轮存在加工误差和安装误差，而实际齿轮传动中不可能保持恒定的传动比，因此使得从动轮的实际转角产生了转角误差。传递运动的准确性就是要求齿轮在一转内，传动比的变化要小，其最大转角误差应限制在一定的范围内。

(2) 传递运动的平稳性

齿轮任一瞬时传动比的变化，会使从动轮的转速不断变化，从而产生瞬时加速度和惯性冲击力，引起齿轮传动中的冲击、振动和噪声。传递运动的平稳性就是要求齿轮在一转内，多次重复的瞬时传动比变化要小，一齿转角内的最大转角误差要限制在一定的范围内。

(3) 载荷分布的均匀性

齿轮在传递载荷时，若齿面上的载荷分布不均匀，会因载荷集中于齿面局部区域而导致齿面产生应力集中，引起齿面的磨损、点蚀，甚至轮齿的折断。载荷分布的均匀性就是要求齿轮相互啮合的齿面应有良好的接触，其接触区域应足够大，以使轮齿均匀承载，从而提高齿轮的承载能力和使用寿命。

(4) 传动侧隙的合理性

在齿轮传动中，为了储存润滑油，补偿齿轮受力变形、热变形以及齿轮制造和安装误差，齿轮啮合的非工作齿面应留有一定的齿侧间隙；否则，齿轮传动过程中可能就会出现卡死或烧伤的现象。但侧隙也不能过大，尤其是对于经常需要正反转的传动齿轮，侧隙过大，会产生空程，引起换向冲击。因此，应合理地确定侧隙的数值。

为了保证齿轮传动具有较好的工作性能，对上述四个方面均要有一定的要求。但用途和工作条件不同，应有不同的侧重。比如：读数装置和分度机构的齿轮，主要要求传递运动的准确性，而对接触均匀性的要求往往是次要的；如果需要正反转，应要求较小的侧隙。对于高速重载下工作的齿轮(如汽轮机减速器齿轮)，则对运动准确性、传动平稳性和载荷分布均匀性的要求都很高，而且要求有较大的侧隙以满足润滑需要。一般汽车、拖拉机及机床的变速齿轮主要保证传动平稳性要求,使振动和噪声都小。

2. 齿轮传动的几何参数误差

齿轮传动是由齿轮副、轴、轴承和机座等零件组成的齿轮传动装置来实现的。因此影响到齿轮传动要求的因素是多方面的,但其中最主要的因素是齿轮传动几何参数的加工误差和安装误差。

齿轮传动的几何参数比较多,参数之间的关系也比较复杂。这些参数的误差对齿轮传动的使用要求都有不同程度的影响。按这些参数的误差对齿轮传动使用要求的主要影响,可将它们划分为:影响传递运动准确性的误差;影响传动平稳性的误差;影响传动载荷分布均匀性的误差。为控制这些误差及保证齿轮副传动所需的侧隙,分别建立了相应的评定指标。下面就这些误差的评定指标及其常用的检测方法加以论述。

10.2 齿轮误差评定项目及检测

1. 影响齿轮传递运动准确性的误差项目及检测

(1) 切向综合误差 $\Delta F_i'$(公差 F_i')

$\Delta F_i'$是被测齿轮与理想精确测量齿轮(允许用齿条、蜗杆和测头等测量元件代替)单面啮合时,在被测齿轮一转内,实际转角与公称转角之差的总幅度值。它是几何偏心、运动偏心及各项短周期误差综合影响的结果,是评定齿轮传动准确性的较完善的指标。

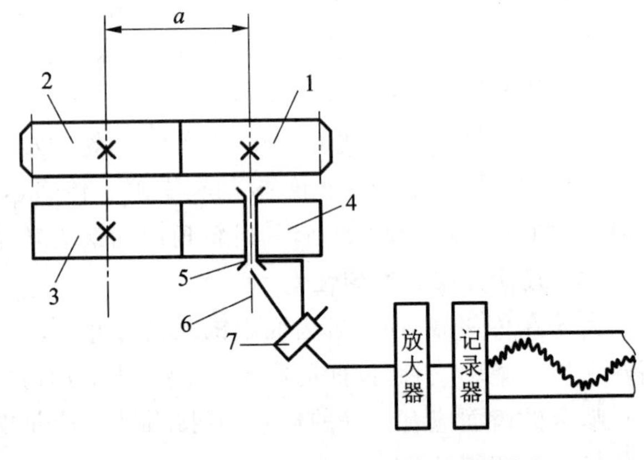

1—被测齿轮;2—标准齿轮;3,4—精密摩擦盘;
5—转轴;6—转轴;7—传感器

图 10-1 双圆盘摩擦式单啮仪的工作原理

$\Delta F_i'$用单啮仪测量。单啮仪的结构有多种形式。图 10-1 所示是双圆盘摩擦式单啮仪的工作原理图。标准齿轮 2 与被测齿轮 1 在公称中心距 a 下啮合,直径分别等于齿轮 1 和齿轮 2 分度圆直径的精密摩擦盘 3 和 4 的纯滚动形成标准传动。被测齿轮 1 的转轴 6 与摩擦盘 4 的转轴 5 套在一起,若被测齿轮 1 没有误差,则其与摩擦盘 4 同步回转,传感器 7 无信号输出。若被测齿轮 1 有误差,则转轴 6 与圆盘不同步,两者产生的相对转角误差由传感器 7 经放大器传至记录器,并给出误差曲线,如图 10-2 所示。该曲线称为切向误差曲线,$\Delta F_i'$就是这条误差曲线的最大幅值。

(2) 齿距累积误差 ΔF_p(公差 F_p)和 K 个齿距累积误差 ΔF_{pK}(公差 F_{pK})

ΔF_p是指在分度圆上(允许在齿高中部测量),任意两个同侧齿面的实际弧长与公称弧长之差的最大绝对值。ΔF_{pK}是指在分度圆上,K 个齿距的实际弧长与公称弧长之差的最大绝对值,如图 10-3 所示。

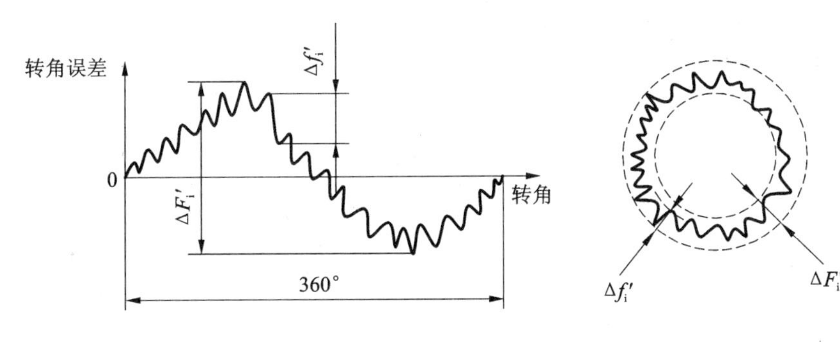

图 10－2　切向综合误差曲线

ΔF_p主要是由几何偏心和运动偏心造成的，是能较好地反映运动准确性的综合性评定指标，但它评定传递运动准确性不如$\Delta F_i'$反映得全面和确切。

ΔF_{pK}主要限制齿距累积误差在整个圆周上分布的不均匀性，避免在局部圆周上齿距累积误差集中或在一定的应用圆周范围内可能产生较大的转角误差，因此在必要时才加检ΔF_{pK}。K为2到$Z/2$的整数（Z为齿轮的齿数）。

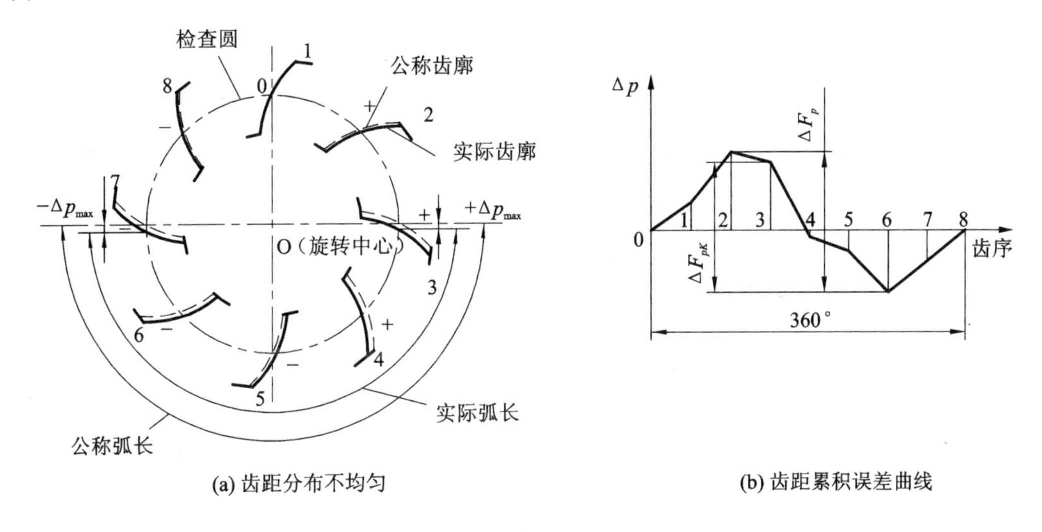

图 10－3　齿距累积误差

ΔF_p和ΔF_{pK}的测量方法有绝对法和相对法。相对法可在齿距仪或万能测齿仪上进行。图10－4为用万能测齿仪测齿距的原理图。测量时，首先以被测齿轮上任意实际齿距作为基准，将仪器指示表调零，然后沿整个齿圈依次测出其他实际齿距与作为基准的齿距的差值（称为相对齿距偏差），经过数据处理求出ΔF_p和ΔF_{pK}（还可测得齿距偏差Δf_{pt}）。

(3) 齿圈径向跳动ΔF_r（公差F_r）

ΔF_r是在齿轮一转内，测头在齿槽内于齿高中部与齿廓双面接触，测头相对于齿轮轴线的最大变动量。它主要是由几何偏心e_j引起的，而几何偏心e_j可能是在加工中产生的，也可能是在装配中产生的，如果忽略其他误差的影响，则$\Delta F_r=2e_j$，如图10－5所示。ΔF_r反映的是齿距累积误差中的径向误差，属于径向性质的单项指标。

ΔF_r可在齿圈径向跳动检查仪、万能测齿仪或普通偏摆检查仪上测量。测量时测头与齿槽双面接触，以齿轮孔中心线为测量基准，依次逐齿测量，在齿轮一转内，指示表的最大读数与

最小读数之差，即为被测齿轮的 ΔF_r。

(4) 径向综合误差 $\Delta F_i''$(公差 F_i'')

$\Delta F_i''$是被测齿轮与理想精确的测量齿轮双面啮合时，在被测齿轮一转内双啮中心距的最大变动量。它主要是由几何偏心引起的，也属于径向性质的单项指标，可以代替 ΔF_r 来评定齿轮传递运动的准确性。

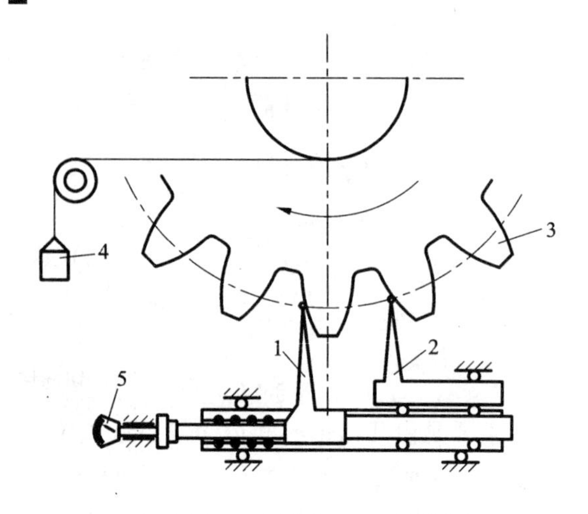

1—活动测头；2—固定测头；3—被测齿轮；4—重锤；5—指示表

图 10-4　用万能测齿仪测齿距累积误差的工作原理

$\Delta F_i''$采用双面啮合仪（双啮仪）测量，如图 10-6(a)所示。测量齿轮 1 的轴线固定，被测齿轮 4 的轴线可浮动，在弹簧 2 的作用下两齿轮双面啮合。若被测齿轮有几何偏心，在被测齿轮一转内，双面啮合中心距会发生变化，连续记录指示表 3 的数值变化情况可得双啮中心距误差曲线如图 10-6(b)所示，误差曲线的最大幅值为 $\Delta F_i''$(可同时测得一齿径向综合误差 $\Delta f_i''$)。

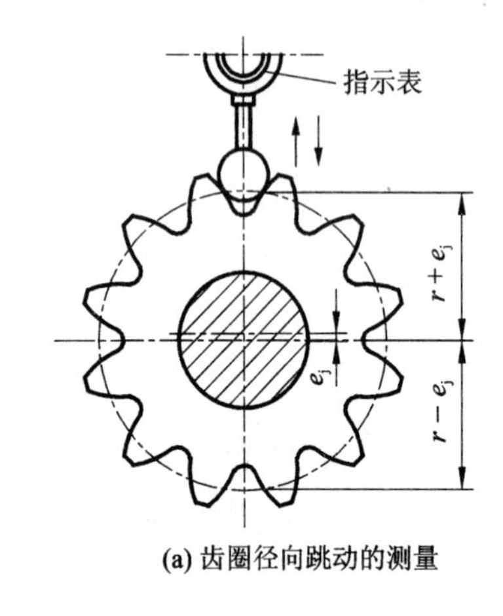

(a) 齿圈径向跳动的测量

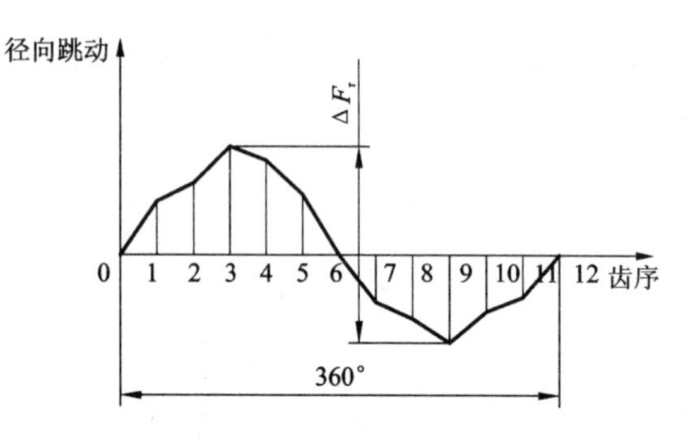

(b) 齿圈径向跳动曲线

图 10-5　齿圈径向跳动

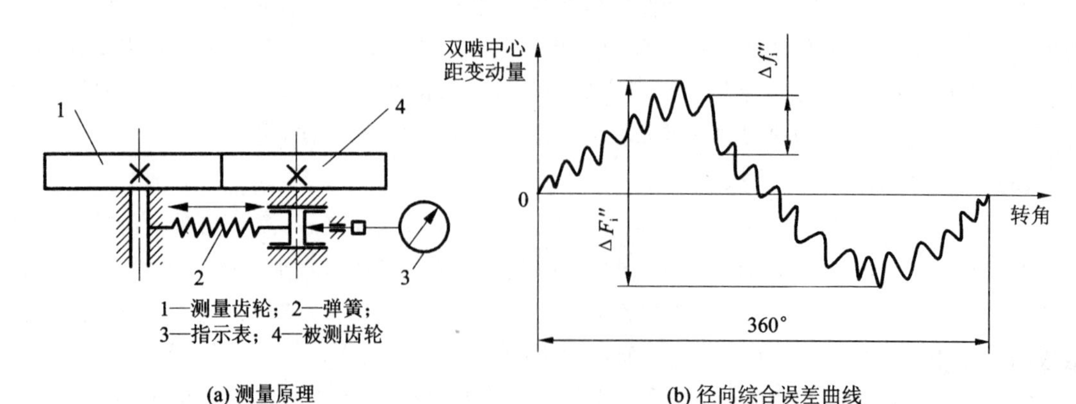

(a) 测量原理

(b) 径向综合误差曲线

图 10-6　用双面啮合仪测径向综合误差

(5) 公法线长度变动量 ΔF_W(公差 F_W)

公法线长度 W 是指跨 k 个齿的异侧齿廓间的公共法线长度，如图 10－7(a)所示。ΔF_W是齿轮在旋转一周内，实际公法线长度的最大值与最小值之差。滚齿时，ΔF_W主要是由于运动偏心 e_y导致各轮齿的齿廓在圆周上分布不均匀引起的，而运动偏心 e_y来源于机床分度蜗轮的偏心。ΔF_W反映的是切向误差，是一个切向性质的单项指标。

测量公法线长度可用公法线长度指示卡规或公法线千分尺(如图 10－7(b)所示)，也可在万能测齿仪上测量。

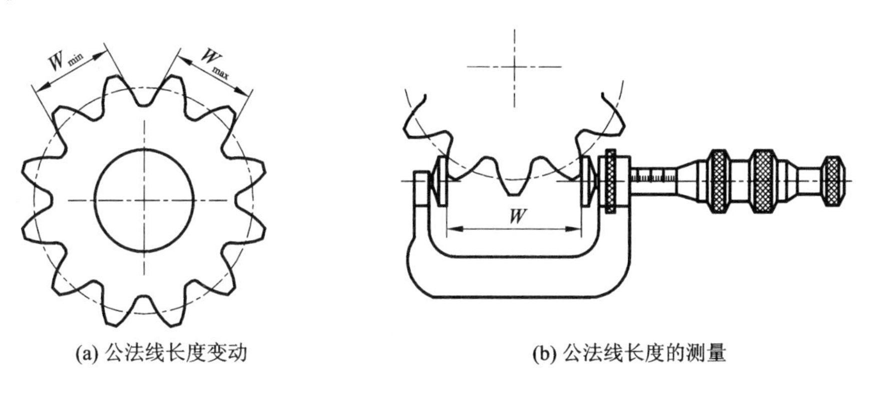

(a) 公法线长度变动　　　　(b) 公法线长度的测量

图 10－7　公法线长度及其变动量测量

2. 影响齿轮传动平稳性的误差及检测

(1) 一齿切向综合误差 $\Delta f_i'$(公差 f_i')

$\Delta f_i'$是指被测齿轮与理想精确测量齿轮单面啮合时，在被测齿轮一个齿距角内的实际转角与公称转角之差的最大幅度值。它综合反映了齿轮的基节、齿形等方面的误差，是评价平稳性的一个较理想的综合指标。

用单啮仪测量 $\Delta F_i'$的同时可测得 $\Delta f_i'$，在图 10－2 所示的切向综合误差曲线中，波长为一个齿距角范围内，小波纹的最大幅度值，即为一齿切向综合误差 $\Delta f_i'$。

(2) 一齿径向综合误差 $\Delta f_i''$(公差 f_i'')

$\Delta f_i''$是被测齿轮与理想精确测量齿轮双面啮合时，在被测齿轮的一个齿距角内双啮中心距的最大变动量。

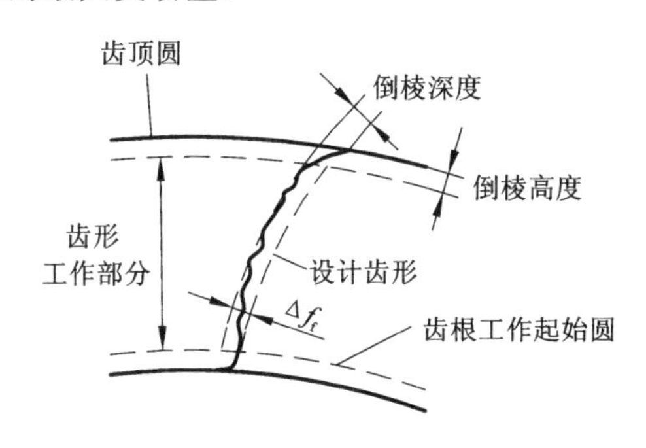

图 10－8　实际齿形及齿形误差

用双啮仪测量 $\Delta F_i''$的同时可测得 $\Delta f_i''$。在图 10－6(b)所示的径向综合误差曲线中，波长为一个齿距角范围内，小波纹的最大幅度值，即为一齿径向综合误差 $\Delta f_i''$。

(3) 齿形误差 Δf_f(公差 f_f)

Δf_f是在齿轮端截面上，齿形工作部分(齿顶倒棱部分除外)，包容实际齿形距离为最小的两条设计齿形之间的法向距离，如图 10－8 所示。

Δf_f用渐开线检查仪进行测量,检查仪有单圆盘式和万能式两种。图 10-9(a)所示是单圆盘渐开线检查仪的工作原理图。仪器通过直尺 2 和基圆盘 1 的纯滚动产生精确的渐开线。被测齿轮 3 与基圆盘同轴安装。传感器 4 和测头装在直尺上面,随直尺一起移动。测量时,按基圆半径 r_b 调整测头的位置,使测头与被测齿面接触。移动直尺 2,在摩擦力的作用下,基圆盘与被测齿轮一起转动。如果齿形有误差,则在测量过程中测头相对于齿面之间就有相对移动,此运动通过传感器等测量系统记录下来,如图 10-9(b)所示。图中实线为齿形误差的记录图形,虚线为设计齿形,包容实际齿形的两条虚线之间的距离就是 Δf_f。

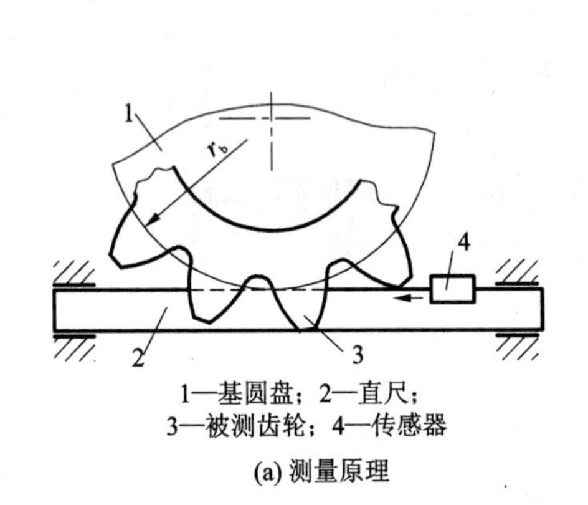

(a) 测量原理

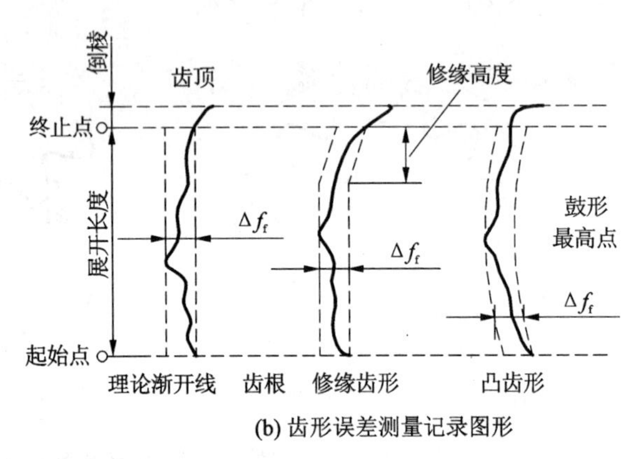

(b) 齿形误差测量记录图形

图 10-9 用单圆盘渐开线检查仪测齿形误差

(4) 基节偏差 Δf_{pb}(极限偏差 $\pm f_{pb}$)

Δf_{pb}是实际基节与公称基节之差。$\pm f_{pb}$是允许基节偏差 Δf_{pb} 变化的两个极限值。实际基节是指基圆柱切平面所截两相邻同侧齿面的交线之间的法向距离,如图 10-10 所示。

Δf_{pb}常用基节检查仪或万能测齿仪测量。图 10-11 为用基节仪测量 Δf_{pb} 的示意图。测量时先按被测齿轮基节的公称值组合量块,并按量块组尺寸调整相平行的活动量爪 1 与固定量爪 2 之间的距离,使指示表为零,然后将支脚 3 靠在轮齿上,并使两个量爪在基圆柱切线与两相邻同侧齿面的交点接触,测量两点之间的直线距离,由指示表上读出基节偏差数值。

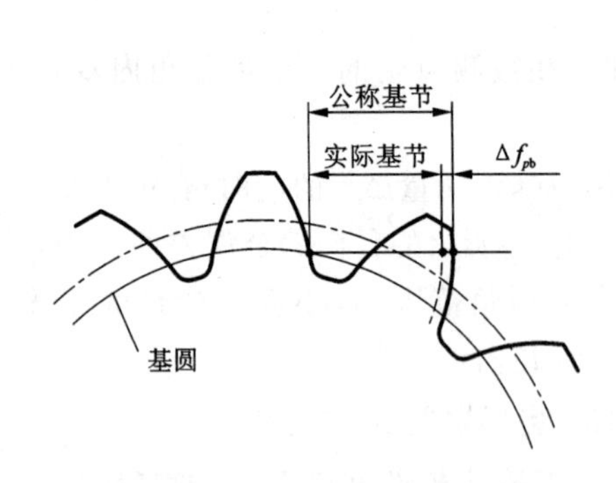

图 10-10 实际基节及基节偏差

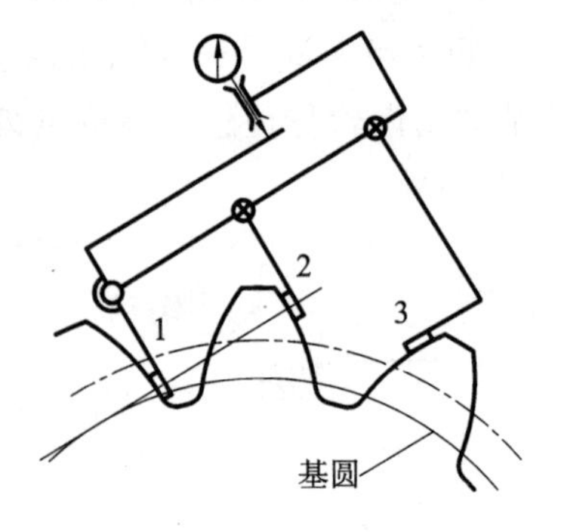

1—活动量爪;2—固定量爪;3—支脚

图 10-11 用基节仪测基节偏差

(5) 齿距偏差 Δf_{pt}(极限偏差 $\pm f_{pt}$)

Δf_{pt}是指在分度圆上(允许在齿高中部测量),实际齿距与公称齿距之差,如图 10-12 所

示。$\pm f_{pt}$是允许基节偏差 Δf_{pt}变化的两个极限值。

Δf_{pt}的测量与齿距累积误差 ΔF_p的测量方法相同。

(6) 螺旋线波度误差 $\Delta f_{f\beta}$(公差 $f_{f\beta}$)

$\Delta f_{f\beta}$是指宽斜齿轮齿高中部实际齿线波纹的最大波幅,沿齿面法线方向计值,如图 10-13 所示。它相当于直齿轮的齿形误差。

$\Delta f_{f\beta}$可用波度仪测量。

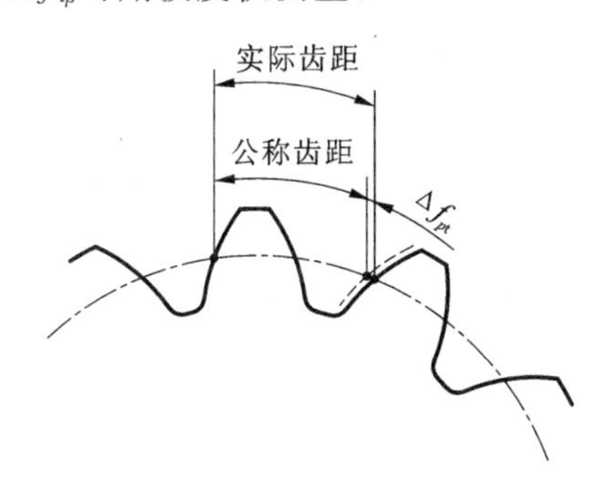

图 10-12 实际齿距及齿距偏差

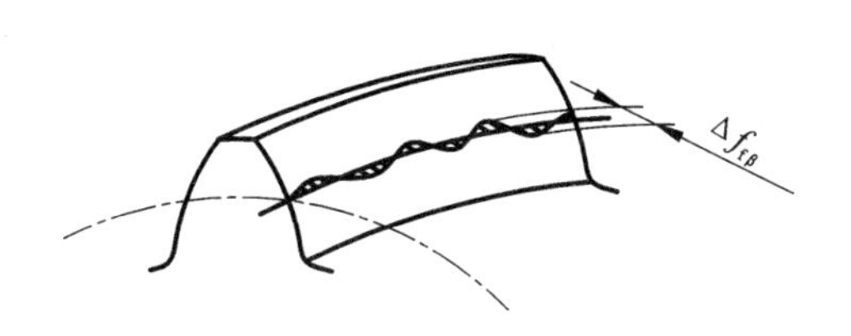

图 10-13 螺旋线波度误差

3. 影响载荷分布均匀性的误差及检测

(1) 齿向误差 ΔF_β(公差 F_β)

ΔF_β是指在分度圆柱面上,齿宽工作部分范围内(端部倒角部分除外),包容实际齿线的两条设计齿线之间的端面距离,如图 10-14 所示。

直齿圆柱齿轮的 ΔF_β的测量比较简单,凡是有顶尖架并能相对于千分表架作相对移动的装置都可用来测量 ΔF_β。如图 10-15 所示,被测齿轮装在心轴上,心轴装在两顶尖座或等高的 V 形架上,在齿槽内放入精密小圆柱(对于非变位齿轮,小圆柱直径 $d=1.68m$,m 为被测齿轮模数,以保证在分度圆附近接触)。用检验平板作为基准,用指示表测量小圆柱两端 A、B 两点的读数差为 a,$\frac{a}{l}\times b$ 即为该齿轮的齿向误差。

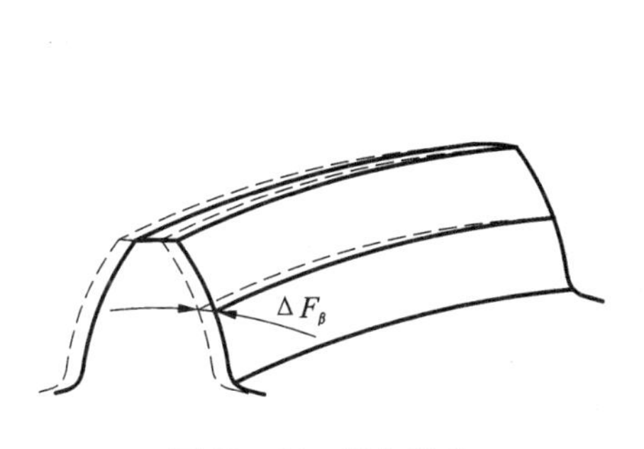

图 10-14 齿向误差

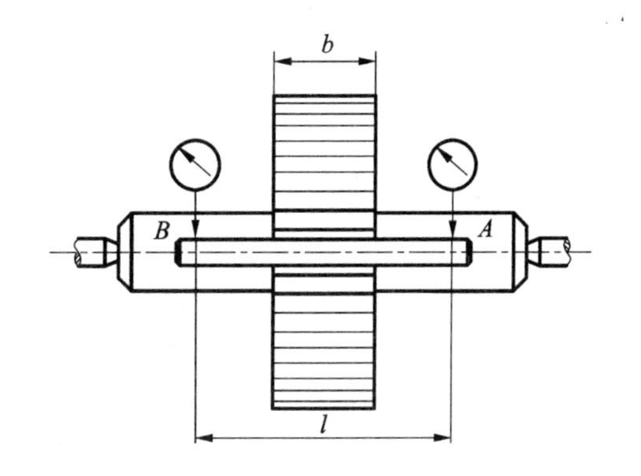

图 10-15 齿向误差的测量

斜齿圆柱齿轮的 ΔF_β 的测量可在导程仪、螺旋角检查仪或万能测齿仪上测量。

(2) 轴向齿距偏差 ΔF_{px}(极限偏差 $\pm F_{px}$)

ΔF_{px} 是在与齿轮基准轴线平行且大约通过齿高中部的一条直线上，任意两个同侧齿面间的实际距离与公称距离之差，沿齿面法线方向计值，如图 10-16 所示。$\pm F_{px}$ 是允许轴向齿距偏差 ΔF_{px} 变化的两个极限值。ΔF_{px} 主要反映了斜齿轮螺旋线误差，是宽斜齿轮评价接触均匀性的指标。

ΔF_{px} 可用齿距仪测量。

(3) 接触线误差 ΔF_b(公差 F_b)

ΔF_b 是指在基圆柱的切平面内平行于公称接触线且包容实际接触线的两条最近的直线间的法向距离，如图 10-17 所示。它包括了斜齿轮的齿向误差和齿形误差，是斜齿轮控制接触均匀性的参数。

ΔF_b 可在接触仪上测量。

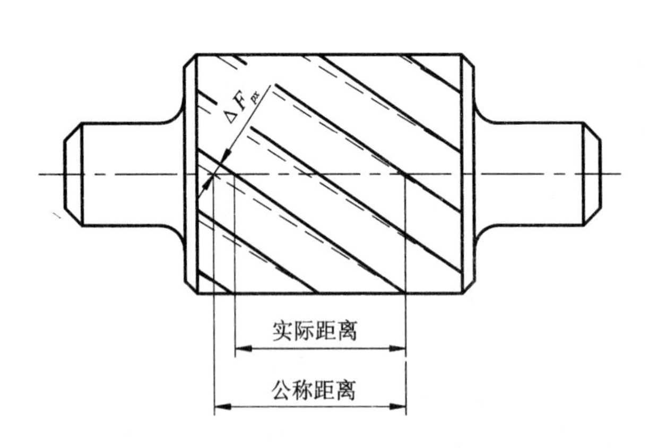

图 10-16 轴向齿距偏差

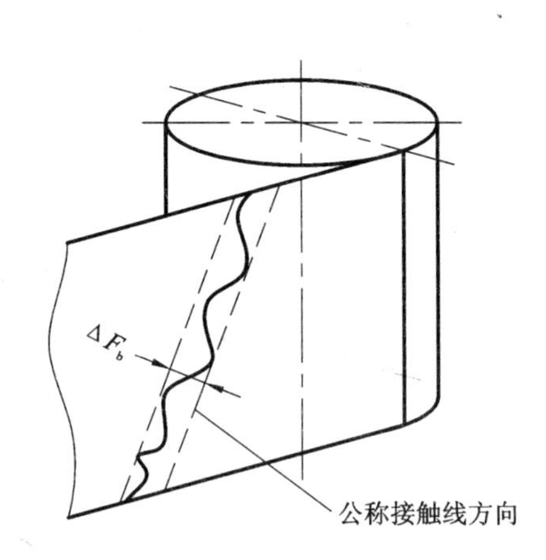

图 10-17 接触线误差

4. 齿轮副的安装误差及检测

(1) 齿轮副的中心距偏差 Δf_a(极限偏差 $\pm f_a$)

Δf_a 是在齿轮副齿宽中间平面内，实际中心距与公称中心距之差，如图 10-18 所示。$\pm f_a$ 是允许齿轮副的中心距偏差 Δf_a 变化的两个极限值。

齿轮副中心距的大小直接影响到齿侧间隙的大小。常以齿轮箱体支承孔中心距代替齿轮副中心距进行测量。

(2) 齿轮副轴线的平行度误差 Δf_x、Δf_y(公差 f_x、f_y)

Δf_x 是一对齿轮的轴线在其基准平面 H 上投影的平行度误差，如图 10-19(a)所示。基准平面 H 是包含基准轴线，并通过另一根轴线与齿宽中间平面的交点所形成的平面。两根轴线中任意一根都可作为基准轴线。

Δf_y 是一对齿轮轴线在垂直于基准平面且平行于基准轴线的平面 V 上投影的平行度误差，如图 10-19(b)所示。

Δf_x、Δf_y 主要影响载荷分布和侧隙的均匀性。

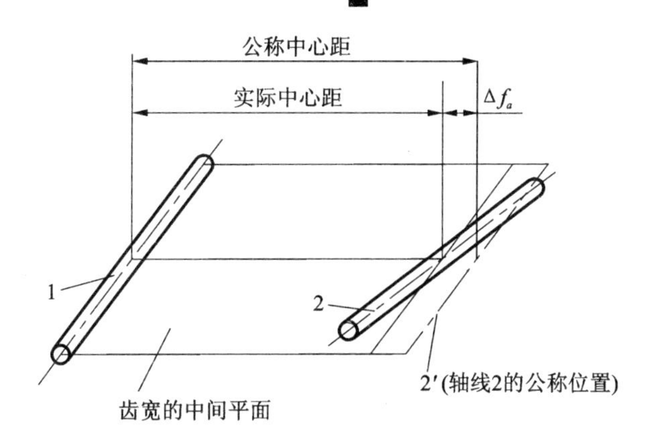

图 10-18　齿轮副中心距偏差

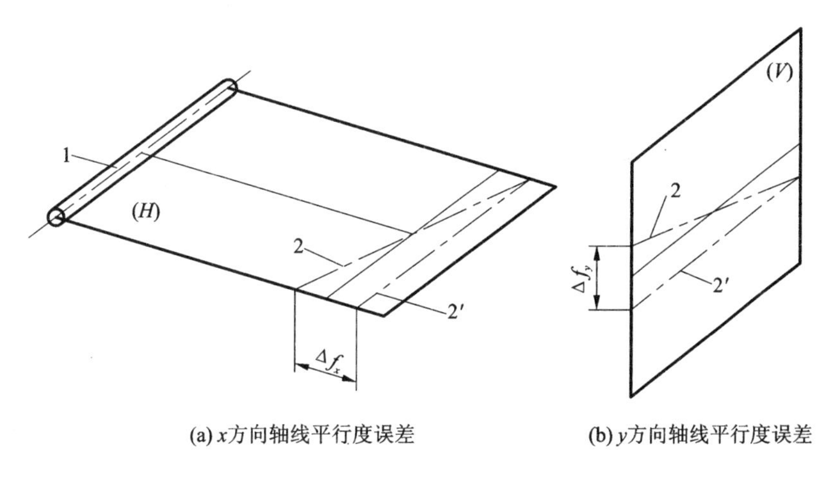

(a) x方向轴线平行度误差　　(b) y方向轴线平行度误差

图 10-19　齿轮副轴线的平行度误差

齿轮副装配好后，Δf_x、Δf_y的测量很不方便，故常用齿轮箱体支承孔中心线的平行度误差代替齿轮副轴线的平行度误差进行测量。

10.3　渐开线圆柱齿轮的精度标准及应用

在国家标准 GB/T 10095.1—2001《渐开线圆柱齿轮　精度　第一部分：轮齿同侧齿面偏差的定义和允许值》适用于平行轴传动的渐开线圆柱齿轮及其齿轮副，其法向模数 m_n 为0.5～70 mm，分度圆直径 d 为 5～10000 mm，齿宽 b 为 4～1000 mm。

1. 精度等级及其选择

(1) 精度等级

标准对齿轮及齿轮副规定了 13 个精度等级，即 0，1，2，…，12 级，精度依次降低。其中，7 级是制定标准的基础级，3～5 级为高精度级，6～8 级为中等精度级，9～12 级为低精度级，1～2 级为有待发展的特别精密级。

齿轮副中两个齿轮的精度等级一般取成相同的，也允许取成不同的。

根据齿轮各项误差对齿轮传动性能的主要影响，将齿轮的各项公差分为三个公差组，如表 10－1 所列。

表 10－1　齿轮的公差组

公差组	公差与极限偏差项目	误差特性	对传动性能的影响
Ⅰ	F_i', F_p, F_{pK}, F_i'', F_r, F_W	以齿轮一转为周期的误差	传递运动的准确性
Ⅱ	f_i', f_i'', f_f, f_{pt}, f_{pb}, $f_{p\beta}$	在齿轮一转内，多次周期地重复出现的误差	传动的平稳性、噪声和振动
Ⅲ	F_β, F_b, F_{px}	齿线误差	载荷分布的均匀性

根据齿轮传动工作条件及使用要求的不同，允许对三个公差组选用不同的精度等级，但同一公差组内，各项公差或极限偏差应规定相同的精度等级。

(2) 精度等级的选用

精度等级的选用依据主要是齿轮的用途、使用要求及工作条件等。选择方法有计算法和类比法。计算法主要用于精密传动链。目前采用较多的是类比法，即按已有的经验和资料，在设计类似的齿轮传动时可以采用相近的精度等级。

表 10－2 列出了一些机械产品中齿轮传动常用的精度等级。

表 10－2　常见机械产品的齿轮精度等级

应用范围	精度等级	应用范围	精度等级
单啮仪、双啮仪	2～5	载重汽车	6～9
涡轮减速器	3～5	通用减速器	6～8
金属切削机床	3～8	轧钢机	5～10
航空发动机	4～7	矿用绞车	6～10
内燃机、电气机车	5～8	起重机	6～9
轻型汽车	5～8	拖拉机	6～10

2. 齿轮副侧隙及其规定

(1) 齿轮副侧隙

齿轮副侧隙是装配后自然形成的。它的大小取决于齿厚和中心距。当中心距不能调整时，就应减薄齿厚。国家标准对每一种精度等级只规定了一种中心距极限偏差，因此侧隙的大小主要取决于齿厚。这种侧隙体制称为基中心距制。

因为侧隙通过减薄齿厚来获得，所以可用齿厚极限偏差来控制侧隙的大小。国家标准中规定了 14 种齿厚极限偏差代号，用 14 个大写英文字母来表示；每种代号所表示的齿厚极限偏差值为该代号所对应的系数与齿距极限偏差 f_{pt} 的乘积，如图 10－20 所示。选取其中两个字母组成侧隙代号，前一个字母表示齿厚上偏差，后一个字母表示齿厚下偏差。

(2) 齿厚极限偏差的确定

齿厚极限偏差代号的确定有计算法和类比法。用计算法确定齿厚的上、下偏差代号比较麻烦，对一般的传动齿轮可用类比法确定。

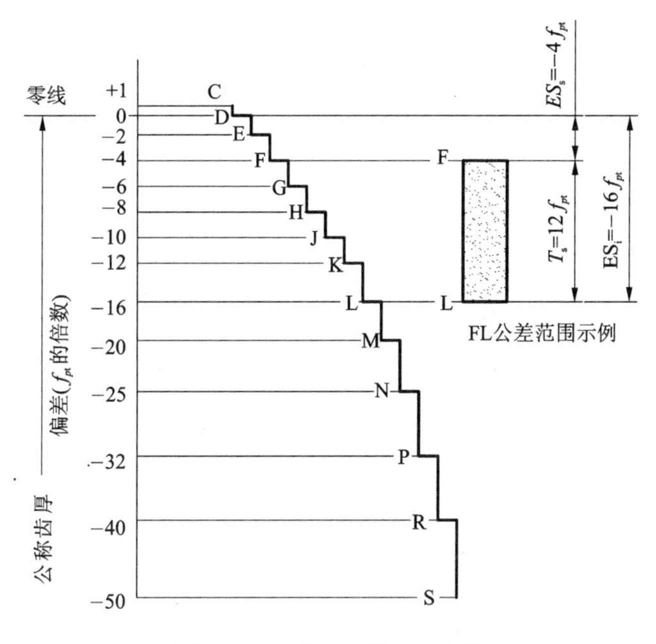

图 10－20　齿厚极限偏差代号

3. 检验组及其选择

齿轮的误差项目很多，在验收齿轮精度时，只需在每个公差组中选出一项或数项公差进行检验就可保证齿轮的精度。根据齿轮传动的使用要求、齿轮的精度等级、各项指标的性质以及齿轮加工和检验的具体条件，标准对三个公差组各规定了必要的检验项目的组合，称为公差组的检验组。检验组的组合情况如表 10－3 所列。

表 10－3　检验组的组合

序号	检验组的组合			适应等级	序号	检验组的组合			适应等级
	Ⅰ	Ⅱ	Ⅲ			Ⅰ	Ⅱ	Ⅲ	
1	$\Delta F_i'$	$\Delta f_i'$	ΔF_β	3～8	6	ΔF_p	Δf_f、Δf_{pb}	ΔF_β	3～7
2	ΔF_p	Δf_f、Δf_{pt}	ΔF_β	3～7	7	ΔF_p	Δf_{pb}、Δf_{pt}	ΔF_β	5～7
3	ΔF_p	$\Delta F_{f\beta}$	ΔF_b、ΔF_{px}	3～6	8	ΔF_r、ΔF_W	Δf_r、Δf_{pb}	ΔF_β	7～9
4	$\Delta F_i''$、ΔF_W	$\Delta f_i''$	ΔF_β	6～9	9	ΔF_r	Δf_{pt}	ΔF_β	9～12
5	ΔF_r、ΔF_W	Δf_{pb}、Δf_{pt}	ΔF_β	7～9					

检验组组合方案的选择主要考虑齿轮的精度、生产批量和仪器状况。一般情况下，精度高的齿轮宜采用综合指标，精度低的齿轮宜采用单项指标；成批大量生产的齿轮宜采用检测效率高的指标；尽量减少仪器的种类。

4. 齿坯公差

齿坯公差包括齿轮的内孔(或齿轮轴的轴颈)、齿顶圆及端面的尺寸公差、形状公差和表面粗糙度要求等。各公差的确定参见表 10－4 和表 10－5。

表 10-4 齿坯公差

齿轮精度等级		6	7	8	9
孔	尺寸公差、形状公差	IT6	IT7		IT8
轴	尺寸公差、形状公差	IT5	IT6		IT7
顶圆直径公差		IT8			IT9
分度圆直径/mm		齿坯基准面径向和端面圆跳动/μm			
大于	至	精度等级			
		6	7	8	9
～	125	11	18	18	28
125	400	14	22	22	36
400	800	20	32	32	50

表 10-5 齿轮的表面粗糙度推荐值 μm

精度等级 表面粗糙度(R_a)	6	7		8	9	
齿　面	0.63～1.25	1.25	2.5	5(2.5)	5	10
齿面加工方法	磨齿或珩齿	剃齿或珩齿	精滚或精插	滚齿或插齿	滚齿	铣齿
基准孔	1.25	1.25～2.5			5	
基准轴颈	0.63	1.25		2.5		
基准端面	2.5～5			5		
顶　面	5(6.3)					

5. 齿轮精度与齿厚极限偏差的标注

国家标准对齿轮精度与齿厚极限偏差的标注无明确规定，而规定了在叙述齿轮精度要求时，应注明 GB/T 10095.1 或 GB/T 10095.2。一般对于齿轮精度与齿厚极限偏差，可采用以下方法标注。

(1) 齿轮精度等级的标注

① 若齿轮的检验项目同为某一精度等级时，可标注精度等级和标准号。如齿轮的检验项目同为 7 级，可标注如下：

7　GB/T 10095.1　　　或　7　GB/T 10095.2

② 若齿轮的检验项目的精度等级不同时，如齿廓公差 F_α 为 6 级，而齿距累积公差 F_p 和齿向公差 F_β 均为 7 级时，可标注如下：

$6(F_\alpha)$、$7(F_p、F_\beta)$　GB/T 10095.1

(2) 齿厚极限偏差的标注

按照 GB/T 6443—1986《渐开线圆柱齿轮图样上应注明的尺寸数据》的规定，应将齿厚的极限偏差数值，注在图样右上角参数表中。

思考题与习题

1. 对齿轮传动有哪些使用要求？对不同用途的齿轮传动，使用要求有何侧重？

2. 齿圈径向跳动与径向综合误差有何异同？

3. 一齿切向综合误差与一齿径向综合误差都是综合误差，它们之间有何不同？

4. 为什么单独检测齿圈径向跳动或公法线长度变动量不能充分保证齿轮传递运动的准确性？

5. 齿轮副的安装误差有哪些项目？

6. 齿坯公差主要有哪些项目？

第 11 章　尺寸链

在机械制造行业的产品设计、工艺规程设计、零部件加工与装配及技术测量等工作中，通常需要进行尺寸链分析和计算。应用尺寸链理论，可以经济合理地确定构成机器和仪器等相关零件和部件的几何精度，以获得产品的高质量、低成本和高生产率。分析计算尺寸链应遵循国家标准 GB/T 5847—1986《尺寸链计算方法》。

11.1　概　述

1. 尺寸链的基本概念

在一个零件或一台机器的结构尺寸中，总存在着一些相互联系的尺寸，由它们形成的封闭尺寸组，称为尺寸链。

如图 11 - 1 所示的孔和轴零件的装配过程，其间隙 A_0 的大小由孔径 A_1 和轴径 A_2 所决定，即 $A_0=A_1-A_2$。这些尺寸组合 A_1、A_2 和 A_0 就形成了一个装配尺寸链。

又如图 11 - 2 所示零件，先后按 A_1、A_2 加工，则尺寸 A_0 由 A_1 和 A_2 所确定，即 $A_0=A_1-A_2$。这样，尺寸 A_1、A_2 和 A_0 就形成了一个工艺尺寸链。

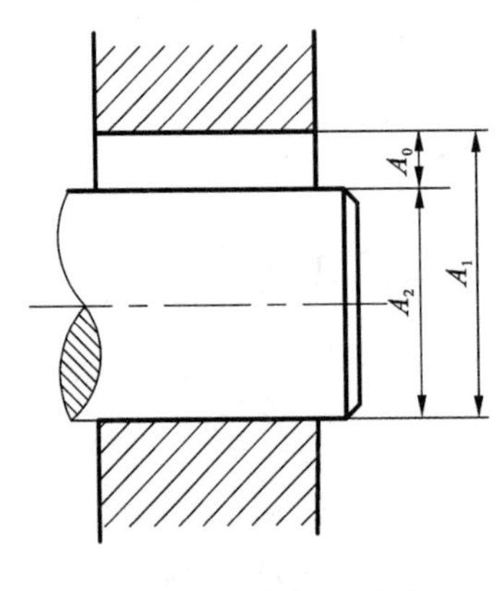

图 11 - 1　装配尺寸链

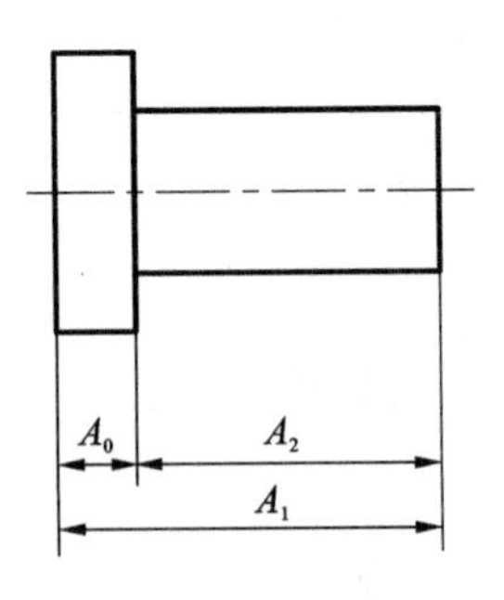

图 11 - 2　工艺尺寸链

尺寸链具有以下两个特性。

① 封闭性：组成尺寸链的各个尺寸按一定顺序构成一个封闭系统。

② 相关性：其中一个尺寸变动将影响其他尺寸变动。

2. 有关尺寸链的基本术语

(1) 环

组成尺寸链的各个尺寸称为环。尺寸链的环分为封闭环和组成环。

(2) 封闭环

加工或装配过程中最后自然形成的尺寸称为封闭环。一般以字母加下标“0”表示，如 A_0、B_0 等。如图 11－1 中的尺寸 A_0 是由装配过程中最后形成的，图 11－2 中的尺寸 A_0 是在加工过程中最后形成的。该尺寸在尺寸标注中称为开口环，一般不注出。

(3) 组成环

尺寸链中除封闭环以外的其他环称为组成环。组成环中任何一环的变动必然引起封闭环的变动。同一尺寸链中的组成环，根据它们对封闭环影响的不同，又分为增环和减环。

(4) 增　环

与封闭环同向变动的组成环称为增环。当增环尺寸增大(或减小)而其他组成环不变时，封闭环也随之增大(或减小)，如图 11－1 和图 11－2 中的尺寸 A_1。

(5) 减　环

与封闭环反向变动的组成环称为减环。当减环尺寸增大(或减小)而其他组成环不变时，封闭环的尺寸却随之减小(或增大)，如图 11－1 和图 11－2 中的尺寸 A_2。

3. 尺寸链的分类

(1) 按应用范围分

尺寸链按应用范围分为装配尺寸链、零件尺寸链和工艺尺寸链。

① 装配尺寸链：全部组成环为不同零件设计尺寸所形成的尺寸链。

② 零件尺寸链：全部组成环为同一零件的设计尺寸所形成的尺寸链。

③ 工艺尺寸链：全部组成环为同一零件工艺尺寸所形成的尺寸链。

(2) 按各环所在空间位置分

尺寸链按各环所在空间的位置分为线性尺寸链、平面尺寸链和空间尺寸链。

① 线性尺寸链：全部组成环位于同一平面内且彼此平行的尺寸链。

② 平面尺寸链：全部组成环位于同一平面内，但其中有些环彼此不平行的尺寸链。

③ 空间尺寸链：各组成环位于不平行的平面上的尺寸链。

4. 尺寸链的建立与分析

正确建立尺寸链是进行尺寸链综合精度分析计算的基础。建立装配尺寸链时，应了解零件的装配关系、装配方法及装配性能要求；建立工艺尺寸链时，应了解零部件的设计要求及其制造工艺过程。同一零件的不同工艺过程所形成的尺寸链是不同的。

(1) 确定封闭环

装配尺寸链的封闭环就是产品上有装配精度要求的尺寸。如同一个部件中保证各零件之间相互位置要求的尺寸，或保证配合零件相对运动的间隙等。

零件尺寸链的封闭环应为公差等级要求最低的环，一般在零件图上不标注，以免引起加工中的混乱。

工艺尺寸链的封闭环是在加工中最后自然形成的环，一般为被加工零件要求达到的设计尺寸或工艺过程中需要的尺寸。因加工顺序不同，封闭环也不同。所以工艺尺寸链的封闭环必须在加工顺序确定之后才能判断。

注意： 一个尺寸链中只有一个封闭环。

(2) 查找组成环

查找装配尺寸链的组成环时,以封闭环的一端开始,依次找出各个相毗连并直接影响封闭环的全部尺寸,直到封闭环的另一端为止。

例如,图 11-3 所示的车床主轴轴线与尾架轴线高度差的允许值 A_0 是装配技术要求,为封闭环。组成环可从尾架顶尖开始查找,尾架顶尖轴线到底板面的高度 A_1,与床面相连的底板的厚度 A_2,床面到主轴轴线的距离 A_3,最后回到封闭环。A_1、A_2 和 A_3 均为组成环。

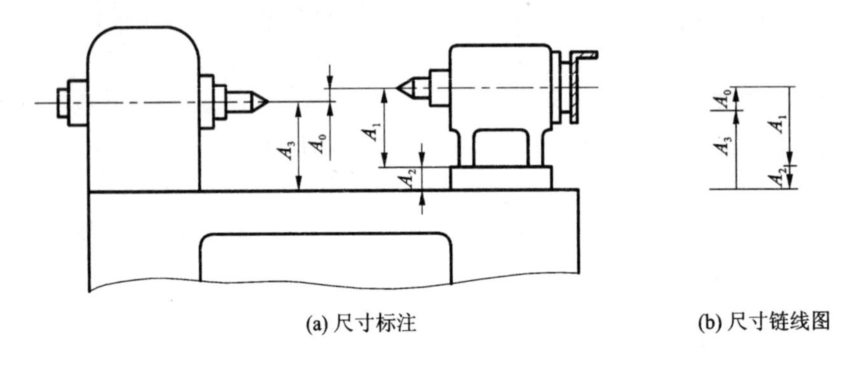

(a) 尺寸标注　　(b) 尺寸链线图

图 11-3　车床顶尖高度尺寸链

(3) 画尺寸链线图

为了清楚地表达尺寸链的组成,通常不需要画出零件或部件的具体结构,也不必按照严格的比例,只需将尺寸链中各尺寸依次画出,形成封闭的图形即可,称为尺寸链线图,如图 11-3 所示。在尺寸链线图中,常用带单箭头的线段表示各环,箭头仅表示查找尺寸链组成环的方向。与封闭环箭头方向相同的环为减环,与封闭环箭头方向相反的环为增环。图 11-3 中,A_3 为减环,A_1 和 A_2 为增环。

(4) 计算尺寸链

分析计算尺寸链是为了正确、合理地确定尺寸链中各环的尺寸和精度,计算尺寸链的方法通常有如下的三种。

① 正计算:已知各组成环的极限尺寸,求封闭环的极限尺寸。主要用来验算设计的正确性,又称为校核计算。

② 反计算:已知封闭环的极限尺寸和各组成环的基本尺寸,求各组成环的极限偏差。主要用在设计上,即根据机器的使用要求来分配各零件的公差。

③ 中间计算:已知封闭环和部分组成环的极限尺寸,求某一组成环的极限尺寸。常用在加工工艺上。

11.2　用完全互换法解尺寸链

完全互换法即从尺寸链各环的最大极限尺寸和最小极限尺寸出发进行尺寸链计算,不考虑各环实际尺寸的分布情况。按此法计算出来的尺寸加工各组成环,装配时各组成环无需挑选或辅助加工,装配后即能满足封闭环的公差要求,即可实现完全互换。

1. 基本公式

设尺寸链的组成环数为 m,其中有 n 个增环,A_i 为组成环的基本尺寸,对于直线尺寸链有

如下计算公式。

(1) 封闭环的基本尺寸

封闭环的基本尺寸等于所有增环的基本尺寸之和,减去所有减环的基本尺寸之和,即

$$A_0 = \sum_{z=1}^{n} A_z - \sum_{j=n+1}^{m} A_j \tag{11-1}$$

式中:A_0——封闭环的基本尺寸;

A_z——增环 $A_1, A_2, \cdots, A_n$ 的基本尺寸,n 为增环的环数;

A_j——减环 $A_{n+1}, A_{n+2}, \cdots, A_m$ 的基本尺寸,m 为总环数。

(2) 封闭环的极限尺寸

封闭环的最大极限尺寸,等于所有增环的最大极限尺寸之和,减去所有减环最小极限尺寸之和;封闭环的最小极限尺寸,等于所有增环的最小极限尺寸之和,减去所有减环的最大极限尺寸之和。它们的计算公式为

$$A_{0\max} = \sum_{z=1}^{n} A_{z\max} - \sum_{j=n+1}^{m} A_{j\min} \tag{11-2}$$

$$A_{0\min} = \sum_{z=1}^{n} A_{z\min} - \sum_{j=n+1}^{m} A_{j\max} \tag{11-3}$$

(3) 封闭环的极限偏差

封闭环的上偏差,等于所有增环上偏差之和减去所有减环下偏差之和;封闭环的下偏差,等于所有增环下偏差之和减去所有减环上偏差之和。它们的计算公式为

$$\mathrm{ES}_0 = \sum_{z=1}^{n} \mathrm{ES}_z - \sum_{j=n+1}^{m} \mathrm{EI}_j \tag{11-4}$$

$$\mathrm{EI}_0 = \sum_{z=1}^{n} \mathrm{EI}_z - \sum_{j=n+1}^{m} \mathrm{ES}_j \tag{11-5}$$

(4) 封闭环的公差

封闭环的公差等于所有组成环公差之和,即

$$T_0 = \sum_{i=1}^{m} T_i \tag{11-6}$$

由式(11-6)可以看出:封闭环的公差比任何一个组成环的公差都大。因此,在零件尺寸链中,一般选最不重要的环作为封闭环;而在装配尺寸链中,封闭环是装配的最终要求。

为了减小封闭环的公差,应尽量减少尺寸链的环数。这就是在设计中应遵守的最短尺寸链原则。

2. 尺寸链的应用计算

(1) 正计算

步骤:根据装配要求确定封闭环→寻找组成环→画尺寸链线图→判别增环和减环→计算组成环的基本尺寸和极限偏差。

例 11-1 加工一阶梯轴工件,如图 11-4(a)所示,先加工 $A_1=50\pm0.2$,$A_2=35\pm0.1$,求尺寸 A_0 及其偏差。

解

1) 确定尺寸 A_0 为封闭环。尺寸链线图如图 11-4(b) 所示,判断 $A_1=50\pm0.2$ 为增环,

$A_2=35\pm0.1$ 为减环。

2) 由式(11-1)计算封闭环的基本尺寸

$$A_0=A_1-A_2=(50-35)\ \text{mm}=15\ \text{mm}$$

3) 按式(11-4)和式(11-5)计算封闭环的极限偏差

$$ES_0=ES_1-EI_2=[+0.2-(-0.1)]\ \text{mm}=+0.3\ \text{mm}$$

$$EI_0=EI_1-ES_2=[-0.2-(+0.1)]\ \text{mm}=-0.3\ \text{mm}$$

即封闭环的尺寸为 $15^{+0.3}_{-0.3}$ mm。

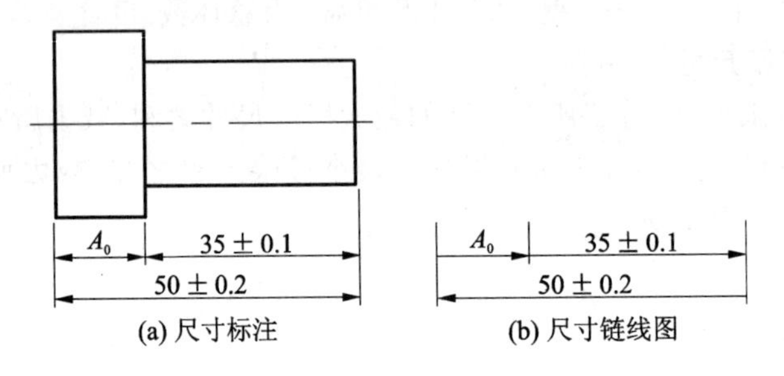

图 11-4 阶梯轴尺寸链

(2) 反计算

反计算是根据封闭环的极限尺寸和组成环的基本尺寸,确定各组成环的公差和极限偏差,最后再进行校核计算。具体分配各组成环的公差时,可采用等公差法或等精度法。

① 等公差法:当各环的基本尺寸相差不大时,可将封闭环的公差(T_0)平均分配给各组成环。如果需要,可在此基础上进行必要的调整,这种方法叫等公差法,即

$$T_{平均}=\frac{T_0}{m} \tag{11-7}$$

式中:m——组成环的数量;

T_0——封闭环的公差。

② 等精度法:各组成环公差等级相同,即各环公差等级系数相等。设其值均为 a,则

$$a_1=a_2=\cdots=a_m=a \tag{11-8}$$

如第1章所述,标准公差的计算式为 $T=ai$,(i 为标准公差单位),在基本尺寸≤500 mm 分段内 $i=0.45\sqrt[3]{D}+0.001D$。公差等级系数 a 的数值如表 11-1 所列,标准公差因子 i 的数值如表 11-2 所列。

表 11-1 公差等级系数 a 的值

公差等级	IT8	IT9	IT10	IT11	IT12	IT13	IT14	IT15	IT16	IT17	IT18
系数 a	25	40	64	100	160	250	400	640	1000	1600	2500

表 11-2 标准公差因子 i 的值

尺寸段 D/mm	1~3	>3~6	>6~10	>10~18	>18~30	>30~50	>50~80	>80~120	>120~180	>180~250	>250~315	>315~400	>400~500
公差因子 i/μm	0.54	0.73	0.90	1.08	1.31	1.56	1.86	2.17	2.52	2.90	3.23	3.54	3.89

由式(11－6)可得

$$a=\frac{T_0}{\sum_{i=1}^{m} i_i} \tag{11-9}$$

计算出 a 后，按标准查取与之相近的公差等级系数，进而查表确定各组成环的公差。

各组成环的极限偏差确定方法是先留一个组成环作为调整环，其余各组成环极限偏差按“入体原则”确定，即包容尺寸的基本偏差为 H，被包容尺寸的基本偏差为 h，一般长度尺寸的基本偏差为 js。进行公差设计计算时，最后必须进行校核，以保证设计的正确性。

例 11－2　如图 11－5(a)所示齿轮箱，根据使用要求应保证间隙在 $A_0=1\sim1.75$ mm。已知基本尺寸 $A_1=140$ mm，$A_2=A_5=5$ mm，$A_3=101$ mm，$A_4=50$ mm。试分别用等公差法和等精度法求各环的极限偏差。

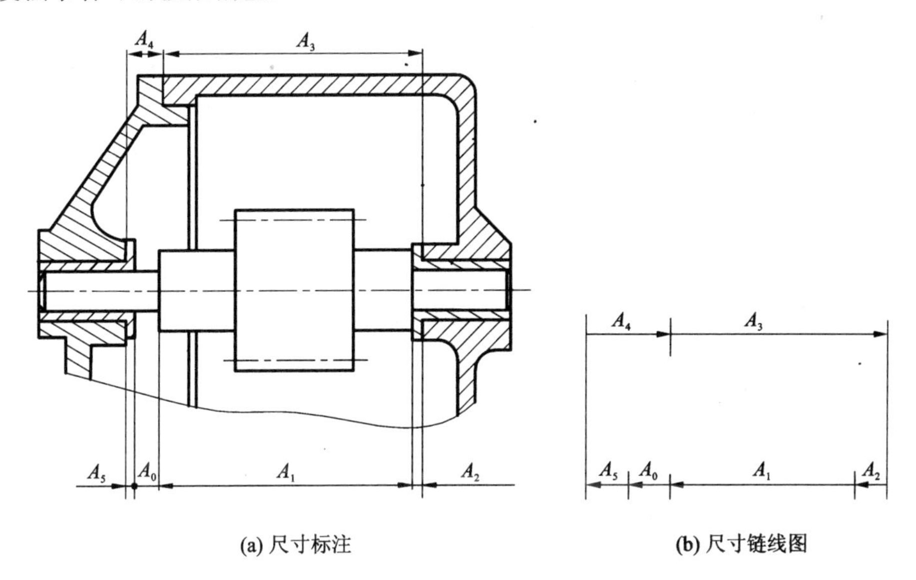

(a) 尺寸标注　　(b) 尺寸链线图

图 11－5　齿轮箱装配尺寸链

解

1) 用等公差法求各环的极限偏差

① 确定封闭环。因间隙 A_0 是装配后得到的，故为封闭环。尺寸链线图如图 11－5(b)所示，其中 A_3，A_4 为增环，A_1，A_2，A_5 为减环。

② 计算封闭环的基本尺寸和公差：

$$A_0=(A_3+A_4)-(A_1+A_2+A_5)=[(101+50)-(140+5+5)]\ \text{mm}=1\ \text{mm}$$

故封闭环的尺寸 $A_0=1_{0}^{+0.75}$ mm。封闭环的公差 $T_0=0.75$ mm。

③ 计算各环的公差，由式(11－7)得各组成环的平均公差

$$T_{\text{平均}}=\frac{T_0}{m}=\frac{0.75}{5}=0.15\ \text{mm}$$

根据实际情况，箱体零件尺寸(A_3 和 A_4)大，难加工，衬套尺寸(A_2 和 A_5)小易控制，适当调整各组成环公差，取 $T_2=T_5=0.05$ mm，$T_3=0.3$ mm，$T_4=0.25$ mm，T_1 可根据式(11－6)计算如下：

$$T_1 = T_0 - (T_2 + T_3 + T_4 + T_5) = [0.75 - (0.05 + 0.3 + 0.25 + 0.05)]\text{mm} = 0.1\ \text{mm}$$

④ 定各组成环的极限偏差。根据“入体原则”,由于 A_1、A_2 和 A_5 相当于被包容尺寸,故取其上偏差为零即 $A_1 = 140^{0}_{-0.1}$ mm,$A_2 = A_5 = 5^{0}_{-0.05}$ mm。A_3 和 A_4 相当于包容尺寸,故取其下偏差为零,即 $A_3 = 101^{+0.3}_{0}$ mm,$A_4 = 50^{+0.25}_{0}$ mm。

⑤ 校核封闭环得上、下偏差:

$$\begin{aligned} ES_0 &= (ES_3 + ES_4) - (EI_1 + EI_2 + EI_5) = \\ &[(+0.3 + 0.25) - (-0.1 - 0.05 - 0.05)]\ \text{mm} = +0.75\ \text{mm} \\ EI_0 &= (EI_3 + EI_4) - (ES_1 + ES_2 + ES_5) = 0 \end{aligned}$$

验算结果证明,各组成环的极限偏差是合适的。若验算结果与封闭环的极限偏差不相符合,可重新调整组成环的极限偏差。

2) 用等精度法求各环的极限偏差

同样确定尺寸链线图,如图 11-5(b)所示,计算封闭环的基本尺寸和公差分别为 $A_0 = 1^{+0.75}_{0}$ mm,封闭环公差 $T_0 = 0.75$ mm。

① 计算各环的公差。由表 11-2 可查各组成环的标准公差因子:$i_1 = 2.52$,$i_2 = i_5 = 0.73$,$i_3 = 2.17$,$i_4 = 1.56$。按式(11-9)得各组成环相同的公差等级系数为

$$a = \frac{T_0}{i_1 + i_2 + i_3 + i_4 + i_5} = \frac{750}{2.52 + 0.73 + 2.17 + 1.56 + 0.73} = 97$$

查表 11-1 可知,$a = 97$ 在 IT10 级和 IT11 级之间。

根据实际情况,箱体零件尺寸大,难加工,衬套尺寸易控制,故选 A_1、A_3 和 A_4 为 IT11 级,A_2 和 A_5 为 IT10 级。

查第 1 章表 1-2 标准公差数值表,得组成环的公差:$T_1 = 0.25$ mm,$T_2 = T_5 = 0.048$ mm,$T_3 = 0.22$ mm,$T_4 = 0.16$ mm。

② 校核封闭环公差:

$$T_0 = \sum_{i=1}^{5} T_i = (0.25 + 0.048 + 0.22 + 0.16 + 0.048)\ \text{mm} = 0.726\ \text{mm} < 0.75\ \text{mm}$$

故封闭环为 $1^{+0.726}_{0}$ mm。

③ 确定各组成环的极限偏差。根据“入体原则”,由于 A_1、A_2 和 A_5 相当于被包容尺寸,故取其上偏差为零,即 $A_1 = 140^{0}_{-0.25}$ mm,$A_2 = A_5 = 5^{0}_{-0.048}$ mm。A_3 和 A_4 均为同向平面间距离,留 A_4 作调整环,取 A_3 的下偏差为零,即 $A_3 = 101^{+0.22}_{0}$ mm。

根据式(11-5)有 $0 = (0 + EI_4) - (0 + 0 + 0)$,解得 $EI_4 = 0$。因 $T_4 = 0.16$ mm,故 $A_4 = 50^{+0.16}_{0}$ mm。

④ 封闭环的上偏差:

$$\begin{aligned} ES_0 &= (ES_3 + ES_4) - (EI_1 + EI_2 + EI_5) = \\ &[(+0.22 + 0.16) - (-0.25 - 0.048 - 0.048)]\ \text{mm} = +0.726\ \text{mm} \end{aligned}$$

校核结果符合要求。

最后结果为 $A_1 = 140^{0}_{-0.25}$ mm,$A_2 = A_5 = 5^{0}_{-0.048}$ mm,$A_3 = 101^{+0.22}_{0}$ mm,$A_4 = 50^{+0.16}_{0}$ mm,$A_0 = 1^{+0.726}_{0}$ mm。

(3) 中间计算

中间计算是反计算的一种特例。它一般用在基准换算和工序尺寸计算等工艺设计中。零

件加工过程中，当所选择的定位基准或测量基准与设计基准不重合时，就应根据工艺要求改变零件图的标注，此时需要进行基准换算，求出加工时所需工序尺寸。

例 11-3　如图 11-6(a)所示为套筒零件，加工时，测量尺寸 $10^{0}_{-0.36}$ mm 较困难，而采用深度游标卡尺直接测量大孔的深度则较为方便。于是，尺寸 $10^{0}_{-0.36}$ mm 就成了被间接保证的封闭环 A_0，$A_1=50$ 为增环，A_2 为减环，如图 11-6(b)所示。为了间接保证 A_0，须进行尺寸换算，确定 A_2 尺寸及其偏差。

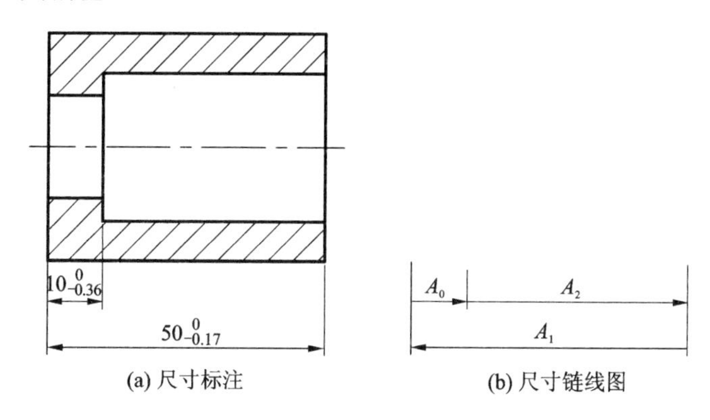

(a) 尺寸标注　　(b) 尺寸链线图

图 11-6　套筒零件尺寸链

解　按式(11-1)计算减环 A_2 的基本尺寸 $A_0=A_1-A_2$，即

$$A_2=A_1-A_0=(50-10)\ \text{mm}=40\ \text{mm}$$

按式(11-4)和(11-5)计算减环 A_2 的极限偏差为

$$ES_0=ES_1-EI_2,\ EI_0=EI_1-ES_2$$

则

$$EI_2=ES_1-ES_0=0\ \text{mm}$$

$$ES_2=EI_1-EI_0=[-0.17-(-0.36)]\ \text{mm}=+0.19\ \text{mm}$$

即组成环 A_2 的尺寸为 $40^{+0.19}_{0}$ mm。

综上所述，完全互换法是从尺寸的极限情况出发，计算简单，但环数不能过多，精度也不能太高，否则会造成各组成环的公差过小，使加工困难，经济性不好。

11.3　用概率互换法解尺寸链

从尺寸链各环分布的实际可能性出发进行尺寸链计算，称为概率互换法。生产实践和大量统计资料表明，在大量生产且工艺过程稳定的情况下，各组成环的实际尺寸的分布常常符合正态分布，即趋近公差带中间的概率大，出现在极限值的概率小。利用这一规律，将组成环公差放大，这样不但使零件易于加工，同时又能满足封闭环的技术要求，从而给生产带来明显的经济效益。采用概率互换法，封闭环超出技术要求的情况是存在的，但其概率很小，所以这种方法又称为大数互换法。

用概率互换法解尺寸链，封闭环的基本尺寸计算公式与完全互换法相同，所不同的是公差和极限偏差的计算。

1. 基本公式

(1) 封闭环的公差

根据概率论关于独立随机变量合成规则，各组成环（独立随即变量）的标准偏差 σ_i 与封闭环的标准偏差 σ_0 的关系为

$$\sigma_0 = \sqrt{\sum_{i=1}^{m} \sigma_i^2} \tag{11-10}$$

如果组成环的实际尺寸都按正态分布，且分布范围与公差带宽度一致，分布中心与公差带中心重合，如图 11－7 所示，则封闭环的尺寸也按正态分布，各环公差与标准偏差的关系如下：

$$T_0 = 6\sigma_0$$

$$T_i = 6\sigma_i$$

将此关系代入式(11－10)得

$$T_0 = \sqrt{\sum_{i=1}^{m} T_i^2} \tag{11-11}$$

即封闭环的公差等于所有组成环公差的平方和的平方根。

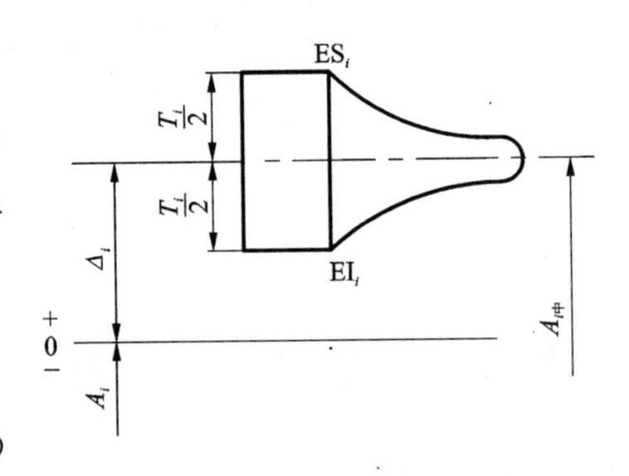

图 11－7　组成环尺寸按正态规律分布

(2) 封闭环的中间偏差

中间偏差为上偏差与下偏差的平均值，即

$$\Delta_i = \frac{1}{2}(\mathrm{ES}_i + \mathrm{EI}_i) \tag{11-12}$$

封闭环的中间偏差等于所有增环的中间偏差之和减去所有减环的中间偏差之和，即

$$\Delta_0 = \sum_{z=1}^{n} \Delta_z - \sum_{j=n+1}^{m} \Delta_j \tag{11-13}$$

式中：Δ_z——增环的中间偏差；

Δ_j——减环的中间偏差。

极限偏差、中间偏差和公差的关系如下：

$$\mathrm{ES} = \Delta + \frac{T}{2} \tag{11-14}$$

$$\mathrm{EI} = \Delta - \frac{T}{2} \tag{11-15}$$

即各环的上偏差等于其中间偏差加该环公差的一半，各环的下偏差等于其中间偏差减该环公差的一半。

2. 解尺寸链

在解尺寸链的设计计算中，用概率互换法与用完全互换法在目的、方法和步骤等方面基本相同。其目的仍是如何把封闭环的公差分配到各组成环上，其方法也有等公差法和等精度法，只是由于封闭环的公差 $T_0 = \sqrt{\sum_{i=1}^{m} T_i^2}$，所以在采用等公差法时，各组成环的公差为

$$T_{平均} = \frac{T_0}{\sqrt{m}} \tag{11-16}$$

在采用等精度法时，各组成环的公差等级系数为

$$a = \frac{T_0}{\sqrt{\sum_{i=1}^{m} i_i^2}} \tag{11-17}$$

用概率互换法解尺寸链，根据不同要求，也有正计算、反计算和中间计算三种类型。下面以例 11－2 的尺寸链为例，说明用概率互换法求解反计算的方法。

例 11－4　用概率互换法中的等精度法计算例 11－2 的尺寸链。假设各组成环和封闭环为正态分布，且分布范围与公差宽度一致，分布中心与公差带中心重合。

解　同样确定 A_0 为封闭环，尺寸链线图如图 11－5 所示，计算封闭环的尺寸 $A_0 = 1_0^{+0.75}$ mm，公差 $T_0 = 0.75$ mm。其中，A_3 和 A_4 为增环，A_1、A_2 及 A_5 为减环。

由表 11－2 查各组成环的公差单位 $i_1 = 2.52$，$i_2 = i_5 = 0.73$，$i_3 = 2.17$，$i_4 = 1.56$。

按式(11－17)得各组成环的公差等级系数

$$a = \frac{T_0}{\sqrt{\sum_{i=1}^{m} i_i^2}} = \frac{750}{\sqrt{2.52^2 + 0.73^2 + 2.17^2 + 1.56^2 + 0.73^2}} = 196$$

查表 11－1 可知，$a = 196$ 在 IT12 级和 IT13 级之间。取 A_3 为 IT13 级，其余为 IT12 级。

查标准公差表得组成环的公差 $T_1 = 0.40$ mm，$T_2 = T_5 = 0.12$ mm，$T_3 = 0.54$ mm，$T_4 = 0.25$ mm。

校核封闭环公差

$$T_0 = \sqrt{\sum_{i=1}^{m} T_i^2} = (\sqrt{0.40^2 + 0.12^2 + 0.54^2 + 0.25^2 + 0.12^2})\ \text{mm} \approx 0.737\ \text{mm} < 0.75\ \text{mm}$$

故封闭环为 $1_0^{+0.737}$ mm。

确定各组成环的极限偏差。根据“入体原则”，由于 A_1、A_2 和 A_5 相当于被包容尺寸，故取其上偏差为零，即 $A_1 = 140_{-0.40}^{0}$ mm，$A_2 = A_5 = 5_{-0.12}^{0}$ mm。A_3 和 A_4 均为同向平面间距离，留 A_4 作调整环，取 A_3 的下偏差为零，即 $A_3 = 101_0^{+0.54}$ mm。

各环的中间偏差为 $\Delta_1 = -0.2$ mm，$\Delta_2 = \Delta_5 = -0.06$ mm，$\Delta_3 = +0.27$ mm，$\Delta_0 = +0.369$ mm。因

$$\Delta_0 = (\Delta_3 + \Delta_4) - (\Delta_1 + \Delta_2 + \Delta_5)$$

故

$$\Delta_4 = \Delta_0 + \Delta_1 + \Delta_2 + \Delta_5 - \Delta_3 = (0.369 - 0.20 - 0.06 - 0.06 - 0.2)\ \text{mm} = -0.221\ \text{mm}$$

$$ES_4 = \Delta_4 + \frac{T_4}{2} = \left(-0.221 + \frac{0.25}{2}\right)\ \text{mm} = -0.096\ \text{mm}$$

$$EI_4 = \Delta_4 - \frac{T_4}{2} = \left(-0.221 - \frac{0.25}{2}\right)\ \text{mm} = -0.346\ \text{mm}$$

所以 $A_4 = 50_{-0.346}^{-0.096}$ mm。

最后，$A_1 = 140_{-0.40}^{0}$ mm，$A_2 = A_5 = 5_{-0.12}^{0}$ mm，$A_3 = 101_0^{+0.54}$ mm，$A_4 = 50_{-0.346}^{-0.096}$ mm。

通过例 11-4 可以看出,用概率互换法解尺寸链与用完全互换法解尺寸链比较,在封闭环公差一定时,概率法解得的组成环公差可放大,各环平均放大 60%以上,即各环公差等级可降低一级,而实际上出现的不合格件的可能性很小,可以获得相当明显的经济效益,也比较科学合理,常用在大批量生产的情况。

思考题与习题

1. 什么是尺寸链?它有何特点?
2. 如何确定一个尺寸链的封闭环?如何确定增环和减环?
3. 解尺寸链的方法有几种?分别用在什么场合?
4. 用完全互换法解尺寸链,考虑问题的出发点是什么?
5. 为什么封闭环公差比任何一个组成环公差都大?设计时应遵循什么原则?
6. 在如图 11-8 所示尺寸中,A_0 为封闭环,试分析各组成环中,哪些是增环,哪些是减环?

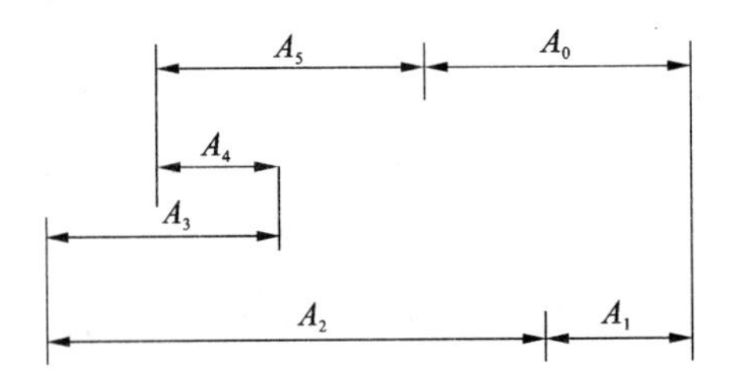

图 11-8 习题 11-6 用图

7. 在如图 11-9 所示曲轴的轴向装配尺寸链中,已知各组成环基本尺寸及极限偏差(单位 mm)为 $A_1=43.5E9(^{+0.112}_{+0.050})$,$A_2=2.5h10(^{0}_{-0.04})$,$A_3=38.5h9(^{0}_{-0.052})$,$A_4=2.5h10(^{0}_{-0.04})$。试验算轴向间隙 A_0 是否在要求的范围 0.05~0.25 mm 内。

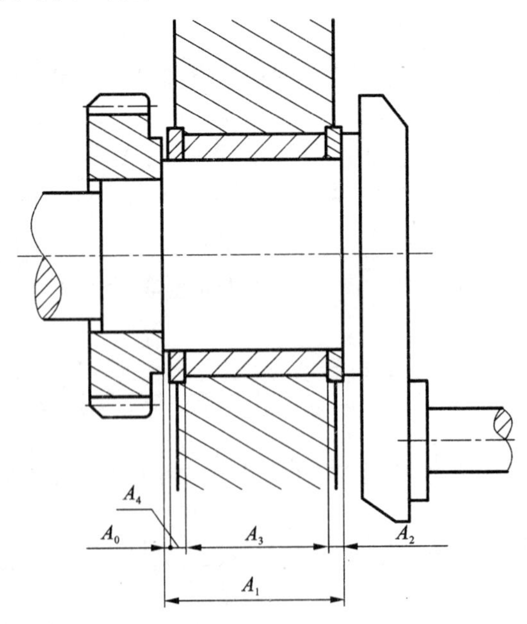

图 11-9 习题 11-7 用图

参考文献

［1］ 甘永立.几何量公差与检测[M].上海:上海科学技术出版社,1997.

［2］ 廖念钊.互换性与技术测量[M].北京:中国计量出版社,1991.

［3］ 刘巽尔.互换性原理与测量技术基础[M].北京:中国广播电视大学出版社,1991.

［4］ 黄云清.公差配合与测量技术[M].北京:机械工业出版社,2001.

［5］ 邹吉权.公差配合与技术测量[M].重庆:重庆大学出版社,2004.

［6］ 陈于萍,高晓康.互换性与测量技术[M].北京:高等教育出版社,2002.

［7］ 刘庚寅.公差测量基础与应用[M].北京:机械工业出版社,1996.

参考文献

[illegible]

[illegible]

[illegible]

[illegible]

[illegible]

[illegible]

[illegible]